W0269653

Vorräte und Verteilung der mineralischen Rohstoffe

Ein Buch zur Unterrichtung für jedermann

Von

Dr. phil. Felix Machatschki

o. Professor an der Universität Wien

Mit 6 Textabbildungen

Springer-Verlag Wien GmbH

1948

ISBN 978-3-211-80060-7   ISBN 978-3-7091-7716-7 (eBook)
DOI 10.1007/978-3-7091-7716-7

Alle Rechte, insbesondere das der Übersetzung in fremde Sprachen,
vorbehalten.

Copyright 1948 by Springer-Verlag Wien
Ursprünglich erchienen bei Springer-Verlag in Vienna 1948
Softcover reprint of the hardcover 1st edition 1948

Vorwort.

Seit langer Zeit prägt die stürmische Entwicklung der Naturwissenschaften (im weitesten Sinne) und der Technik dem menschlichen Geschehen, im Großen gesehen, ihre Züge auf. Sie stellt eine Großphase in der Entwicklungsgeschichte der Menschheit dar, die weit über das ihr gegenüber Episodenhafte der Geschichte hinausragt. Dieser stürmischen Entwicklung folgte die soziale und politische Organisation der Menschheit im Schneckentempo nach; sie ist hoffnungslos zurückgeblieben.

Eine gewichtige Ursache dafür ist das vielerorts für die Menschheitsführung die Vorbedingung bildende übermächtig rückschauend und formal betonte Bildungsprinzip. Dieses konnte in den letzten Jahren nicht einmal seinen Veredlungszweck erfüllen; es hat Schiffbruch gelitten; denn vor allem konnte es das Wichtigste und Höchste, die Ehrfurcht vor der Erhabenheit der Natur, die sich nur in mühsamen Kampfe Position um Position abringen läßt, nicht erwecken, sondern es hielt nur jeder Art von propagandistischer Phantasterei Tür und Tor offen. Denn der Geist wurde durch dieses Prinzip keineswegs für die brennenden Fragen der Gegenwart und nahen Zukunft geschärft, sondern in der frühen Vergangenheit eingelullt. Auf einem solchen Boden nur konnten Märchen aufgezogen werden, denen naturwissenschaftlich geschulte Völker niemals erlegen wären, z. B. jenes von dem Alleinbestehen der deutschen Wissenschaft, wo doch Wissenschaft zusammen mit der Technik ein bisher einsam dastehendes Musterbeispiel dafür abgeben, wie bedingungslose internationale Zusammenarbeit geführt werden soll und zu welchen Erfolgen sie führt, allein schon deswegen, weil die verschiedenen Nationen an die einzelnen Probleme in edler Rivalität aus einer etwas verschiedenen geistigen Einstellung heraus herantreten und ihre Lösung daher von verschiedenen Seiten her fördern; oder das Märchen von der Rohstoffautarkie mit Hilfe von angeblich früher nicht gehobenen Eigenbeständen und „neuentdeckten“ Ersatzstoffen, das leider von einigen wenigen (es waren wirklich nur sehr wenige!) Verrätern an der Sache der Wissenschaft gestützt wurde; denn dadurch wurden Lehrstühle und sonstige einflußreiche Stellen billig. Wie schwer der Kampf gegen diese propagandistische Verdummung war, die sich sehr bald zur Auffassung verstieg, daß es eine Wissenschaft eigentlich überhaupt erst seit dem Jahre 1933 gäbe, wie gefährlich es war, diesen Kampf ohne beste Rückendeckung zu führen und von welch geringem Erfolg er begleitet war, darüber konnte Verfasser seit dem Jahre 1933 manches Lied singen.

Niemals darf dies wieder eintreten; wenn es die Schule versäumt, so muß jedem außerhalb der Schule die Möglichkeit geboten sein, sich durch eigene Weiterbildung zu orientieren; jeder muß wissen, wo wir heute stehen, was wir wirklich der Natur an Geheimnissen abgerungen haben und was wir daher vermögen, was für Mittel uns gegeben sind und welche wir selbst geschaffen haben und wo die vordringlichsten Aufgaben von Naturwissenschaft und Technik für die nächste Zukunft liegen.

Das Vergangene muß man achten und ehren und man muß dankbar sein für all das Schöne, was es uns hinterlassen hat; man darf darin aber nicht versinken. Das klassische Altertum ist nun einmal nicht mehr die Grundlage des Zeitalters der Naturwissenschaften und der Technik; seine Naturforscher, selbst der große Aristoteles, waren nicht Naturwissenschaftler in unserem Sinne, sondern viel mehr Naturphilosophen; ihr Weg war ein ganz anderer. Wir können gar nicht recht beurteilen, wie weit er naturphilosophisch erfolgreich war, weil es selbst dem mit der Sprache wohlvertrauten Naturwissenschaftler schwer fällt, sich in ihre Vorstellungswelt richtig einzufühlen und sie richtig zu deuten; der Weg war jedenfalls weniger solid als der unsere, die Schlüsse daher nicht so tragfähig. Unser Weg hat seinen Ausgang zum Beginn der Neuzeit genommen, als sich anfänglich nur einige wenige vom Autoritätsglauben und Mystizismus freimachten und die unmittelbare Naturbetrachtung in den Vordergrund stellten.

Auf einem kleinen Teilgebiet eine Lücke in der genannten Richtung zu füllen, ist der Zweck des vorliegenden Büchleins; es wendet sich daher keineswegs nur an Studierende. Mit einem Schuß der Essenz der exakten Wissenschaft, etwas Technologie und etwas Wirtschaftskunde wurde in heißen Sommerwochen ein milder Trank gebraut und nun wird er mit dem Wunsche „Wohl bekomm's" hinausgesandt.

Als Unterlagen für die statistischen Angaben dienten überwiegend seit vielen Jahren aus in- und ausländischen Fachzeitschriften gesammelte Vorlesungsaufzeichnungen, die zu dem Wenigen gehören, was sich Verfasser von seinem wissenschaftlichen Apparat herüberretten konnte. In einigen Fällen wurde auf F r i e d e n s b e r g „Die Bergwirtschaft der Erde" (Enke, Stuttgart 1944) und auf D a m m e r -T i e t z e „Die nutzbaren Mineralien" (Enke, Stuttgart 1927/28) zurückgegriffen. Bei den Angaben über die durchschnittliche Häufigkeit der Grundstoffe habe ich mich unter Berücksichtigung einiger neuerer Ergebnisse im Wesentlichen an die wohlabgewogenen Angaben von V. M. Goldschmidt („Geochemische Verteilungsgesetze IX"; Oslo 1938, Skrifter Norske Vidensk. Akad.; Kl. I) gehalten.

Mein Heimatsort Arnfels und dort mein Freund Anton Ortner und seine Frau Anna boten mir gastlich die für die Arbeit in den wenigen zur Verfügung stehenden Wochen nötige Störungsfreiheit; das Diktat nahm in bewährter Weise Frau Hilde Schroll auf. Bei der Durchsicht der Korrekturen halfen mir Frl. Dr. phil. Anna Hedlik und Herr Dr. Josef Zemann. Ihnen allen und dem Springer-Verlag, Wien, für sein Entgegenkommen in jeder Beziehung meinen Dank!

Arnfels, Ende August 1946.

F. Machatschki.

Inhaltsverzeichnis.

Berichtigungen.

S. 16, Tab. 3, Eisen, bei USA. „+" ergänzen;
Nickel, bei Belgien und Jugoslawien „—" ergänzen;
Kobalt, bei Frankreich und Schweden „—" ergänzen;
Kupfer, bei Jugoslawien „+", statt „—".

S. 110, 6. Zeile von unten lies: Ober- und, statt: auch.

S. 151, 2. Zeile von unten lies: Sachsen, statt: Schlesien.

Machatschki, Mineralische Rohstoffe.

I. Einleitung:

Die allgemeine Versorgungslage mit mine-
ralischen Rohstoffen.

All das, was uns die Natur an nichtlebenden Gebrauchsmitteln schenkt, nennen wir mineralische Rohstoffe. Ihre Zahl ist sehr groß, ihre Art und natürliche Entstehung sehr mannigfaltig. Nicht nur die Mineralien selbst und die daraus bestehenden Gesteine, welche die feste Erdkruste aufbauen, zählen zu den mineralischen Rohstoffen, sondern auch das Wasser mit den darin gelösten Substanzen und die Lufthülle des Erdballes. Aus allen diesen Bereichen entnimmt der Mensch für seinen Bedarf. Er verwertet den Salzbestand des Wassers und letzteres selbst für die vielseitigen Bedürfnisse der Technik, eben- so wie die gasförmigen Bestandteile der Luft, den Sauerstoff, den Stickstoff und die in der Luft in geringeren Mengen enthaltenen Edelgase, wie er auch die Mineralien und Gesteine der festen Erd- kruste in zunehmendem Umfange seinen Zwecken dienstbar macht. Der Kreis der mineralischen Rohstoffe erweitert sich mit der Zunahme der Zivilisation und mit den fortschreitenden Erfordernissen und Mit- teln der Technik. In den frühesten Zeiten begnügte sich der Mensch mit der Verwendung geeigneter Gesteine für die Herstellung von Werkzeugen, dann kamen für Schmuck- und mystische Zwecke die bunten Steine und das in der Natur in freiem Zustande auftretende Gold in Verwendung, später lernte er dann die Gewinnung und Nut- zung der Metalle für seinen Gebrauch — ein Eingliederungsvorgang, der auch heute noch nicht seinen Abschluß gefunden hat — und die Benutzung der Gesteine für Bauzwecke. So gliedert sich nach und nach ein totes Naturprodukt nach dem anderen in die Gruppe der mineralischen Rohstoffe ein, sodaß es heute kaum mehr ein solches gibt, für das der Mensch nicht in dieser oder jener Form eine be- sondere Verwendung hätte. Es kommt bei der Zuordnung zu den mine- ralischen Rohstoffen auch nicht darauf an, ob tote Naturobjekte auf rein anorganischem Wege entstanden sind oder ob ihre Herkunft aus dem Lebensablauf von Organismen abzuleiten ist. Von den mineralischen Rohstoffen stellen z. B. Erdöl und Kohlen ausschließlich Organismenreste dar; aber es gibt noch viele andere, die ihre natürlichen Ansammlungen mehr oder weniger vollständig irgendwie dem Lebensablauf der Organismen verdanken; sei es, daß es sich, wie z. B. bei den meisten natürlichen Phosphatdüngemitteln, um Produkte der Wechselwirkung zwischen tierischen Exkrementen und Verwesungsresten mit auf anorganischem Wege entstandenen Gesteinen handelt, sei es, daß es sich einfach um Ablagerungen von tierischen Außen- und Innenskeletten verschiedener stofflicher Zusammensetzung an der Erdoberfläche, wie z. B. bei der Kieselgur (Diatomeen = Kieselalgenerde) oder der Hauptmenge der Kalksteine, handelt.

Ein wichtiger Unterschied zwischen den mineralischen und den aus der Sphäre des Lebens stammenden Rohstoffen, zu welch letzteren die Produkte der Land- und Forstwirtschaft im weitesten Sinne zu zählen sind, besteht darin, daß erstere für den Menschen nur in bestimmten, festgegebenen Mengen greifbar sind und sich nicht wie die letzteren, wenigstens bei entsprechender Behandlung, in für den Menschen in Betracht kommenden Zeiträumen erneuern. In diesem Sinne ist es richtig, von festgegebenen Vorräten der einzelnen mineralischen Rohstoffe zu sprechen, während bei den Produkten der Land- und Forstwirtschaft dem Menschen ein weiter Spielraum gegeben ist, den er nur in entsprechender Weise auszunützen verhalten ist, und dann in absehbarer Zeit auch bei starker Vermehrung der Menschenzahl einen naturbegründeten Mangel nicht zu befürchten hat.

Nicht allein aus theoretischem Interesse heraus, sondern auch im Hinblick auf die besonderen Bedingungen hinsichtlich der Versorgungsmöglichkeit mit mineralischen Rohstoffen hat die naturwissenschaftliche Forschung durch viele Jahrzehnte hindurch ihre Pflicht weitestgehend erfüllt, um weit vorausblickend ein zunehmend klares Bild über die vorhandenen Bestände zu schaffen und eine allzu frühzeitige Erschöpfung der Bestände zu verhindern. Dies geschah in den meisten Fällen mit verhältnismäßig sehr bescheidenen Mitteln; teilweise hat man davon auch in für die Wirtschaft verantwortlichen Kreisen seit einiger Zeit Kenntnis genommen, zuerst wohl in den Vereinigten Staaten von Nordamerika, aber in einzelnen Belangen auch z. B. in Schweden und Frankreich, vor allem aber unter bewußtem Einsatz der dazu befähigten Kräfte und geeigneten Mittel im neuen Rußland. Im großen und ganzen kann man aber nicht behaupten, daß den entsprechenden Aufklärungen allgemein das gebührende Gehör geschenkt worden wäre; dem standen vielfach kurzsichtige, privatwirtschaftliche Interessen entgegen, aber in gleichem Umfange auch die allgemeine politische Verblendung. Denn was z. B. in Kriegen, wie es die beiden letzten waren, an höchstwichtigen und nur spärlich vorhandenen mineralischen Rohstoffen der Menschheit unwiederbringlich und ohne irgendwelchen Nutzen entzogen wurde, das ist in mehreren Punkten in seinen Folgen schon für die nächsten Jahrzehnte noch gar nicht abzusehen. Man braucht da nur an die sinnlosen, für die Zerstörung erfolgten Einsätze von vielleicht gerade augenblicklich nicht übermäßig teueren, aber trotzdem mit Rücksicht auf die beschränkten Vorräte wahrhaft kostbaren Schwermetallen zu denken.

Vom Standpunkt der Vorratsführung können die mineralischen Rohstoffe in drei Gruppen eingegliedert werden:

1. Mineralische Rohstoffe, die im Bereich der zugänglichen Teile des Erdballes in praktisch unerschöpflichen Mengen zur Verfügung stehen und die auf die verschiedenen großen Wirtschaftsgebiete gleichmäßig verteilt sind; zu ihnen zählen z. B. das Steinsalz, welches die chemische Industrie in ungeheuren Mengen für die verschiedensten Zwecke benötigt, dann der Gips, die natürlichen Bausteine, die Grundstoffe der Zementindustrie, die Kalksteine und die Sande in ihren Massenverwendungsqualitäten, aber auch der Stickstoff und das Argon der Luft.

2. Mineralische Rohstoffe, von denen die Erdrinde mindestens auf Jahrhunderte hinaus ausreichende Mengen birgt, welche aber ungleichmäßig verteilt sind. Auf viele Jahrhunderte hinaus bestehen bei ihnen, unter der Voraussetzung von vernünftigen Verteilungs- und Austauschmöglichkeiten, keinerlei Versorgungsschwierigkeiten. Zu diesen Rohstoffen gehören z. B.: die Kohlen, das Eisen in gewinnfähiger Form, die Kalisalze, die natürlichen Phosphatdüngemittel, der Magnesit, die Aluminiumerze usw.

3. Mineralische Rohstoffe, welche, abgesehen von der unregelmäßigen Verteilung auf die verschiedenen Wirtschaftsgebiete, nur in beschränktem Umfange für den Menschen greifbar sind; bei vielen von ihnen muß, auch nur bei Fortsetzung des laufenden Friedensbedarfes, in einigen Jahrzehnten mit einer völligen Erschöpfung der Vorräte, in welche der Krieg mit seinem ungeheuerlichen Verbrauch und der damit verbundenen sinnlosen Vergeudung einschneidend eingegriffen hat, gerechnet werden. Zu diesen Rohstoffen gehören die meisten Schwermetallerze, z. B. die Erze des Kupfers, Nickels, Kobalts, Zinks, Zinns, Bleis, Wolframs usw., aber auch andere Rohstoffe, wie z. B. die Reintone, der Asbest, das Erdöl, die Nutzglimmer usw. Mit diesen Rohstoffen besonders vorsorglich in Zukunft umzugehen, ist gemeinsame Verpflichtung aller Nationen. Darüber hinaus ist es in diesem Punkte erforderlich, daß durch rückhaltlose Förderung der wissenschaftlich-technischen Forschung die Schaffung von vollwertigen Austauschstoffen oder von synthetischen Produkten baldmöglichst

erreicht wird. In diesem Sinne ist es gut daran zu erinnern, daß heute, ein Jahr nach dem großen Kriege, selbst in den Vereinigten Staaten von Nordamerika über empfindlichen Mangel an Kupfer und Blei geklagt wird, obwohl gerade die Förderung und Gewinnung der Schwermetalle aus den Erzen durch den Kriegsbedarf außerordentlich gesteigert war.

Man kann die mineralischen Rohstoffe nach einem anderen Gesichtspunkt in zwei Gruppen einteilen:

1. Rohstoffe, die, von einem gewissen Reinigungsprozeß abgesehen, in der von der Natur gegebenen Verwendungsform gebraucht werden. Dabei handelt es sich der Hauptsache nach um in der Natur vorkommende, in der Regel sehr kompliziert zusammengesetzte, kristallisierte chemische Verbindungen, die man als Mineralien bezeichnet. Auch an ihnen sind vielfach die Vorräte beschränkt und gerade diese Rohstoffe weisen den Nachteil auf, daß die ihnen unterliegenden chemischen Verbindungen durch die technische Nutzung allmählich verändert und zerstört werden, ohne daß die Möglichkeit bestünde, das Rohmaterial durch sorgfältige Aufsammlung des Altmaterials wenigstens teilweise für die neuerliche Nutzung zurückzugewinnen. In diese Gruppe gehören z. B. die früher erwähnten Nutzglimmer, der Asbest und der Talk. Hier muß nach Möglichkeit nach Austauschstoffen gesucht werden und es muß die Synthese dieser Stoffe aus ihren Grundstoffen, die eine sehr große Verbreitung besitzen, mit allen Mitteln gefördert werden, soweit es sich wie in den genannten Einzelfällen um Rohstoffe beschränkter Bevorratung handelt. Gerade die Synthese kristallisierter, kompliziert zusammengesetzter anorganischer Stoffe stellt aber heute noch Wissenschaft und Technik vor sehr schwierig zu lösende Aufgaben. Es sind z. B. Ansätze für die gelungene Synthese von Asbest und Nutzglimmern wohl schon vorhanden, aber eine Herstellung in technisch verwertbaren Qualitäten ist bis heute noch nicht gelungen, obwohl die dazu benötigten Grundstoffe in Hülle und Fülle zur Verfügung stehen.

2. Rohstoffe, welche in der Natur ebenfalls als Mineralien in der Regel in Form von mehr oder weniger komplizierten, kristallisierten Verbindungen vorkommen, aber in Form dieser Verbindungen gar nicht verwertet werden. In diesen Fällen müssen die betreffenden natürlichen Verbindungen zerstört werden und die dabei erhaltenen Grundstoffe erst werden als eigentliche Rohstoffe der technischen Verwendung zugeführt. Zur Gruppe dieser Rohstoffe gehören vor allem die *Erze*. Unter Erzen verstehen wir Mineralien und Gesteine, die ein oder mehrere Metalle in gewissen Minimalmengen enthalten und aus denen diese Metalle auf wirtschaftliche Weise gewonnen werden können. Die Metalle gehen nun durch die technische Verwertung

in der Regel nur teilweise wirklich verloren, die einen in größerem, die anderen in geringerem Umfange. Die Verlustmenge schwankt von Metall zu Metall, je nach dessen Verwendungsart, zwischen 10 und 40%; dabei handelt es sich um nicht zu verhindernde Totalverluste, die im wesentlichen dadurch entstehen, daß durch die praktische Verwertung der Metalle diese durch Abnutzung mit anderen Materialien so stark durchsetzt werden, daß an ihre Wiedergewinnung nicht gedacht werden kann. Die nicht mehr brauchbaren Metallgegenstände und die Erzeugungsabfälle selbst können aber in Form von Alt- und Abfallmaterial bei einiger Sorgfalt, die hier in vielen Fällen dringendst geboten ist, wieder erfaßt und der neuerlichen Verwertung zugeführt werden; denn hier handelt es sich meist um Rohstoffe, bei denen mit Sicherheit in wenigen Jahrzehnten eine allgemeine Verknappung und Erschöpfung der natürlichen Vorräte vorauszusehen ist. Durch gewissenhafte Erfassung des Alt- und Abfallmaterials können aber diese knappen Vorräte wesentlich gestreckt werden. In anderer Hinsicht muß für diese spärlichen Rohstoffe nach vollwertigen Austauschstoffen gesucht werden. Es kommt noch hinzu, daß viele Metalle nicht allein in metallischer Form selbst verwertet werden, sondern weitgehend in Form von verschiedenen, in der Technik hergestellten Verbindungen für Zwecke der chemischen Industrie und für die Herstellung von Farbstoffen. Letzteres gilt in besonders großem Umfange für das Blei und das Zink; die in diesem Zustande verwendeten Metalle gehen durch die Nutzung unvermeidlich verloren, d. h. sie werden so stark mit anderen Materialien vermengt, daß sie in einen Verteilungszustand kommen, der eine Wiedergewinnung unmöglich macht, indem sich der Gehaltsprozentsatz der sehr geringen Durchschnittsmenge an diesen Metallen in der gesamten Erdkruste selbst stark nähert.

Die Reinmetalle sind Grundstoffe (Elemente) mit besonderen, von Fall zu Fall wechselnden Eigenschaften. Sie finden, abgesehen von der eben erwähnten Form von Verbindungen, in der Technik als Reinmetalle oder Mischmetalle (Legierungen) Verwendung. Die Nutzung vieler Metalle in dieser Hinsicht geht auf die vorgeschichtlichen Zeiten zurück. Neben den in der Natur in reinem (gediegenem) Zustande anzutreffenden Edelmetallen fanden zuerst das Kupfer und die zufällig entdeckte Bronze (eine Legierung von Kupfer und Zinn), später erst das Eisen in den verschiedenen Frühkulturbereichen Verwendung, bis sich durch Austauschmöglichkeiten Angleichungen einstellten. Immer mehr von den metallischen Grundstoffen fanden dann nach und nach Verwendung, viele Schwermetalle sind erst im 18. und 19. Jahrhundert in Gebrauch genommen worden; die Zeit der viel reichlicher vorhandenen Leichtmetalle brach eigentlich erst mit dem jetzigen Jahrhundert herein, aber gleich mit einer vehementen Entwicklung. In den früheren Zeiten wurden nur immer die ergiebigsten natürlichen Quellen für die Schwermetallgewinnung ausgenutzt und auch diese vielfach unter Hinterlassung großer, minder metallhaltiger Rückstände im Zuge der Erzgewinnung aus dem Boden und von Rückständen auf den Schlackenhalden bei den anfänglich recht

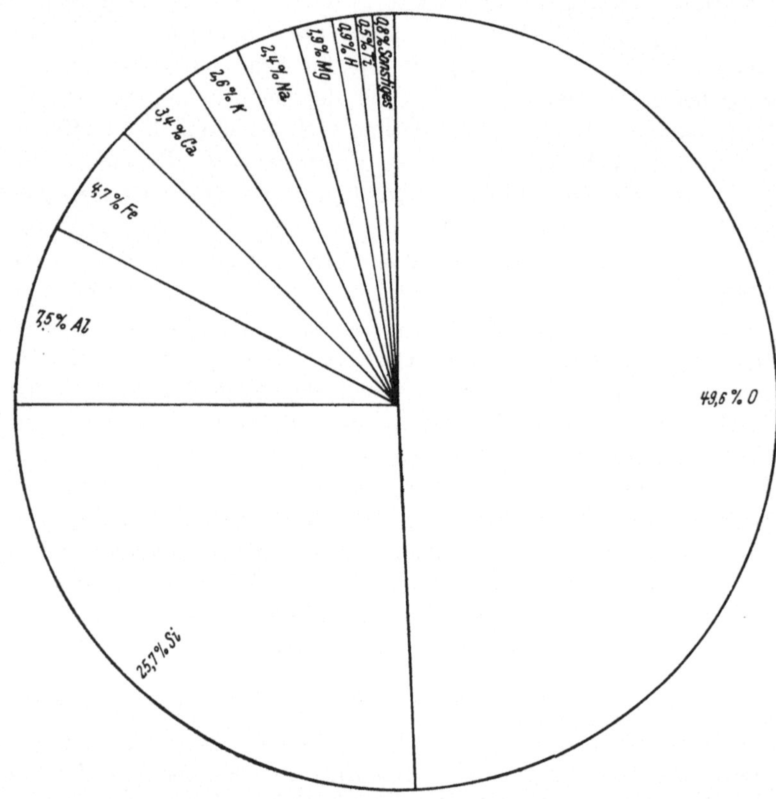

Abb. 1. Gewichtsverhältnis der häufigsten Grundstoffe in den zugänglichen Teilen des Erdballes.

primitiven Verhüttungsmethoden. Diese erstgenutzten, besonders metallreichen, aber nicht sehr ausgedehnten, natürlichen Vorkommen reichten zunächst in den Zeiten geringen Metallbedarfes für die Versorgung aus. Mit dem sich besonders im letzten Jahrhundert rapid steigernden Bedarf wurden die ergiebigsten Quellen ausgeschöpft und der Mensch mußte immer mehr zu metallärmeren Gesteinen (Erzen) seine Zuflucht nehmen, deren natürliche Vorkommen (Lagerstätten)

häufig die viel geringere Metallführung durch ihre große Ausdehnung
mehr als ausgleichen. Die Nutzung dieser metallärmeren Gesteine
erforderten natürlich eine dauernde Verbesserung der Gewinnungs-
methoden in bergmännischer und hüttenmännischer Hinsicht. Berg-
bau- und Hüttentechnik nahmen durch die zwangsläufige Verbesserung der Methoden in Vergleich zu den ursprünglichen primitiven Ge-

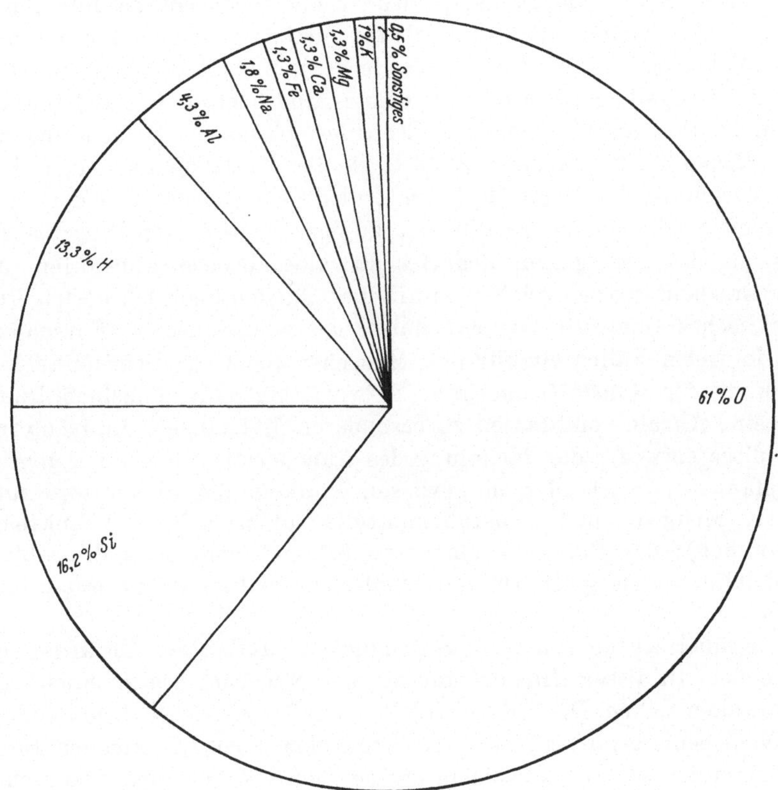

Abb. 2. Relative Häufigkeit der häufigsten Grundstoffe in den zugänglichen Teilen des
Erdballes, bezogen auf die Atomzahlen.

winnungsarten einen großen Aufschwung, der mit Anfang der Neuzeit
in den Kulturländern allmählich einzusetzen begann und sich bald
auf die übrigen Gebiete der Erde erstreckte und vielleicht zuletzt erst
in Rußland Eingang fand, wo selbst zu Beginn dieses Jahrhunderts
in reichen Erzgebieten nur sehr primitive Abbaumethoden in Gebrauch waren, soferne diese Lagerstätten überhaupt ausgenutzt und
näher erforscht worden waren.

Von Seiten der Wissenschaft begann man schon frühzeitig mit der systematischen Erforschung der zugänglichen Teile des Erdballes nach den verschiedenen Grundstoffen und darunter auch nach den Metallen und überhaupt nach den mineralischen Rohstoffen. Aus der systematischen Erforschung der Grundstoffbestände im Bereiche des Erdballes erwuchs eine besondere Wissenschaft, die *Geochemie* oder *Chemie des Erdballes.* Herausgewachsen aus der Mineral-, Gesteins- und Minerallagerstättenkunde, entwarf die geochemische Forschung unter Heranziehung aller brauchbaren Methoden der Physik, Chemie, physikalischen Chemie, Geophysik, Bergbau- und Hüttenkunde, ja selbst der Astrophysik, ein zunehmend genaues Bild über die Bestände an den Grundstoffen im Bereiche des Erdballes, besonders in den uns zugänglichen Teilen; ferner erkundete sie die Gesetzmäßigkeiten, welche die Verteilung der Grundstoffe im Erdball beherrschen. Seit der Jahrhundertwende nämlich gesellte sich zu dem theoretischen Interesse angesichts des gesteigerten Bedarfes an mineralischen Rohstoffen und der Erschöpfung zahlreicher natürlicher Quellen auch ein gesteigertes praktisches Interesse. Die Ergebnisse der geochemischen Forschung, die in vielen Fällen ein für den Menschen nicht tröstliches Bild hinsichtlich der Rohstoffversorgung entwarf, regten in einzelnen Punkten eine Anzahl von Staaten zu besonderen Maßnahmen an, insoferne, als diese entweder die Sammlung des Altmaterials allgemein dringlich empfahlen (USA.) oder in gewissen Punkten die Rohstofförderung einer Mengen- und Ausfuhrkontrolle unterwarfen (Frankreich, Schweden); der Ruf nach einer verstärkten Verwertung des Abfall- und Altmaterials griff bald auf zahlreiche andere Wirtschaftsgebiete über.

Früher wurde von den „zugänglichen" Teilen der Erdkruste gesprochen. In dieser Hinsicht müssen wir Menschen uns nämlich enge Schranken ziehen. Die tiefsten Gruben, die der Mensch anlegen konnte, reichen heute etwa 2000 m in die Erdkruste hinein, die tiefsten Bohrlöcher auf etwa 5000 m; bis in solche Tiefen können wir uns wenigstens stellenweise ein unmittelbares Bild über die Zusammensetzung der Erdkruste durch die Untersuchung der bei diesem Vordringen geförderten Gesteinsprodukte verschaffen. Durch verschiedene geologische Vorgänge, die durch Teilbewegungen in der festen Erdkruste hervorgerufen werden, wurden aber im Verlaufe der Geschichte des Erdballes vielfach tiefer liegende Gesteinsschichten oberflächennahe gebracht oder solche Schichten durch Abtragung freigelegt, und damit sind sie der unmittelbaren Erforschung zugänglich geworden. Da sich derartige Verschiebungen und Verlagerungen in großem Umfange im Verlaufe der mehreren Milliarden Jahre Erdgeschichte vollzogen, können wir sagen, daß wir einigermaßen verläßlich über die

Tab. 1. Durchschnittliche Zusammensetzung der verbreitetsten Gesteinsgruppen (S. 169ff.) des zugänglichen Teiles der Lithosphäre[1].

Grundstoff	Eruptivgesteine[1] 95%	Schiefer 4%	Sandsteine 0,8%	Kalksteine 0,2%
Silicium Si	27,6%	27,2%	36,6%	2,4%
Aluminium Al	8,1	8,2	2,5	0,4
Eisen Fe	5,2	4,7	1,0	0,4
Calcium Ca	3,6	2,2	4,0	30,4
Magnesium Mg	2,1	1,5	0,7	4,7
Natrium Na	2,6	1,0	0,3	0,04
Kalium K	2,6	2,7	1,1	0,3
Titan Ti	0,5	0,4	0,15	0,03
Wasserstoff H	0,13	0,6	0,2	0,1
Phosphor P	0,1	0,06	0,03	0,02
Mangan Mn	0,1			0,04
Chlor Cl	0,05			0,02
Schwefel S	0,05	0,3	0,03	0,02
Barium Ba	0,04	0,05	0,05	
Chrom Cr	0,03			
Kohlenstoff C	0,03	1,5	1,4	11,3
Fluor F	0,03			
Strontium Sr	0,03			
Zirkonium Zr	0,03			
Rubidium Rb	0,03			
Cerium Ce, Yttrium Y usw.	0,02			
Vanadium V	0,02			
Nickel Ni	0,02			
Kupfer Cu	0,01			
Wolfram W	0,005			
Zink Zn	0,004			
Zinn Sn	0,004			
Kobalt Co	0,004			
Lithium Li	0,003			
Blei Pb	0,002			
Thorium Th	0,001			
Bor B	0,001			
Molybdän Mo	0,001			
Beryllium Be	0,0005			
Uran U	0,0002			
Silber Ag	0,00001			
Quecksilber Hg	0,00001			
Gold Au	0,0000005			
Platin Pt, Palladium Pd usw.	0,0000003			
Sauerstoff O	46,6	49,5	51,9	49,6

[1] Mit Rücksicht auf ihr Vorherrschen gibt die durchschnittliche Zusammensetzung der Eruptivgesteine schon ein sehr gutes Durchschnittsbild über die Gesamtzusammensetzung der Lithosphäre; die durchschnittliche Zusammensetzung der Hydrosphäre (S. 22) und Atmosphäre (S. 20) ist auf S. 137 und 166 angegeben.

Zusammensetzung der obersten 20 km der festen Erdkruste unterrichtet sind. Darüber hinaus konnten wir uns selbstverständlich einen genaueren Einblick in die Zusammensetzung der Wasserhaut der Erde und der Lufthülle derselben verschaffen. In diesem Sinne wird hier immer von den zugänglichen Teilen des Erdballes gesprochen werden.

Die feste Erdkruste besteht aus sehr verschiedenen Gesteinen; diese *Gesteine* bestehen aus den *Mineralien*, die im Gegensatz zu den Gesteinen chemisch einheitlich sind und deren Zusammensetzung daher durch eine chemische Formel darstellbar ist, während die Gesteine Gemenge von Mineralien verschiedener Art in verschiedenen Verhältnissen sind. Ein großer Teil von ihnen ist durch die Verfestigung der äußeren Partien des Schmelzflusses, aus dem in ihrem Jugendstadium die Erde unterhalb der Atmosphäre zur Gänze bestand, entstanden. Es sind dies die mannigfaltig zusammengesetzten *Eruptiv-* oder *Glutflußgesteine* (auch *magmatische* Gesteine genannt, s. u.). In den äußeren Teilen der Erdkruste spielen aber auch jene Gesteine eine große Rolle, die sich aus den Produkten der Zerstörung der Eruptivgesteine durch die an der Erdoberfläche wirksamen Faktoren (Wasser, Klima, Organismen) im Wege der *Verwitterung* (Zersetzung) gebildet haben und welche in sehr mannigfaltiger Form wieder als feste Gesteine an der Erdoberfläche abgesetzt werden. Zu diesen *Sediment-* oder *Absatzgesteinen* gehören z. B. die Sandsteine, Kalksteine, Salzgesteine, Kohlengesteine usw. Alle diese verschiedenen Gesteine wurden in richtiger Abwägung ihrer gegenseitigen Mengenverhältnisse auf ihren stofflichen Gesamtbestand geprüft, um sich so ein durchschnittliches Bild von der Zusammensetzung der Erdkruste machen zu können. In Bezug auf die häufigsten und besonders auf die wichtigen Grundstoffe sind diese Ergebnisse in der Tab. 1 zusammengestellt. Die Diagramme Abb. 1—3 geben eine zeichnerische Darstellung der Mengenverhältnisse für die häufigsten Grundstoffe, darunter für die wichtigsten Metalle [1].

Damit war aber die Aufgabe der geochemischen Forschung keineswegs erschöpft. Die Erfahrung lehrt, daß die verschiedenen Grundstoffe in den Gesteinen (glücklicherweise!) sehr unregelmäßig verteilt sind, und zwar deswegen, weil die Natur bei der Gesteinsbildung sowohl aus dem Schmelzfluß, wie auch im Zuge der Verwitterung, sehr verschiedene Wege nach physikalisch-chemischen Gesetzen geht und

---

[1] Es sei nochmals betont, daß unter „zugänglichen" Teilen des Erdballes die obersten 20 km der Gesteinskruste (Lithosphäre) und die Hydrosphäre und Atmosphäre verstanden sind; dabei ist zu berücksichtigen, daß die Gesamtmasse der Atmosphäre einer Gesteinsdicke in der Lithosphäre von etwa $^2/_5$ m und die Gesamtmasse der Hydrosphäre einer oberflächlichen Gesteinsschichte von etwa $1\frac{1}{2}$ km Dicke entspricht. Wegen Aufrundung erscheint in Abb. 1 (und Abb. 2) die Summe der selteneren Elemente (Sonstiges!) zu klein; nach Abb. 3 beträgt ihr Gewichtsanteil etwas über 1%.

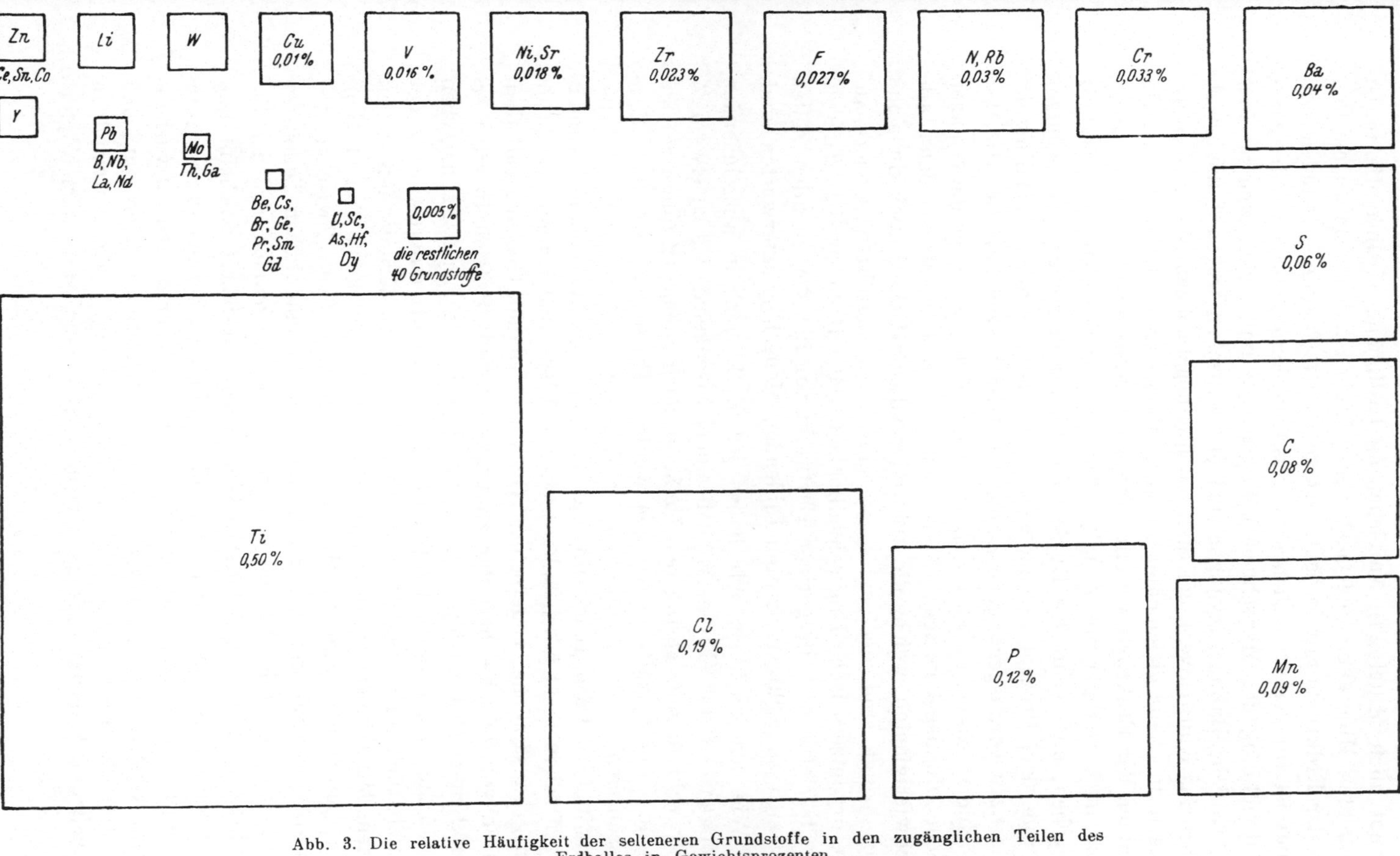

Abb. 3. Die relative Häufigkeit der selteneren Grundstoffe in den zugänglichen Teilen des Erdballes in Gewichtsprozenten.

damit auch Mittel zur Anreicherung bestimmter Grundstoffe in bestimmten Mineralien und Gesteinen gefunden hat, die im allgemeinen in der Erdkruste nur in sehr geringer Konzentration vorhanden sind. Dies ist für den Menschen sehr tröstlich, denn sonst wäre die ganze Entwicklung der Menschheit völlig andere und sicher weniger fortschrittliche Bahnen gegangen und die Menschen wären kaum jemals über das Kulturniveau der Steinzeit hinausgekommen. Wenn z. B. das Eisen durchaus gleichmäßig in einer Menge von etwa 5% in den Gesteinen der Erdkruste verteilt wäre, so hätte es niemals eine Eisenzeit und noch weniger ein Zeitalter der Naturwissenschaft und Technik gegeben; und wenn das Kupfer überall nur in Mengen von wenigen Hundertstel Prozent vorhanden wäre, so hätte es nicht einmal die der Eisenzeit vorausgegangene Kupfer- und Bronzezeit gegeben. Mancher möchte ja sagen, es wäre gut, wenn die Menschen über die Steinzeit nicht hinausgekommen wären; dem ist aber nicht so, denn alle Schwierigkeiten, welche die kulturell-zivilisatorische Entwicklung mit sich bringt, sind nicht auf diese selbst zurückzuführen, sondern auf die organisatorische Ungeschicklichkeit und auf die geringe Einsicht in die Natur und die geringe Ehrfurcht vor ihr, der zu allen Zeiten die sich zu Führern berufen fühlenden Menschen unterworfen sind.

Wie dem auch sei, wir haben jedenfalls noch in ausreichenden Mengen Gesteine (Eisenerze) mit einem Eisengehalt bis zu etwa 70% und wohl in sehr geringerem Umfange noch solche (Kupfererze) mit einem Kupfergehalt von einigen wenigen Prozenten und diese Erze lassen sich für die Gewinnung der Metalle ohne allzu großen Arbeitsaufwand benutzen. Immerhin sind die Mengen an brauchbaren Kupfererzen schon recht beschränkt. Zwischen Eisen und Kupfer besteht da ein grundsätzlicher Unterschied. Die verschiedenen Gesteine enthalten Eisen von 70% bis herunter zu praktisch Null Prozent in allen erdenklichen Prozentsätzen; in allen diesen Zusammensetzungstypen treten sie in größeren Mengen auf. Heute gilt als untere Grenze der Nutzbarkeit eines Gesteines als Eisenerz die Forderung, daß es mit einem Mindesteisengehalt von 25 bis 30% in genügend großen Mengen (mindestens hundert Millionen Tonnen) auftritt. Zwischen den Grenzen von 30 und 70% Eisen sind in den zugänglichen Teilen der Erdkruste so große Mengen von Eisenerzen vorhanden, daß der Bedarf daran auf einige Jahrhunderte hinaus gesichert erscheint und innerhalb dieses Zeitraumes wird die Technik sicherlich so weit fortgeschritten sein, daß man zu den in noch größeren Mengen vorhandenen Gesteinen mit 15 bis 25% Eisen wird greifen können, ohne daß dadurch die Eisengewinnung unverhältnismäßig hohen Aufwand an Arbeit und Material verlangen wird. Ganz anders ist es beim Kupfer:

Die Kupferlagerstätten, deren Erze 1—3% Kupfermetall enthalten, sind zwar sehr ausgedehnt, vor allem in Nord- und Südamerika, entwickelt — die weniger ausgedehnten, reicheren Kupfererze, die auch in Europa einmal zur Verfügung standen, sind schon längst praktisch erschöpft —, aber angesichts des geringen Prozentgehaltes an Kupfermetall werden sie auch alljährlich in enormen Mengen abgebaut; man wird mit der Erschöpfung dieser Kupfererze unter Beibehaltung des jetzigen Bedarfes in wenigen Jahrzehnten rechnen müssen; und was dann? Kupferführende Gesteine mit Prozentgehalten von weniger als 1% in einigermaßen größerem Umfange fehlen fast vollständig; sondern wir treffen dann erst wieder auf die sonstigen Gesteine mit einem durchschnittlichen Kupfergehalt von nur wenigen Hundertstel Prozent und wir haben heute noch keine Möglichkeit, uns vorzustellen, wie man bei diesem Verdünnungsgrad das Kupfer aus solchen Gesteinen außerhalb des Laboratoriums für praktische Bedürfnisse noch gewinnen könnte. Daraus ist zu folgern: Mit den Beständen an Kupfererzen hat der Mensch sehr haushälterisch umzugehen, den Bedarf schon jetzt durch Anwendung von Ersatzmetallen einzuschränken und das Alt- und Abfallmetall sorgfältigst zu sammeln. Wie mit dem Kupfer steht es mit den meisten anderen Schwermetallen und vielen anderen mineralischen Rohstoffen, dies geht aus Tab. 1 und den diagrammatischen Darstellungen 1—3 hervor, ebenso wie die ganz andersartige Stellung in rohstoffwirtschaftlicher Hinsicht, welche die meisten, heute noch vielfach wenig verwendeten Leichtmetalle (Aluminium, Magnesium, Silicium, Calcium, Natrium und Kalium) einnehmen.

Die Verarmung und Erschöpfung der seit Jahrhunderten und Jahrtausenden abgebauten Lagerstätten an nutzbaren Mineralien einschließlich der Erze mit ihrer trotz ihrer geringen Ausdehnung hohen Rohstoffkonzentration, die aus letzterem Grunde am frühesten zur Ausbeutung herangezogen wurden, hat zur Folge, daß sich heute die Rohstoffgewinnung immer mehr auf ganz bestimmte Wirtschaftsgebiete konzentriert, deren Lagerstätten bei ungleich größeren Gesamtvorräten, wenn auch oft wesentlich geringerer Rohstoffkonzentration, verhältnismäßig spät vom Menschen zur Nutzung herangezogen wurden. Angesichts des enorm gestiegenen Rohstoffbedarfes im Verlaufe der letzten hundert Jahre verlieren an sich schon die kleineren Vorkommen, wenn sie auch für die sie beherbergenden kleinen Wirtschaftsgebiete noch von Bedeutung sind, weltwirtschaftlich gesehen mehr und mehr an Gewicht. Einzelne Staaten nehmen dadurch hinsichtlich der Gewinnung von mineralischen Rohstoffen in der Weltwirtschaft mehr oder minder betonte Monopolstellungen ein, zumindest beherrschen sie den Weltmarkt weitgehend. Die Prozentzahlen der Tab. 2 gelten für die Beteiligung an der gegenwärtigen Jahresgewinnung, können aber in den meisten Fällen mit den Vorratszahlen ungefähr gleichgesetzt werden; auf Rußland konnte häufig nicht Rücksicht genommen werden, weil die dortigen Vorräte und Gewin-

Tab. 2. Konzentrierung der Gewinnung von einzelnen mineralischen Rohstoffen auf enge Räume.

Eisenerze	USA., Rußland	60%
Manganerze	*Rußland*, Brasilien, Indien, Südafrika	85%
Kupfererze	Chile, USA.	60%
Wolframerze	*China*, Indochina	80%
Molybdänerze	*USA.*	90%
Quecksilbererze	Spanien, Italien,	85%
Antimonerze	*China*, Bolivien	80%
Nickelerze	*Kanada*	80%
Kobalterze	Belgisch-Kongo, Kanada	90%
Vanadinerze	Peru, Südwestafrika, USA	90%
Zinnerze	Südostasien, Bolivien	80%
Gold	Südafrika, Rußland, Kanada, USA.	80%
Silber	Mittel-, Nord- und Südamerika	80%
Platinerze	*Kanada*, Rußland, Südafrika	90%
Uran-Radium	*Kanada*, Kongostaat	80%
Zirkonerze	*Brasilien*, USA.	80%
Titanerze	*USA.*, Kanada	85%
Thorium (seltene Erden)	*Brasilien*, Indien, USA.	80%
Schwefelkies	Spanien, Italien, Norwegen	60%
Erdöl	USA. [1]	60%
Diamant	Mittel- und Südafrika, bes. *Belgisch-Kongo*	95%
Helium	*USA.*	80%
Kalisalze	*Deutschland*, Frankreich	90%
Magnesit	Rußland, Österreich, Griechenland, Mandschurei	90%
Borate	*USA.*	95%
Phosphate	Nordafrika, USA., Südseeinseln	90%
Salpeter	*Chile*	90%
Strontiumerze	England, Deutschland	70%
Schwerspat	*Deutschland*, USA.	90%
Flußspat	USA., Deutschland	80%
Tafelglimmer	*Indien* [2], Kanada, Südafrika	85%
Schwefel	*USA.*	90%
Asbest	*Kanada*, Rußland, Südafrika	90%
Meerschaum	*Türkei* (Kleinasien)	85%

[1] Förderung! Der Prozentsatz an Vorräten ist viel geringer.
[2] Abfallglimmer wird überwiegend in USA gewonnen.

nungszahlen nur unvollständig bekannt sind. Es sei nur hervorgehoben, daß dort die Entwicklung, sowohl im Punkte der Auffindung von Lagerstätten, als auch vor allem im Punkte der im zaristischen Rußland völlig vernachlässigten Gewinnung derartiger Rohstoffe, im Laufe der letzten beiden Jahrzehnte teilweise umwälzende Ergebnisse gezeitigt hat. Aus der Tab. 2 geht weiter hervor, daß nach der Entwicklung der letzten Jahrzehnte im Bereiche der britischen Krone Kanada in Belangen der mineralischen Rohstoffwirtschaft, wie auch in anderen Belangen, ausgesprochen die Rolle der Perle spielt.

Ferner hat die Entwicklung der letzten Jahrzehnte es mit sich gebracht, daß heute einige mineralische Rohstoffe als überwiegend ostasiatische (Antimon, Zinn, Wolfram) angesprochen werden können, andere als amerikanische (Silber, Nickel, Molybdän, Titan, Zirkonium, Thorium, Uran-Radium, Helium, Borate, Salpeter, Schwefel), und einige wenige als europäische (Quecksilber, Kalisalze, Strontiumsalze, Magnesit). Die Konzentrierung auf wenige Gewinnungsgebiete schreitet mit der Erschöpfung der kleineren Vorkommen immer mehr in der durch die Tab. 2 zum Ausdruck gebrachten Richtung weiter.

In der Tab. 2 ist für jene Fälle, wo heute ein Wirtschaftsgebiet an der Weltproduktion zu 50 oder mehr Prozent beteiligt ist, dessen Name kursiv gedruckt; in jedem Falle erfolgt die Reihung nach der Bedeutung des betreffenden Gebietes für die Produktion.

Die folgende Tab. 3 zeigt vorausgreifend, daß auch die größten Staaten, selbst unter Mitberücksichtigung ihres Kolonialbesitzes und ihrer Dominien keineswegs in *jeder* Beziehung im Punkte der Versorgungsmöglichkeit mit mineralischen Rohstoffen vom Austausch mit anderen Staaten unabhängig sind; nur sind selbstverständlich die Austauschmöglichkeiten innerhalb dieses Sektors sehr viel größer als bei den kleineren Staaten, von denen in der Tabelle auch die meisten europäischen angeführt sind. Auch *Dänemark* und die *Schweiz* sind genannt, zwei absolut rohstoffarme Gebiete, die auch ohne den Besitz an solchen durch den Ausbau anderer Wirtschaftssektoren beispielhaft gedeihen, wobei die politische Geschlossenheit und Reife ihrer Bewohner keine geringe Rolle spielt. Dänemark kann nur eine geringe Torfgewinnung für Brennstoffzwecke und eine beachtliche Gewinnung an Kieselgur (S. 150) nachweisen, die Schweiz hat, abgesehen von den wohlausgenutzten Wasserkräften, nur die Möglichkeit zu einer unzureichenden Eisenerzgewinnung und zu einer Steinsalzgewinnung, die den eigenen industriellen Bedarf nicht zu decken vermag. — Dagegen ist z. B. die Rohstofflage Österreichs keineswegs ungünstig; wenn auch in vielen Belangen völliger oder bedeutender Mangel besteht, so bieten doch andere Punkte derartige Ausfuhrmöglichkeiten, daß auf bergwirtschaftlichem Gebiete zumindest ein Ausgleich auf längere Sicht hinaus erreicht werden kann, besonders wenn durch planmäßigen Ausbau der reichlich zur Verfügung stehende Rohstoff Wasserkraft zu einem solchen Ausgleich herangezogen wird.

Tab. 3. Die Versorgungslage verschiedener Staaten mit mineralischen Rohstoffen.

Rohstoffe	USA.	Großbritannien mit Kolonien, Mand. u. Dom.		Rußland	Frankreich mit Kolonien		Belgien mit Kongostaat		Niederlande mit Kolonien		Deutschland	Schweden	Norwegen	Italien	Rumänien	Jugoslawien	Ungarn	Türkei	Tschechoslowakei	Polen	Griechenland	Spanien – Portugal	China	Österreich	Schweiz	Dänemark
Eisen	—	(+)	+	+	+	+	—	—	—	—	—	+	(+)	—	—	—	—	—	—	—	—	+	(+)	+	—	—
Mangan	—	—	+	+	—	—	—	—	—	—	—	(+)	—	—	—	—	—	—	—	—	—	—	—	—	—	—
Chrom	—	—	+	+	—	—	—	—	—	—	—	—	—	—	(+)	+	—	+	—	—	+	—	—	—	—	—
Nickel	—	—	+	(+)	—	+	—	—	—	—	—	—	+	—	—	—	—	—	—	—	(+)	—	—	—	—	—
Kobalt	—	—	+	—	—	+	—	+	—	—	—	—	—	—	—	—	—	—	—	—	—	—	—	—	—	—
Molybdän	+	—	—	(+)	—	(+)	—	—	—	—	—	(+)	+	—	—	—	—	(+)	—	—	(+)	—	—	—	—	—
Wolfram	—	—	(+)	—	—	—	—	+	—	—	—	+	—	—	—	—	—	—	—	—	—	(+)	+	—	—	—
Vanadium	(+)	—	+	(+)	—	—	—	—	—	—	—	+	(+)	—	—	—	—	—	—	—	—	—	—	—	—	—
Kupfer	(+)	—	(+)	(+)?	—	—	—	(+)	—	(+)	—	+	+	—	—	—	—	—	—	(+)	—	—	—	—	—	—
Blei	(+)	(+)	+	(+)	—	—	—	(+)	—	(+)	(+)	+	(+)	+	(+)	+	—	(+)	—	+	(+)	(+)	—	(+)	—	—
Zink	+	(+)	+	(+)	—	—	—	(+)	—	+	(+)	+	(+)	+	(+)	+	—	+	—	+	(+)	(+)	—	(+)	—	—
Zinn	—	—	+	?	—	—	—	(+)	—	+	—	—	—	—	—	—	—	—	—	—	—	—	+	—	—	—
Antimon	—	—	—	?	(+)	(+)	—	—	—	—	—	—	—	(+)	—	+	—	(+)	(+)	—	—	—	+	(+)	—	—
Quecksilber	(+)	—	—	?	—	—	—	—	—	—	—	—	—	+	—	+	—	—	—	—	—	+	(+)	—	—	—
Gold	+	—	+	+	—	—	—	+	—	(+)	—	+	—	—	(+)	—	—	—	—	—	—	—	—	—	—	—
Silber	(+)	—	—	(+)	—	—	—	+	—	(+)	+	+	(+)	(+)	+	(+)	—	+	(+)	(+)	(+)	+	(+)	(+)	—	—

Staaten / Rohstoffe

Staaten	Platin	Bauxit (Aluminium)	Magnesium	Magnesit	Talk	Asbest	Schwefel	Schwefelkies	Schwerspat	Phosphat	Graphit	Uran-Radium	Kalisalz	Flußspat	Kohle	Erdöl	Diamant
Dänemark																	
Schweiz																	
Österreich			+	+	+				(±)		+					+	
China			+	+											(±)		
Spanien — Portugal			+						+		(±)	+	(±)				
Griechenland		+	+	+				+	+								
Polen									(±)						+		
Tschechoslowakei				(±)								+	(±)		+		
Türkei													(±)				
Ungarn		+											(±)				
Jugoslawien		+	+	(±)					+				(±)				
Rumänien		+							(±)							+	
Italien		+			+		+	+	(±)				(±)				
Norwegen			+	(±)	+				+			(±)					
Schweden						(±)				+							
Deutschland			+							+	+		+	+	+		
Niederlande mit Kolonien		+							(±)				(±)		+		
Niederlande													(±)				
Belgien mit Kongostaat	(±)							?				+			+		+
Belgien															+		
Frankreich mit Kolonien		+	+		+				+		+	(±)	+	+			
Frankreich		+	+		+				+				+	+			
Rußland	+	+	+	+	?	+	?	(±)	?	+	+	?	+	(±)	+	+	
Großbritannien mit Kolonien, Mand. u. Dom.	+		(±)			+			(±)	(±)			+	+			+
Großbritannien			(±)											+	+		
USA			+	(±)	+		+		+	+			(±)		+	+	

In der Tab. 3 wurden folgende Zeichen verwendet:

+, wenn reichliche Vorräte einen Ausfuhrüberschuß abwerfen,

(+), wenn die Vorräte so groß sind, daß eine Selbstdeckung des Normalbedarfes wenigstens möglich ist.

—, wenn an dem betreffenden Rohstoff entweder gar keine oder nur eine unzureichende Eigenversorgung möglich ist.

(Bei den Edelmetallen wurde natürlich nur der technische Bedarf in Betracht gezogen).

II. Das Auftreten der mineralischen Rohstoffe und ihre Entstehung.

Es gibt etwa 90 Grundstoffe oder Elemente, aus denen sich der ganze Erdball und — das zeigt die spektroskopische Untersuchung der Gestirne — überhaupt der ganze Kosmos aufbaut. Viele von ihnen, wie die Reinmetalle, der Sauerstoff, der Stickstoff, der Kohlenstoff, der Schwefel usw. sind allgemein bekannt, von anderen wieder, die nicht immer von praktisch untergeordneter Bedeutung sein müssen, die aber recht selten sind, ist dem Laien nicht einmal der Name geläufig.

In den Tab. 4 und 5 sind die Grundstoffe in alphabetischer Ordnung zusammengestellt, und zwar in Tab. 4 nach ihren gebräuchlichen Namen, in Tab. 5 nach ihren chemischen Symbolen. Jeder Grundstoff wird in der Wissenschaft nämlich durch ein Buchstabensymbol dargestellt, das aus dem Anfangsbuchstaben und, wenn zur Unterscheidung nötig, auch noch aus einem zweiten Buchstaben seines lateinischen Namens besteht; die chemischen Symbole sind besonders im Interesse einer Erleichterung des Verständnisses der im Text gebrauchten chemischen Formeln angeführt worden. In der Tab. 4 sind noch die Atomgewichte oder Verbindungsgewichte der einzelnen Grundstoffe angeführt; es sind das nicht die absoluten Gewichte ihrer Atome, sondern deren Gewichte bezogen auf das Atomgewicht des Sauerstoffs = 16. Das absolute Gewicht des einzelnen Atoms in Gramm erhält man aus den angegebenen Atomgewichtszahlen immer durch Multiplikation mit 1,65 Quadrillionstel ($\times 1{,}65 \cdot 10^{-24}$); 1 Atom Eisen z. B. wiegt somit $55{,}8 \times 1{,}65$ Quadrillionstel g.

Die in den beiden Tabellen angeführten Grundstoffe sind dementsprechend auch die Bestandteile, aus welchen sich die Organismenwelt ebenso wie die Gesteinswelt und damit die mineralischen Rohstoffe aufbauen. Die relativen Mengen dieser Grundstoffe im Erdball

Tab. 4. Die Grundstoffe mit ihren Atomgewichten, alphabetisch geordnet nach ihren Namen.

Name	Symbol	Atom-gewicht	Name	Symbol	Atom-gewicht
Actinium	Ac	(226)	Nickel	Ni	58,7
Aluminium	Al	27,0	Niob	Nb	92,9
Antimon	Sb	121,8	Osmium	Os	190,2
(Stibium)			Palladium	Pd	106,7
Argon	Ar	39,9	Phosphor	P	31,0
Arsen	As	74,9	Platin	Pt	195,2
Barium	Ba	137,4	Polonium	Po	(210)
Beryllium	Be	9,0	Praseodym	Pr	140,9
Blei (Plumbum)	Pb	207,2	Protactinium	Pa	(231)
Bor	B	10,8	Quecksilber	Hg	200,6
Brom	Br	79,9	(Hydrargyrium)		
Cadmium	Cd	112,4	Radium	Ra	226,0
Calcium	Ca	40,1	Rhenium	Re	186,3
Cäsium	Cs	132,9	Rhodium	Rh	102,9
Cassiopeium	Cp	175,0	Rubidium	Rb	85,5
Cerium	Ce	140,1	Ruthenium	Ru	101,7
Chlor	Cl	35,5	Samarium	Sm	150,4
Chrom	Cr	52,0	Sauerstoff	O	16,0
Dysprosium	Dy	162,5	(Oxygenium)		
Eisen (Ferrum)	Fe	55,8	Scandium	Sc	45,1
Emanation	Em	222,0	Schwefel		
Erbium	Er	167,2	(Sulphur)	S	32,1
Europium	Eu	152,0	Silber (Argentum)	Ag	107,9
Fluor	F	19,0	Selen	Se	79,0
Gadolinium	Gd	156,9	Silicium	Si	28,1
Gallium	Ga	69,7	Stickstoff	N	14,0
Germanium	Ge	72,6	(Nitrogenium)		
Gold (Aurum)	Au	197,2	Strontium	Sr	87,6
Hafnium	Hf	178,6	Tantal	Ta	180,9
Helium	He	4,0	Tellur	Te	127,6
Holmium	Ho	164,9	Terbium	Tb	159,2
Indium	In	114,8	Thallium	Tl	204,4
Iridium	Ir	193,1	Thorium	Th	232,1
Jod	J	126,9	Thulium	Tu	169,4
Kalium	K	39,1	Titan	Ti	47,9
Kobalt	Co	58,9	Uran	U	238,1
Kohlenstoff	C	12,0	Vanadium	V	51,0
Krypton	Kr	83,7	Wasserstoff	H	1,0
Kupfer (Cuprum)	Cu	63,6	(Hydrogenium)		
Lanthan	La	138,9	Wismut	Bi	209,0
Lithium	Li	6,9	(Bismutum)		
Magnesium	Mg	24,3	Wolfram	W	184,0
Mangan	Mn	54,9	Xenon	X	131,3
Masurium	Ma	(99)	Ytterbium	Yb	173,0
Molybdän	Mo	96,0	Yttrium	Y	88,9
Natrium	Na	23,0	Zink	Zn	65,4
Neodym	Nd	144,3	Zinn (Stannum)	Sn	118,7
Neon	Ne	20,2	Zirkonium	Zr	91,2

und die Gesetze, welche ihre Verteilung beherrschen, zu ermitteln, ist, wie früher erwähnt, Hauptaufgabe der geochemischen Forschung.

Wir stellen uns nun vor, daß sich unsere Erde aus einem einheitlich zusammengesetzten Gasball durch fortlaufende Abkühlung gebildet hat. Mit sinkender Temperatur bildeten sich innerhalb der ursprünglich einheitlichen Masse zunächst zwei verschiedene Stoff-

Tab. 5. Die Grundstoffe, alphabetisch geordnet nach ihren chemischen Symbolen.

Symbol	Name	Symbol	Name	Symbol	Name
Ac	Actinium	H	Wasserstoff	Pt	Platin
Ag	Silber	He	Helium	Ra	Radium
Al	Aluminium	Hf	Hafnium	Rb	Rubidium
Ar	Argon	Hg	Quecksilber	Re	Rhenium
As	Arsen	Ho	Holmium	Rh	Rhodium
Au	Gold	In	Indium	Ru	Ruthenium
B	Bor	Ir	Iridium	S	Schwefel
Ba	Barium	J	Jod	Sb	Antimon
Be	Beryllium	K	Kalium	Sc	Scandium
Bi	Wismut	Kr	Krypton	Se	Selen
Br	Brom	La	Lanthan	Si	Silicium
C	Kohlenstoff	Li	Lithium	Sm	Samarium
Ca	Calcium	Ma	Masurium	Sn	Zinn
Cd	Cadmium	Mg	Magnesium	Sr	Strontium
Ce	Cerium	Mn	Mangan	Ta	Tantal
Cl	Chlor	Mo	Molybdän	Tb	Terbium
Co	Kobalt	N	Stickstoff	Te	Tellur
Cp	Cassiopeium	Na	Natrium	Th	Thorium
Cr	Chrom	Nb	Niob	Ti	Titan
Cs	Cäsium	Nd	Neodym	Tl	Thallium
Cu	Kupfer	Ne	Neon	Tu	Thulium
Dy	Dysprosium	Ni	Nickel	U	Uran
Em	Emanation	O	Sauerstoff	V	Vanadium
Er	Erbium	Os	Osmium	W	Wolfram
Eu	Europium	P	Phosphor	X	Xenon
F	Fluor	Pa	Protactinium	Y	Yttrium
Fe	Eisen	Pb	Blei	Yb	Ytterbium
Ga	Gallium	Pd	Palladium	Zn	Zink
Gd	Gadolinium	Po	Polonium	Zr	Zirkonium
Ge	Germanium	Pr	Praseodym		

massen aus. Die bei höherer Temperatur siedenden Grundstoffe und Verbindungen gingen in den flüssigen Zustand über, die bei tieferen Temperaturen siedenden lösten sich größtenteils von ihnen und blieben zunächst in der Form von Gasen, welche den schmelzflüssigen Anteil als Atmosphäre nach außen hin umgaben, zurück. Diese Ur-atmosphäre hatte bei den anfänglich hohen Temperaturen eine ganz andersartige Zusammensetzung als die heutige Lufthülle der

Erde; sie enthielt in sehr großem Umfange leichtflüchtige Stoffe und andersartige Verbindungen, z. B. an Stelle des Sauerstoffes viel Wasserdampf, dessen Spaltung in den wegen seines geringen Gewichtes nach außen abströmenden Wasserstoff und in Sauerstoff erst diesen wichtigen Bestandteil der heutigen Lufthülle lieferte; ebenso trat der Stickstoff ursprünglich in Verbindungsform, besonders als Ammo-

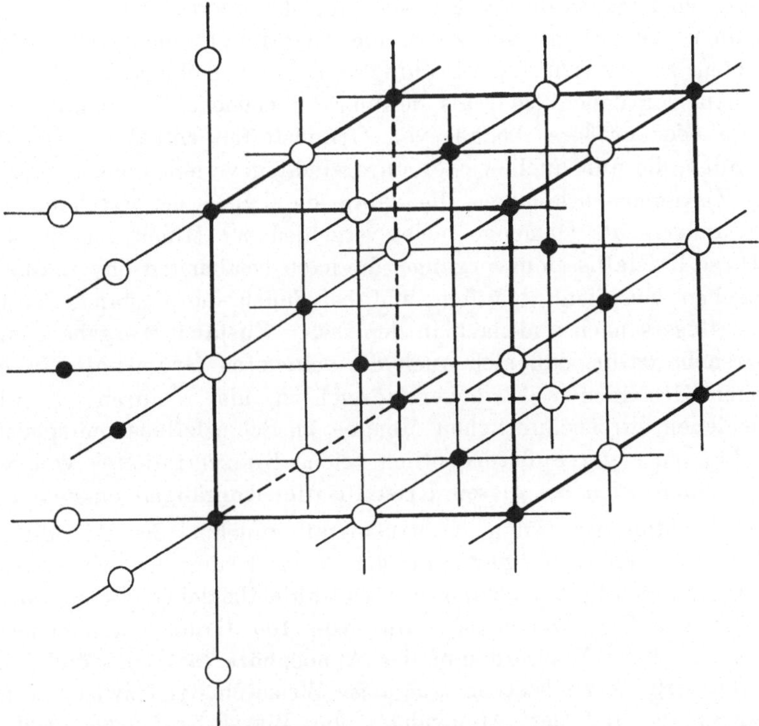

Abb. 4. Ausschnitt aus dem Kristallgitter des Steinsalzes NaCl, das aus einer unbestimmten Anzahl von Natrium- und Chloratomen besteht, von welchen die ersteren (kleinere Scheiben) elektropositiv aufgeladen sind (Kationen), die letzteren (größere Kreise) elektronegativ (Anionen). Ein Würfel von nur 1 mm Kantenlänge enthält ungefähr 25 Trillionen Natriumatome und ebenso viele Chloratome, welche sich durchgehend in gleicher Weise höchst gesetzmäßig nach dem Schema der Abbildung gruppieren [1].

niakgas auf; auch dieses Gas wurde erst im Laufe der Zeit in abströmenden Wasserstoff und Stickstoff geschieden. Daß sich diese Prozesse in diesem Sinne vollzogen, lehrt uns die spektroskopische Untersuchung der Gashülle anderer Planeten, die sich auf einem noch jüngeren Entwicklungsstadium als die Erde befinden, z. B. der großen Planeten.

---

[1] In der Abbildung ist versehentlich in der Mitte des Würfels das dem dort befindlichen Chloratom entsprechende Kreischen nicht eingetragen.

Mit der weiteren Abkühlung der Erdmasse begann der schmelz-flüssige Erdball von außen herein langsam zu erstarren. Unter Kristallisation ging sein Stoffbestand in die kristallinen Gesteine über, wie sie uns heute in einer Dicke von ungefähr 100 km als feste Gesteinskruste des Erdballes vorliegen. Diese feste Gesteinskruste über dem im Innern noch flüssigen Erdball birgt die zahlreichen festen mineralischen Rohstoffe, denen wir hauptsächlich unsere Aufmerksamkeit schenken wollen. Die Erstarrung des Schmelzflusses erfolgte aber nicht einheitlich wie z. B. die Erstarrung einer technischen Glasschmelze, sondern unter Bildung von sehr verschiedenen *Mineral*kristallen, von denen jeder als definierte chemische Verbindung eine kleinere oder größere Anzahl von Grundstoffen enthält[1]. Und die Mineralien, die nun auch wieder unregelmäßig verteilt sind, bilden in ihren Zusammenvorkommen die zahllosen Typen der *Gesteine*, die nichts anderes als Gemenge meist verschiedener Mineralien darstellen. Diese Kristallisationsvorgänge, die nach bestimmten physikalisch-chemischen Gesetzen ablaufen, und bei denen die Bestandteile des Schmelzflusses nach und nach in den festen Zustand übergehen, sind die Ursache dafür, daß sich auch die selteneren Grundstoffe in bestimmten Gesteinen viel stärker anreichern, als es ihren oft sehr bescheidenen durchschnittlichen Mengen im Schmelzflusse entspricht; ja es können sogar außerordentlich reiche Konzentrationen von seltenen Grundstoffen bei diesen Kristallisationsvorgängen entstehen.

Die Bildung der festen Erdkruste mit zunehmender Abkühlung des Erdballes war von einer ständigen Veränderung der Atmosphäre bis auf den heutigen Zustand der Lufthülle begleitet. Beim Unterschreiten der Oberflächentemperatur von 100 Graden kondensierte sich der restliche Wasserdampf der Atmosphäre fast vollständig an der Erdoberfläche zu Wasser; auf diese Weise entstand zwischen der Gesteinskruste und der Atmosphäre die Wasserhaut oder *Hydrosphäre*, die den Erdball in Form des Süßwassers und der Ozeane mit ihrem hohen Salzgehalt zu etwa 4 Fünftel in einer durchschnittlichen Mächtigkeit von 4 bis 5 km überzieht. Mit der Bildung der Hydrosphäre konnte sich erst das organische Leben auf der Erde anfänglich in Form von niedrigen Organismen entwickeln und zwar im Grenzgebiet zwischen Atmosphäre, Hydrosphäre und Gesteinskruste (*Lithosphäre*); in größter Mannigfaltigkeit entstand in die-

---

[1] Die festen Mineralien sind überwiegend kristallin aufgebaut (Ausnahmen sind der Opal (S. 150) und gewisse, aus den Verwitterungslösungen sich ausscheidende wasserreiche Substanzen), das heißt, die Atome, aus welchen sie bestehen, sind vollkommen gleichmäßig geregelt in *Kristallgittern* angeordnet (Abb. 4), was im häufigen Auftreten der Mineralien in Form von gut entwickelten Kristallen seinen Ausdruck findet.

sem Bereich der Gürtel der Lebewesen, die sogenannte *Biosphäre*; in dieser Zone nehmen auch die Organismen im Laufe längerer Zeitperioden auf die Verteilung der chemischen Grundstoffe und damit auf die Ausbildung von Lagerstätten mineralischer Rohstoffe in vielen Fällen entscheidenden Einfluß; darauf wird in der Folge wiederholt hinzuweisen sein.

Kehren wir nun wieder zur festen Erdkruste zurück! Die Gesteine, welche irgendwie im Verlaufe des Festwerdens der Erdkruste unmittelbar aus dem Schmelzfluß entstanden, bezeichnet man als *Eruptiv-* oder *Schmelzflußgesteine* (S. 175). Erfolgte die Erstarrung im Inneren der schon vorgebildeten festen Kruste, so vollzieht sich die Kristallisation im allgemeinen langsam, es bilden sich Gesteine mit mehr oder weniger grobkörnigen Kristallen aus; solche Primärgesteine bezeichnet man als *Tiefengesteine* (z. B. Granit). Im Verlaufe der Erstarrung der Gesteinskruste traten und treten auch heute noch Schmelzflußmassen an die Erdoberfläche aus und kommen hier unter rascher Abkühlung zur Erstarrung. Diese rasche Abkühlung läßt keine so vollständige Kristallisation zu wie die langsame Abkühlung innerhalb der festen Erdkruste. Man bezeichnet die letzteren, weniger gut durchkristallisierten Gesteine, die häufig in größerem Umfange glasartig erstarren, als *vulkanische* oder *Oberflächengesteine* (z. B. Basalt). Auch sie können in ihrem stofflichen und Mineralbestand recht unterschiedlich sein.

Praktisch haben die meisten primären Gesteine, die überwiegend aus Silikaten (Silicium-Sauerstoffverbindungen) der verschieden häufigen Leichtmetalle (Aluminium, Kalium, Natrium, Calcium und Magnesium) und des Schwermetalles Eisen bestehen, keine *besondere* Bedeutung. Das heißt aber keinesfalls, daß sie nicht in gewaltigen Mengen vor allem für die verschiedensten Bauzwecke (als Bausteine, Straßenbausteine usw.) verwendet werden; eisenreiche Eruptivgesteine finden ferner Verwendung in der Eisenhüttenindustrie, eisenarme und alkalireiche in der Buntglasindustrie, schöngefärbte und -gezeichnete Typen werden als dekorative Gesteine vielfach in geschliffenem und poliertem Zustand für Wandbeläge, Monumente, kunstgewerbliche Gegenstände u. dgl. verwendet; die besonders magnesiumreichen und kieselsäurearmen Gesteine werden wegen ihrer Temperaturbeständigkeit in der Hüttenindustrie als feuerfeste Einlagesteine in Hochöfen usw. benutzt. In diesem Sinne zählen also auch die großen Massen der Gesteine der festen Erdkruste zu den mineralischen Rohstoffen; nur braucht ihnen wegen ihrer allgemeinen Verbreitung und der Reichlichkeit ihres Vorkommens keine besondere Beachtung geschenkt zu werden.

Bei der Verfestigung des Schmelzflusses werden in größerem Umfange darin noch gelöste gasförmige Stoffe, vor allem auch Wasserdampf, frei, die sich bei abnehmender Temperatur verflüchtigen, oder als mineralstoffreiche Restlösungen übrigbleiben. Durch die Ausscheidung der Mineralverbindungen aus diesen Lösungen und auch aus den bei der Erstarrung des Schmelzflusses freigewordenen Dämpfen entstehen in kleinerem Umfange meist gangförmig ausgebildete, sehr wichtige Minerallagerstätten, besonders auch von Erzmineralien aller Art. Solche Lagerstätten zeichnen sich oft durch besonderen Metallreichtum aus und waren dann überall schon frühzeitig Ausbeutungsobjekte des Menschen, sodaß sie angesichts ihrer geringen Vorratsführung trotz der hohen Metallkonzentration vielfach schon erschöpft sind. Diese, für die Rohstoffwirtschaft wegen des Gehaltes an seltenen Grundstoffen vielfach aber auch heute noch sehr bedeutungsvollen Lagerstätten, bezeichnet man als *Entgasungs-(pneumatolytische)*, bzw., wenn sie bei tieferen Temperaturen aus vornehmlich wässerigen Restlösungen entstanden sind, als *Heißwasser-(hydrothermale)* Lagerstätten. In den die Masse der Schmelzflußgesteine begleitenden, derartigen Gängen sind bei der Kristallisation aus hochtemperierten, gasreichen Restschmelzen die Gesteine oft sehr grobkörnig ausgebildet; man spricht dann von *Riesenkorngesteinen (Pegmatiten)*. Viele seltene und wertvolle Grundstoffe sind in diesen Pegmatiten beheimatet. Die hydrothermalen Restkristallisationen führen häufig zur Ausbildung von wohlentwickelten Kristallen in den Hohlräumen und Klufträumen der Glutflußgesteine und der benachbarten Gesteinskomplexe. — Auch mit den vulkanischen Glutflußausbrüchen stehen regelmäßig, oft lange Zeit nach den Ausbrüchen nachwirkende Ausströmungen von gasförmigen Verbindungen *(Vulkanische Exhalationen)* und von mehr oder weniger hochtemperierten mineralsalzreichen *Thermalwässern* in Verbindung.

Auf die Wichtigkeit pneumatolytisch-pegmatitischer und hydrothermaler Rohstoffansammlungen wird in der Folge wiederholt verwiesen werden.

Die oberflächennahen Gesteine werden nun unter dem Einfluß der hier wirksamen klimatischen Vorgänge (Sonnenbestrahlung, Frostwirkung, Temperaturwechsel zwischen Tag und Nacht, zwischen Sommer und Winter usw.), dann auch durch die chemische Wirkung (Zersetzung) der kohlensäurehaltigen Oberflächenwässer und schließlich auch durch die Lebenstätigkeit niederer Organismen im Laufe längerer Zeiträume mehr oder weniger tiefgründig zerstört. Ihre Reste bleiben in Form von größeren oder kleineren Gesteins- oder Mineralbruchstücken erhalten. Diese lockeren Reste enthalten vor allem die chemisch und mechanisch wenig angreifbaren Mineralien und ebensolche, während der Verwitterung entstandene Neubildungen; ein Teil ihres Stoffbestandes geht aber in die Verwitterungslösungen ein; zu letzteren Grundstoffen gehören besonders *Kalium, Natrium, Calcium, Magnesium, Eisen, Mangan, Schwefel, Phosphor* usw. der primären Gesteine. Aus den Verwitterungslösungen (Wasseradern im Gestein, Bäche, Flüsse, Seen und Ozeane) werden diese Substanzen oft in sehr reiner Form als Hydroxyde und Salze der verschiedensten Art ausgeschieden; und zwar im Wege von chemischen und physikalisch-chemischen Vorgängen, aber auch durch die Mitwirkung der Organismen (besonders durch Speicherung von Mineralsubstanzen wie Calciumkarbonat, Calciumphosphat und Kieselsäure in den Schalen und Innenskeletten) und schließlich durch Verdunstung des Wassers. Die Gesteine mit den vielerlei Mineralien, welche im Wege der Verwitterung entstehen, bezeichnet man als *Absatz-* oder *Sedimentgesteine;* die aus den Verwitterungslösungen entstandenen Mineralansammlungen bezeichnet man speziell als *chemische* und *organische* oder allgemein als *Ausscheidungssedimente.*

Aber auch die im Verlaufe der Verwitterung verbleibenden oder neu entstehenden, lockeren Gesteinsreste bleiben nicht an Ort und Stelle, sondern werden in gröberer oder feinerer Form unter zunehmender Verkleinerung und Abrundung mehr oder weniger weit durch das Wasser, in geringerem Umfange auch durch Wind und Gletscher transportiert und unter entsprechenden Bedingungen zum Absatz gebracht. Dabei findet eine Scheidung der festen Bestandteile nach ihrer Größe, nach ihrer Form, nach ihrer chemischen und physikalischen Widerstandsfähigkeit und nach ihrem spezifischen Gewicht statt. Größere, kugelige und spezifisch schwerere Teilchen werden z. B. weniger weit transportiert, leichte und flächenhaft ausgebildete Teilchen dagegen weiter. Durch diese Sonderungsvorgänge entstehen z. B. Ablagerungen von reinstem Quarzsand, Ablagerungen von schuppigen Tonpartikelchen, Anreicherungen von spezifisch schweren und widerstandsfähigen Mineralien (Edelsteine, Edelmetalle, bestimmte Erzmineralien) in einer weit über die des Ursprungsgesteines hinausgehenden und damit erst nutzbar werdenden Konzentration; man spricht in letzteren Fällen von *Edelstein-, Edelmetall-* oder *Erzseifen.* Die technische Bedeutung aller dieser *Rückstandssedimente* und überhaupt *mechanischer Sedimente* ist groß.

Allgemein erhellt die Bedeutung der Sedimentgesteine, deren Menge etwa 10% der obersten Teile der Erdkruste ausmacht und zu denen die verschiedenen Salzgesteine, Kalkgesteine, viele Eisenerzlager, fast alle Manganerzlager usw. gehören, aus folgender Überlegung: Der durchschnittliche Gehalt der festen Erdkruste an Natrium beträgt etwa 3% und der an Calcium etwa 4%. Und in diesen Mengen sind diese beiden Grundstoffe auch größenordnungsmäßig in den verschiedenen Glutflußgesteinen enthalten. Es wäre gar nicht auszudenken, welche Wege die technische Entwicklung hätte gehen müssen, wenn man, ohne das Bestehen von in Jahrmillionen ablaufenden Verwitterungsvorgängen, aus den Glutflußgesteinen die für die chemische Industrie so wichtigen Natriumverbindungen (besonders das Natriumchlorid oder Steinsalz), also aus den chemisch nur schwer angreifbaren Primärgesteinen herausholen müßte, oder den Bedarf an den für die gesamte Baustofftechnik so wichtigen Calciumverbindungen aus dem geringen Prozentsatz an Calcium in den Primärgesteinen decken müßte. Wir können ruhig behaupten, eine technische Entwicklung in solcher Richtung wäre ohne die Verwitterungsvorgänge an der Erdoberfläche überhaupt nicht möglich gewesen. So haben wir aber durch die Auseinanderlegungsvorgänge im riesigen Verwitterungslaboratorium der Natur das Natrium als Steinsalz und das Calcium als Calciumkarbonat (Kalkspat, Kalkstein) in ungeheuren Mengen und in reinster Form zur Verfügung; dasselbe gilt für zahlreiche andere Grundstoffe und aus ihnen bestehende, wichtige Mineralverbindungen; im folgenden wird im einzelnen oft auf diese Bildungen in Form von Sedimentärgesteinen hingewiesen werden müssen. — Ganz allgemein muß betont werden, daß die Natur in ihren ungeheuren Verwitterungslaboratorien im Laufe von Jahrmillionen ganz unschätzbar wertvolle, analytische (stofftrennende) Arbeit leistet; mehr oder weniger säuberlich legt sie dort das, was sie bei der Bildung der Glutflußgesteine noch bunt zusammengewürfelt belassen hat, auseinander und schafft damit erst jene Stoffkonzentrationen, welche dem Menschen mühselige und kostspielige Aufbereitungsarbeiten ersparen.

Auch die Verwitterungsvorgänge in den oberflächennahen Bereichen der primären und sekundären Erzlagerstätten sind häufig von besonders großer Bedeutung für deren praktische Ausnutzung. Durch den Abtransport wertloser Bestandteile der ursprünglichen Erzgesteine durch die Verwitterungslösungen und durch chemische Umsetzungen in diesem Bereich erfährt der Metallgehalt eine bedeutende Anreicherung; der Bergmann bezeichnet diesen besonders wertvollen Teil der Erzlagerstätten als deren „Eisernen Hut". Ja, viele Erzlagerstätten werden überhaupt erst durch die verwitterungsbedingten Anreicherungen der Metalle abbauwürdig, oder sie sind erst in jüngster Zeit durch die Verbesserung der technischen Hilfsmittel in ihren tiefer liegenden, metallarmen, von der Verwitterung nicht betroffenen Partien abbauwürdig geworden. Auch der Edelmetallgehalt erfährt in der Verwitterungszone eine Anreicherung, weil die Edelmetalle wegen ihrer besonders geringen Neigung zur Bildung löslicher Verbindungen nur in sehr geringem Umfang in die Verwitterungslösungen übernommen werden.

Glutflußgesteine und vor allem auch Sedimentgesteine erleiden nicht bloß Veränderungen durch die an der Erdoberfläche wirkenden Faktoren, sondern auch in den tieferen Teilen der Erdkruste:

Erstens einmal können auf schon verfestigte Gesteine die leicht beweglichen und damit im weiten Umfange wandernden, reaktionsfähigen, gasreichen Restschmelzen und hydrothermalen Restlösungen stoffverändernd dadurch einwirken, daß den schon verfestigten Gesteinen in Wechselwirkung mit den genannten Lösungen Stoffe zugeführt und andererseits wieder Stoffe entzogen werden, was zu den verschiedensten Mineralneubildungen und Stoffkonzentrationen führt. Auch die Berührung eines schon festen Gesteines mit aus der Tiefe aufdringenden Glutflußmassen kann in ihnen weitgehende Veränderungen hervorrufen, einerseits durch Stoffaustausch, andererseits durch vollständige Wiederaufschmelzung fester Gesteinsmassen, wodurch seinerseits auch der Schmelzfluß in der Regel bedeutende Veränderungen in seiner stofflichen Zusammensetzung erleidet. Aber allein schon durch die Wärmeeinwirkung, die von einem aufdringenden Schmelzfluß auf weite Erstreckung auf benachbarte feste Gesteine ausströmt, können besonders in den daraufhin sehr empfindlichen, oft sehr wasserreichen Sedimentgesteinen wesentliche Veränderungen hervorgerufen werden. In allen diesen Fällen spricht man von *berührungsveränderten (kontaktmetamorphen)* Gesteinen und Mineralgesellschaften. Auch auf diesem Wege sind vielfach höchst wertvolle Rohstoffvorkommen entstanden; in diese Gruppe gehören die *metasomatischen* Gesteine (*Verdrängungsgesteine*); sie entstanden dadurch, daß leicht- oder schwermetallhaltige Lösungen hydrothermaler oder pneumatolytischer Natur in der Regel auf Sedimentgesteine einwirken und unter Einsatz wertvoller Elemente relativ wertlose Bestandteile hinwegführten; zahlreiche wichtige Eisenkarbonat-, Magnesit-, Blei- und Zinklagerstätten sind auf diesem Wege entstanden.

Im selben Sinne wie die reine Hitzeeinwirkung aufsteigender Glutfiußmassen auf die benachbarten festen Gesteine wirkt sich der Umstand aus, daß es durch Gesteinsverschiebungen innerhalb der nicht sehr versteiften Erdkruste häufig zu einer Tiefenlagenänderung von festen Gesteinen innerhalb der Erdkruste gekommen ist und kommt. Im gleichen Sinne kann einfach zunehmende Sedimentbedeckung wirken. Eine solche Verlagerung in größere Tiefen ist einerseits mit einer starken Vergrößerung des auf den Gesteinen lastenden Druckes verbunden, andererseits mit einer Temperaturerhöhung; denn je tiefer wir in die Erdkruste eindringen, desto höhere Werte nimmt die Temperatur der Gesteinsmassen an. Durchschnittlich entspricht ein Fortschreiten von je 100 m nach der Tiefe zu einer Temperaturzunahme von etwa 3 Graden, sodaß in 3 km Tiefe — eine am Erdradius von 6370 km gemessen nur unbedeutende Tiefe — schon Temperaturen von annähernd 100 Graden herrschen; dieser Umstand macht das Vorwärtstreiben des Bergbaues in größere Tiefen bald unmöglich. Auf solche Temperaturerhöhungen und damit verbundene Druckänderungen reagieren besonders die sedimentären Gesteine oft sehr empfindlich; vor allem geben sie dabei das in ihnen oft in reichem Ausmaße vorhandene Wasser ab. Wenn auch sonst beim alleinigen Wirken dieser Temperaturveränderungen größere stoffliche Veränderungen nicht eintreten, so ist doch für die Rohstoffwirtschaft allein schon der mit der Temperaturerhöhung einhergehende Entwässerungsprozeß von Bedeutung. Mit ihr geht eine Erhöhung des Metallgehaltes in Erzen z. B. parallel: Sedimentäre Brauneisensteine, ursprünglich wasserreiche Eisenoxyde ($Fe_2O_3 . x H_2O$) gehen auf diesem Wege in wasserfreien Roteisenstein (das reine Eisenoxyd Fe_2O_3) über und schließlich sogar in den noch eisenreicheren Magneteisenstein, ein Eisenoxyd von der Zusammensetzung Fe_3O_4; damit steigt der Eisengehalt um etwa 10% an. Ebenso gehen durch derartig bedingte Wasserabgaben an der Erdoberfläche gebildete wasserreiche Aluminiumoxydgesteine (Bauxit, im wesentlichen $Al_2O_3 . x H_2O$) in wasserfreie Aluminiumoxydgesteine (Schmirgelgesteine) über, die überwiegend kristallines Aluminiumoxyd Al_2O_3 enthalten und die, ganz abgesehen von der Erhöhung des perzentuellen Anteiles des Aluminiums, wegen der besonderen Härte von großer technischer Bedeutung sind.

Alle solchen ohne Mitwirkung einer Schmelzflußmasse in einem Primärgestein oder Sedimentgestein hervorgerufenen Veränderungen bezeichnet man als *Regionalmetamorphose* und die betreffenden aus festen Gesteinen umgebildeten neuen Gesteine als *regionalmetamorphe Gesteine.*

Kontaktmetamorphe Gesteine und regionalmetamorphe Gesteine bilden zusammen die dritte große Gesteinsgruppe der *veränderten* oder *metamorphen* Gesteine. Sie können auch zusammengefaßt mit den Sedimentgesteinen als *Sekundärgesteine* bezeichnet werden und den unmittelbar aus dem Schmelzfluß entstandenen *Primärgesteinen* gegenübergestellt werden.

Eine Übersicht über die wichtigsten Gesteinstypen findet sich am Schlusse des Buches.

III. Die wichtigsten mineralischen Rohstoffe und ihre Verteilung im einzelnen.

Bei den in den folgenden Einzeldarstellungen angegebenen jährlichen Gewinnungszahlen kann es sich nicht um auf ein bestimmtes Jahr abgestufte statistische Angaben handeln; die Zahlen beziehen sich auf jene Erfordernisse, die eine gesunde industrielle Entwicklung für die Deckung ihres Bedarfes an die vorhandenen Rohstoffquellen gegenwärtig stellen darf; Abnormitäten, welche durch unnatürliche „Wirtschaftskrisen" und durch großkriegerische Ereignisse [1] bedingt sind, können in einer solchen Darstellung, die nicht rein statistischen Charakter trägt, nicht berücksichtigt werden. — Bei den Angaben über die Verwendung der einzelnen Rohstoffe konnten immer nur einige besonders wichtige Verwendungsarten genannt werden.

A. Schwermetalle.

a) Eisen.

1. Irdisches Eisen.

Das häufigste Schwermetall in der Natur und gleichzeitig auch das vom Menschen in ausgedehntestem Umfange verwendete ist das *Eisen*. Die verschiedensten Mineralien und von ihnen gebildeten Gesteine können als Ausgangsmaterialien für die Gewinnung des Eisens, also als Eisenerze verwendet werden.

Bei der Kristallisation des magmatischen Schmelzflusses geht ein großer Teil des darin enthaltenen Eisens in die verschiedenen Eisenmagnesiumsilikate, die vor allem in den frühgebildeten, basischeren Gesteinstypen reichlich vorhanden sind, ein. Auch in den magmatischen Restlösungen ist noch Eisen enthalten, das Anlaß zur Bildung verschiedener, vor allem silikatischer, karbonatischer und sulfidischer Eisenmineralien gibt. Bei der Verwitterung bleibt das Eisen teilweise in den Rückstandsedimenten, teilweise geht es in Verwitterungslösungen ein und wird aus diesen in Form des Eisenoxydhydrates oft in großem Umfange unter Mitwirkung organischer Verwesungsprodukte bei der Wiederausfällung abgesetzt. Im Wege der Metamorphose ergeben die sedimentären Eisenoxydhydratlagerstätten metallreichere Eisenoxydlagerstätten.

Die primären Eisensilikate, die aus dem magmatischen Schmelzfluß entstehen, haben als Eisenerze keine Bedeutung; denn der Eisengehalt

---

[1] So besteht gegenwärtig eine bedeutende Überkapazität in der Erzeugungsmöglichkeit für Aluminium und Magnesium.

der magmatischen Gesteine ist, abgesehen davon, daß hier das Eisen in Form von schlecht verwertbaren silikatischen Verbindungen auftritt, ganz allgemein für ein Eisenerz zu gering.

Die natürlichen, praktisch wichtigen Eisenmineralien sind trotzdem von sehr mannigfacher Art und Zusammensetzung. Es sind hier zu nennen [1]:

1. Wasserhaltige oder wasserfreie Sauerstoffverbindungen des Eisens: Der schwarze, halbmetallisch glänzende *Magnetit* oder *Magneteisenstein* Fe_3O_4 mit 72% Fe; der rote bis schwarze *Hämatit, Eisenglanz* oder *Roteisenstein*, in seiner dichten, kugelig traubig ausgebildeten Form als *Roter Glaskopf* bezeichnet; er hat die Zusammensetzung Fe_2O_3 mit 70% Eisen; der gelb- bis schwarzbraune *Brauneisenstein* oder *Limonit*, der ebenfalls als Glaskopf ausgebildet sein kann *(brauner Glaskopf)* und der bei wechselnder Zusammensetzung die Formel $Fe_2O_3 \cdot x\,H_2O$, im reinen Zustand mit maximal 63% Fe, hat.

2. Das Eisenkarbonat *Siderit* oder *Spateisenstein*, in der Regel in Form eines hell gelbbraunen, grobspätig entwickelten Gesteins; es hat die Zusammensetzung $FeCO_3$ mit 48% Fe.

3. Eisensulfide: Der gelbe, metallisch glänzende, oft schön kristallisierte *Schwefelkies* oder *Pyrit*, auch *Eisenkies* genannt; er hat die Zusammensetzung FeS_2 mit 47% Eisen; der braun metallisch glänzende *Magnetkies* FeS mit 64% Eisen. — Die natürlichen Eisensulfide dienen in erster Linie nicht für die Eisengewinnung, sondern für die Herstellung von Schwefelverbindungen, oder auch (Magnetkies) für die Herstellung von als Erdfarben (Rostschutzfarben) verwendeten Eisenoxyden; die Rückstände (Kiesabbrände) können allerdings nach vollkommener Entschwefelung als Eisenerze Verwendung finden.

4. Eisenarsenide: Sie sind metallisch grau glänzend. ebenfalls oft gut kristallisiert; zu nennen sind: Der *Arsenkies* oder *Arsenopyrit* FeAsS (mit 34% Fe und 46% As) und der *Arsenikalkies* $FeAs_2$ (mit 27% Fe und 73% As); auch sie werden als Eisenerze nicht verwendet, sondern vor allem für die Gewinnung von Arsenverbindungen und des in ihnen gar nicht selten in geringen Mengen vorhandenen metallischen Goldes (5—30 Gramm Gold pro Tonne).

5. Das Eisentitanat *Ilmenit* oder *Titaneisenerz* $FeTiO_3$, in seinen Kristallen in der Regel mit Eisenoxyd vermengt und daher mit einem Eisengehalt, der um den Mittelwert von 40% sehr stark schwankt; es wird in der Regel für die Herstellung der Legierungsverbindung

---

[1] Die an die Formeln geschlossenen Prozentangaben beziehen sich immer auf das reinste Mineral; das geförderte Erz (Hauwerk des Bergmannes) und auch die daraus zunächst gewonnenen Konzentrate enthalten mehr oder weniger Beimengungen, die ihren Metallgehalt sehr stark herabdrücken können.

Ferrotitan und für die Herstellung anderer Titanverbindungen verwendet; es tritt niemals in so großen Mengen auf, als daß es als eigentliches Eisenerz Verwendung finden könnte.

6. Silikatische Eisenverbindungen: Abgesehen von den Eisensilikaten der magmatischen und vieler metamorpher Gesteine treten unter letzteren besonders eisenreiche Verbindungen des Eisens mit dem Silicium und dem Sauerstoff, also Eisensilikate auf; sie stehen bei schuppig-blättriger Ausbildung und meist matt dunkelgrüner Farbe den weit verbreiteten Silikatmineralien der Chloritgruppe nahe; soweit es sich hiebei um ausgedehntere, metamorphe Gesteinsvorkommen handelt, werden diese vielfach bei einem Eisengehalt von 25 bis 35% zusammen mit anderen Eisenerzen als Ausgangsmaterial für die Metallgewinnung verwendet.

Die genannten Mineralien treten in den Eisenerzgesteinen mehr oder weniger rein auf. Brauneisensteine sind meist durch tonige Substanzen und Quarzsand stärker verunreinigt, da sie meist sedimentärer Entstehung wie die Sande und die meisten Tone sind; dadurch wird ihr Eisengehalt meist stark herabgedrückt, bei Eisengehalten unter 25% finden die Brauneisensteine keine Verwendung als Eisenerze mehr; dasselbe gilt für die aus ihnen im Wege der Metamorphose entstandenen eisenglanzführenden Gesteine. Die sedimentären Eisenerze führen oft höhere Prozentsätze an Mangan, was sie für die Stahlindustrie besonders wertvoll macht, da das Mangan ein unentbehrliches Legierungsmetall für die große Masse der in Verwendung stehenden Stähle darstellt.

Die oxydischen Eisenerze können auch frühmagmatische Abspaltungsprodukte aus dem Schmelzfluß sein; das gleiche gilt von den sulfidischen Eisenerzen, die dann wie die sedimentären Schwefelkiese oft mit geringeren Mengen von Kupferkies (S. 50) vermengt und dann auch als Kupfererze wertvoll sind. Ferner können diese beiden Gruppen von natürlichen Eisenverbindungen auch hydrothermaler Entstehung sein und treten dann in Form von Erzgängen auf; die Schwefelkieslagerstätten können ferner auf sedimentärem Wege unter Mitwirkung des durch Bakterien und organische Verwesung entstehenden Schwefelwasserstoffes aus den Verwitterungslösungen entstanden sein. — Die Spateisensteine treten entweder in Gangform auf und sind dann hydrothermaler Entstehung, oder sie bilden größere Lager und sind dann auf metasomatischem Wege (S. 27) durch Verdrängung des Calciumkarbonates durch hydrothermal zugeführte Eisenlösungen unter Bildung des schwerer löslichen Eisenkarbonates entstanden (*Erzberg* in *Steiermark*, *Hüttenberg* in *Kärnten*). —Die größeren Vorkommen an Titaneisenerz sind frühmagmatische Ausscheidungsprodukte aus dem Schmelzfluß.

Eisen ist bekanntlich das Grundmetall der verschiedenen Stähle. Die jährliche Stahlproduktion der Erde beläuft sich gegenwärtig auf rund 200 Millionen Tonnen; zu ihrer Gewinnung werden außer Eisenerzen große Massen von Alteisen herangezogen; die genannte Produktionszahl wurde während des letzten Krieges zeitweilig wohl schon überschritten; trotz des starken Einsatzes von Alteisen (Eisenschrott) für die Stahlindustrie werden gegenwärtig jährlich an die 300 Millionen Tonnen Eisenerze von verschiedenem Eisengehalt benötigt. Daraus ergibt sich, daß als Eisenerzlagerstätten von weltwirtschaftlicher Bedeutung nur solche gelten können, welche bei hohem Metallgehalt des Erzes ein oder mehrere Milliarden Tonnen Erz enthalten. Solche Lagerstätten besitzen in Europa nur *Schweden* (*Lappland*; hochwertiger Magnetit und Roteisenstein mit durchschnittlich 60% Fe; Vorrat ca. 3 Milliarden Tonnen; die staatlich kontrollierte Jahresförderung Schwedens an Eisenerzen beläuft sich (Lappland und Mittelschweden) gegenwärtig auf 15 Millionen Jahrestonnen; davon entfallen auf Lappland etwa 2 Drittel), *Frankreich* (*Lothringen*, hinübergreifend nach *Belgien* und *Luxemburg;* Brauneisenstein mit durchschnittlich über 35% Fe; Vorrat ca. 4 Milliarden Tonnen); *Großbritannien* (kleinere Lagerstätten mit 30—40% Eisen, Vorräte 3 bis 4 Milliarden Tonnen, Jahresförderung ungefähr in der Höhe der schwedischen); *Deutschland* (meist minderwertige sedimentäre Brauneisensteine an der unteren Verwertungsgrenze, aber auch hydrothermale manganreiche Spateisensteine und Roteisensteine; Vorräte daran in der Höhe von insgesamt etwa 4 Milliarden Tonnen[1]; die Lagerstätten liegen in Mittel- und Süddeutschland) und schließlich *Rußland* einschließlich des asiatischen Teiles (*Ukraine, Ural, Nordrußland, Sibirien*; Vorräte sicher sehr viele Milliarden Tonnen).

Außerhalb Europas sind als eisenerzreiche Gebiete zu nennen:

1. *Vereinigte Staaten von Nordamerika*, vor allem im Gebiet der *Großen Seen*; hochwertige oxydische und hydroxydische Erze mit Metallgehalten von über 50% Fe; Vorräte sicher 40 Milliarden Tonnen; Jahresförderung gegenwärtig über 100 Millionen Tonnen.

2. *Britische* Kolonien und Dominien in Asien, Amerika und Afrika: *Indien (Bihar, Orissa), Neufundland;* ebenfalls hochwertige oxydische Eisenerze mit durchschnittlich über 50% Metall; Vorräte ca. 10 Milliarden Tonnen; Jahresförderung zusammen 5 Millionen Tonnen.

3. *Französisch Westafrika (Guinea);* Brauneisensteine mit ca. 45% Fe; Vorräte etwa 10 Milliarden Tonnen, heute noch kaum in Abbau genommen.

---

[1] Als Eisenerze befriedigender Qualität können aber nur einige 100 Millionen Tonnen bezeichnet werden.

4. *Brasilien;* Roteisensteine mit 40—60% Fe; Vorräte mindestens 10 Milliarden Tonnen.

Neben diesen Lagerstätten von weltwirtschaftlicher Bedeutung treten die österreichischen Lagerstätten stark zurück, obwohl sie für das Land selbst und die angrenzenden, eisenerzarmen Staaten eine wichtige Rolle spielen; die österreichischen Lagerstätten (vor allem *Erzberg* in *Steiermark* und *Hüttenberg* in *Kärnten* neben einer Reihe von kleineren Vorkommen) enthalten vorwiegend metasomatischen Spateisenstein, der bei Hüttenberg in tiefgehender Verwitterung in hochwertigen Brauneisenstein übergegangen ist; der durchschnittliche Eisengehalt beträgt etwa 35%; die Vorräte können insgesamt auf etwa eine halbe Milliarde Tonnen an heute nutzbarem Erz eingeschätzt werden; diese Vorräte würden bei einer vertretbaren Jahresgewinnung von 2—3 Millionen Tonnen etwa 1½—2 Jahrhunderte ausreichen.

Im Ganzen darf man die Weltvorräte an unter den heutigen Gesichtspunkten verwertbaren Eisenerzen vorsichtig auf 100 Milliarden Tonnen einschätzen; dabei sind die vielleicht noch größeren, aber keineswegs verläßlich bekannten Vorräte Rußlands nicht eingerechnet. Diese Vorräte reichen somit auch bei mäßig gesteigertem Abbau noch mehrere Jahrhunderte aus. Mit der Erschließung neuer, größerer Lagerstätten ist noch zu rechnen, ebenso mit der Einbeziehung größerer Vorkommen an Gesteinen mit geringeren Eisengehalten in die Gruppe der Eisenerze.

2. Meteoreisen.

Boten aus fremden Welten sind die *Meteoriten,* von denen jährlich etwa 5 als Neufälle aufgefunden werden; die Zahl der in verschiedener Größe jährlich auf die Erde auftreffenden Meteoriten, vom sogenannten kosmischen Staub angefangen, ist aber sicherlich viel größer. Bei den Meteoriten handelt es sich um Bruchstücke von fremden Himmelskörpern, die uns nicht nur Auskunft über die Stoffverhältnisse in Weltbereichen außerhalb des Erdballes geben, sondern auch einen gewissen Einblick in die Beschaffenheit unseres Erdballes in den uns nicht zugänglichen, tieferliegenden Partien vermitteln.

Die Meteoriten bestehen entweder als *Steinmeteoriten* aus Silikatmineralien wie unsere irdischen Gesteine[1]; teilweise bestehen sie als

---

[1] Die Steinmeteoriten bestehen im wesentlichen aus basischen Silikaten, das heißt, sie sind viel reicher an Magnesium und Eisen, und viel ärmer an Aluminium, Silicium und den übrigen Leichtmetallen als die Gesteine der obersten Erdkruste im Durchschnitt; ihnen dürfte die Zusammensetzung der tieferen Teile der Lithosphäre entsprechen. — In verschiedenen Gegenden wurden über große Gebiete verstreut zahlreiche, kleinere, grüne, runde, glasartige Klumpen gefunden, z. B. auch in der Umgebung von Meteoritenkratern

Eisenmeteoriten im wesentlichen aus einer im Bereiche der Erdkruste natürlich nicht vorkommenden Legierung des Eisens mit durchschnittlich 9% Nickel und 1% Kobalt; diese Eisenmeteoriten führen auch einen ziemlich beträchtlichen Gehalt an Platinmetallen, der weit über den durchschnittlichen Gehalt der irdischen Gesteine an diesen wertvollen Metallen hinausgeht. Ferner gibt es noch *Mischmeteoriten;* das sind entweder Steinmeteoriten, in welchen Nickeleisen in größerer oder kleinerer Menge in Form von kleinen Tröpfchen eingestreut ist, oder es handelt sich dabei um Eisenmeteoriten, deren Metallbestand ein netzartiges oder schwammiges Gerüst bildet, dessen Hohlräume von oft gut kristallisierten, basischen, magnesium- und eisenreichen Silikatmineralien ausgefüllt sind. Außerdem treten in manchen Meteoriten noch kleinere oder größere Knollen von Einfachschwefeleisen auf, das in seiner Zusammensetzung dem irdischen Magnetkies (S. 30) entspricht, das aber als Meteoritenmineral den Namen *Troilit* führt.

Die Meteoriten sind von sehr wechselnder Größe; beim Sturz gegen die Erdoberfläche zerspringen besonders die spröderen Steinmeteoriten oft in mehrere oder sehr viele Stücke *(Steinregen)*, weil sie mit hoher Geschwindigkeit den Bereich des Erdballes erreichen; im Bereich der Atmosphäre der Erde wird ihre ursprüngliche Geschwindigkeit abgebremst und bei dem in wechselnder Höhe liegenden *Bremspunkt* auf Null reduziert; dieser Anprall auf die komprimierte Atmosphäre führt vielfach zu einer mit lautem Knall verbundenen Zersprengung der spröderen Meteoriten; vom Bremspunkt an nähern sich die Meteoriten mit normaler Fallgeschwindigkeit der Erdoberfläche; in diesem Falle entstehen auf dieser auch bei größeren Meteoriten keine großen Vertiefungen. Der größte bisher aufgefundene Steinmeteorit hat ein Gewicht von ungefähr einer halben Tonne, der größte Eisenmeteorit ein solches von 60 Tonnen. Es ist unwahrscheinlich, daß wesentlich größere Meteoriten jemals anzutreffen sein werden, weil bei Bruchstücken fremder Himmelskörper von bedeutenderer Größe und bedeutenderem Gewicht, die mit einer ungeheuren Geschwindigkeit den Erdbereich erreichen, eine Abbremsung in der Erdatmosphäre nicht mehr stattfinden kann, sondern solche Bruchstücke mit gewaltiger Energie unmittelbar auf die Erdoberfläche aufprallen; dabei müssen sie explo-

---

(S. 35). Man hat sie nach den Fundorten mit verschiedenen Namen belegt. man spricht z. B. von *Moldawiten* und *Australiten;* gelegentlich werden sie zu billigen Schmucksteinen verschliffen und dann wegen der flaschenglasähnlichen Farbe als *Bouteillenstein* bezeichnet. Die Herkunft dieser Bildungen ist nicht sicher bekannt; vielfach nimmt man an, daß es sich um Steinmeteoriten handelt, welche aus der glasig erstarrten, äußeren, kieselsäurereichen Gesteinskruste von fremden Himmelskörpern stammen, denn ihre Zusammensetzung ist einigermaßen jener von sauren vulkanischen Gläsern (S. 175) ähnlich.

sionsartig in kleinste Teile zerspringen und teilweise verdampfen. Solche Zusammenpralle haben zweifellos mehrfach schon stattgefunden; die Spuren davon sind an der Erdoberfläche in den sogenannten *Meteoritenkratern (Arizona, Oesel usw.)* erhalten geblieben; diese können Durchmesser von über ein Kilometer aufweisen und manchmal Tiefen von mehreren hundert Metern haben.

Der hohe Nickel-, Kobalt- und Platingehalt der Eisenmeteoriten wurde Anlaß dazu, daß man im Bereich derartiger Meteoritenkrater, die vom Meteoriten im Gewicht von Millionen Tonnen hervorgerufen sein müssen, nach dem technisch höchst wertvollen, metallischen Hauptkörper von industrieller Seite her durch Bohrungen nachgeforscht hat; diese Versuche blieben aber aus den früher erwähnten Gründen erfolglos; man hat höchstens kleinere Bruchstücke des gesamten Meteoritenkörpers, die allerdings teilweise Tonnengewicht erreichten, gefunden.

Jedenfalls wären Eisenmeteoriten in größerem Umfange nicht nur wie heute gesuchte Sammlungsobjekte und Gegenstände wichtiger theoretischer Forschungen über die Zusammensetzung des Erdballes und der übrigen Himmelskörper, sondern auch ein praktisch hochwertiges Naturprodukt für die Gewinnung der Stahlveredlungsmetalle Nickel und Kobalt und von Platinmetallen. — Vor der Gewinnung des Eisens durch die Menschen aus den irdischen Erzen hat man Eisenmeteorite als hochwertigen Stahl für die Herstellung von damals sehr kostbaren Eisengegenständen (besonders Waffen) verwendet. — In Frühkulturen waren die Meteoriten vielfach Gegenstand abergläubischer Verehrung.

Als Seltenheit tritt das Eisen in metallischem Zustande auch in Oberflächengesteinen, also als irdische Bildung *(Terrestrisches Eisen;* Insel *Disco* bei *Grönland,* bei *Kassel)* auf; es verdankt seine Entstehung einer teilweisen Reduktion des eisenreichen Schmelzflusses (Basalt) beim Durchbruch durch Kohlenflöze; die Mengen sind sehr unbedeutend.

3. Der Zonenaufbau des Erdballes.

Die Bestimmung des spezifischen Gewichtes des Erdballes, die Beobachtungen über die Fortpflanzungsgeschwindigkeit und Reflexion der Erdbebenwellen im Bereiche des Erdballes und Grundstoffscheidungsvorgänge bei der Verhüttung von komplex zusammengesetzten Erzen haben im Verein mit der Meteoritenforschung dazu geführt, daß man heute vielfach annimmt, daß unterhalb der im wesentlichen aus silikatischen Verbindungen bestehenden, mehrfach geteilten Hüllschicht des Erdballes von einer Dicke von etwa 1200 km (spezifisches Gewicht etwa 3; *Lithosphäre*), eine überwiegend aus Schwermetallsulfiden und Schwermetalloxyden bestehende Zone von 1700 km Dicke (spezifisches Gewicht zwischen 5 und 6; *Chalkosphäre*) und darunter mit einem Radius von etwa 3500 km der aus Nickeleisen wie die Eisenmeteoriten bestehende Erdkern (spezifisches Gewicht etwa 8; *Nife-Kern*) liegt. In welchen Zustand sich die inneren Partien des Erdballes bei den dort herrschenden ungeheuren Drucken und Tempera-

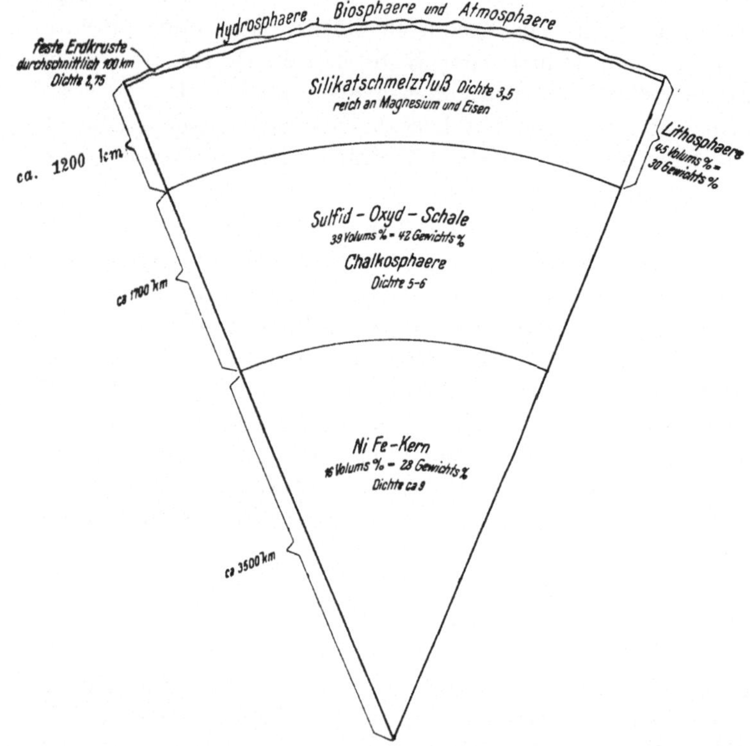

Abb. 5. Querschnitt durch den Erdball nach der Nickeleisenkerntheorie (*Tamann-Goldschmidt*).

turen befinden, darüber können wir uns kein Bild machen. Unsere Vorstellungen über den vermutlichen Zonenaufbau des Erdballes sind durch Abb. 5 schematisch wiedergegeben. Von Bedeutung für die gesamte Rohstoffrage ist, daß sich nach dieser Vorstellung die Hauptmasse des Schwermetallbestandes des Erdballes in den für die Menschen immer unzugänglichen Tiefen der Chalkosphäre und des Nickeleisenkerns befindet; in der Geochemie bezeichnet man diese Grundstoffe als *chalkophil* (erzhold), bzw. *siderophil* (eisenhold); die Leichtmetalle und von den Schwermetallen besonders das Wolfram und das Zinn, wohl auch das Chrom, welche Metalle überwiegend oder nur in Form von Sauerstoffverbindungen auftreten und die Gesellschaft der Silikate lieben, bezeichnet man als *lithophil* (gesteinshold); Stickstoff und die Edelgase (S. 167), die in der Atmosphäre beheimatet sind, heißen *atmophil.* — Über der festen Erdkruste liegen nach S. 20 u. 22 die Hydrosphäre und Atmosphäre.

b) Stahlveredlungsmetalle.

Für die Eisenindustrie sind eine ganze Anzahl von Metallen (überwiegend Schwermetalle) unentbehrlich, die den zahlreichen Stahlsorten ihre den besonderen Zwecken angepaßte Eigenschaft verleihen. Ursprünglich verstand man unter Stahl eine Legierung von Eisen mit einem geeigneten Prozentsatz an Kohlenstoff. Die moderne Stahlfabrikation benötigt aber verschiedene Metalle, welche dem Kohlenstoffstahl oft in hohen Prozentsätzen zulegiert werden müssen. Diese Metalle, die überwiegend in der Stahlindustrie Verwendung finden, bezeichnet man als *Stahlveredlungsmetalle.* Manche von ihnen waren wohl schon lange bekannt, gewannen aber erst verhältnismäßig spät als Zuschlagsmetalle zu den Stählen technische Bedeutung. Und manche von ihnen, deren Gebrauch erst auf wenig mehr als ein halbes Jahrhundert zurückgeht, sind heute angesichts der enorm gesteigerten Erzeugung von Spezialstählen schon wieder recht selten geworden, die Vorräte an ihnen sind von der Erschöpfung bedroht.

Die Stähle haben eine sehr wechselnde Zusammensetzung. Eine überragend wichtige Aufgabe der Stahlforschung ist es, immer wieder nach neuen Austauschmöglichkeiten für die verschiedenen Veredlungsmetalle zu suchen, je nachdem ob ein schwer zu erhaltendes, sonst gut eingebürgertes Stahlveredlungsmetall durch ein leichter erreichbares ersetzt werden soll; dabei darf die für bestimmte Zwecke erforderliche Qualität keine Einbuße erleiden, sondern sie soll im Gegenteil noch verbessert werden. Mehr und mehr werden aus diesem Grunde der Stahlindustrie mit oft sehr gutem Erfolg auch die in unbeschränkten Mengen verfügbaren Leichtmetalle, z. B. das Aluminium und das sonst wenig verwendbare Silicium, dienstbar gemacht.

1. Mangan.

Das zweithäufigste, wenn auch im Vergleich zum Eisen viel seltenere Schwermetall ist das *Mangan.* An der Zusammensetzung der zugänglichen Teile der Erdkruste ist es mit 0,09% beteiligt; es stellt auch das unentbehrlichste und im größten Umfange verwendete Stahlveredlungsmetall dar. Aber schon für die Entschwefelung und damit

Entsprödung des Eisens ist das Mangan unentbehrlich. Die meistverwendeten Baustähle enthalten bis zu 20% Mangan.

Die verwendbaren Manganmineralien (Manganerze) sind fast ausschließlich Sauerstoffverbindungen des Mangans mit größeren oder kleineren Wassergehalten, es sind also Oxyde oder Hydroxyde des Mangans. Silikatische Manganmineralien trifft man vor allem in den pegmatitischen Restkristallisationen und in gewissen metamorphen Gesteinen; für die Technik haben nur die letzteren einige Bedeutung.

Die Manganoxyde sind in der Technik unter dem Namen *Braunstein* bekannt; man unterscheidet zwischen weichen, abfärbenden Abarten *(Weichmanganerze)* und harten Abarten *(Hartmanganerze)*. Die braunschwarzen Braunsteine sind im wesentlichen Dioxyde des Mangans, oft mit Beimengungen von Kalium, Barium, Eisen und Wasser. Hartmanganerzmineralien sind: Der *Psilomelan* (mit der kugelig traubigen Abart des *schwarzen Glaskopfes*, MnO_2 mit Zusätzen von Wasser, Silicium, Eisen und Kalium und mit bestenfalls 58% Mangan); der *Hausmannit* Mn_3O_4 mit 70% Mangan und noch einige andere seltenere. Weichmanganerze sind der *Pyrolusit*, ebenfalls MnO_2 mit Verunreinigungen von Kalium und Barium; mit bis 60% Mangan; besonders weich ist der ähnlich zusammengesetzte, metallisch grau glänzende *Manganschaum* oder *Wad*. Zwischen den Hart- und Weichmanganerzen steht der oft in gestreiften prismatischen Kristallen schön kristallisierte *Manganit* MnO(OH) mit 70% Mangan.

Als Manganerzmineralien spielen vereinzelt noch eine Rolle: Das himbeerrote Mangankarbonat, der *Rhodochrosit* oder *Manganspat*, $MnCO_3$ mit 62% Mn, und das harte, fleischrote, oft zinkhaltige Mangansilikat *Rhodonit* oder *Mangankiesel* $MnSiO_3$ mit maximal 40% Mn. — Schönfarbige Rhodonite werden auch gern zu kunstgewerblichen Gegenständen verarbeitet.

Die oxydischen Manganmineralien treten in geringerem Umfange als hydrothermale Gangerze auf; der Hauptmasse nach sind sie sedimentärer Entstehung; der Manganspat ist ein hydrothermales Mineral, das auf Erzgängen vor allem auch in Begleitung von Gold und Goldverbindungen nicht allzu selten ist. Der Rhodonit ist im wesentlichen kontaktmetamorpher Entstehung.

Was die die oxydischen Manganmineralien enthaltenden, sedimentären Manganerzgesteine betrifft, so führen von diesen alle Übergänge zu den sedimentären Brauneisenerzgesteinen. Manganerze werden heute für sich bis zu Mangangehalten von 30% herunter abgebaut; mit Rücksicht auf die starke Verwendung des Mangans in der Stahlindustrie können aber bei hohen Eisengehalten auch Manganerze mit viel geringeren Mangangehalten verwendet werden: Eisenmanganerze mit 10—30% Mangan und manganhaltige Eisenerze mit weniger als 10% Mangan.

Im Durchschnitt enthalten die Stähle 3—4% Mangan, Spezialstähle aber oft viel mehr. Wichtig ist, daß durch Erhöhung des Mangangehaltes die Qualität verschiedener Stähle, besonders von Baustählen, unter Einsparung von selteneren und kostspieligeren Stahlveredlungsmetallen gehalten werden kann. Etwa zwei Drittel der jährlichen geförderten Manganerze finden in der Stahlindustrie Verwendung; das letzte Drittel in verschiedenen anderen Industriezweigen: die chemische Industrie benötigt das Mangan in großem Umfange für die Chlorgewinnung (Braunstein mit Salzsäure) und für die Herstellung vieler Manganverbindungen wie z. B. Kaliumpermanganat; auch braune, beständige Erdfarben („Manganbraun") werden aus Manganerzen in großem Umfange hergestellt, ferner Glasurfarben für die keramische Industrie; auch in der Glasindustrie finden Manganerze Verwendung, z. B. zur Entfärbung von schwacheisenhaltigen Gläsern (Braunstein als „Glasmacherseife"), andererseits aber auch zur Violettfärbung von Gläsern. In der Elektrotechnik werden aus Braunstein in großem Umfang Elemente hergestellt.

Nach weitgehender Erschöpfung der oft sehr reinen gangförmigen, hydrothermalen Manganoxydvorkommen sind heute für die Technik einigermaßen bedeutungsvoll nur noch Manganerzlagerstätten sedimentärer Entstehung, die oft nachträglich noch metamorphosiert worden sind. In Europa gibt es außerhalb Rußlands keine größeren Manganerzlagerstätten; die zahlreichen kleineren Vorkommen in Mitteleuropa haben heute nur mehr lokale Bedeutung für die chemische Industrie. Wichtig ist, daß viele sedimentäre Eisenerze (auch europäische!), wie schon oben erwähnt, den für die Stahlerzeugung notwendigen Mangangehalt schon selbst enthalten; die Trennung des Mangans vom Eisen im Verwitterungswege, bzw. bei der Ausfällung der beiden Metalle aus den Verwitterungslösungen ist eben keine vollkommene.

Die russischen Manganerzlager *(Ukraine, Kaukasus, Ural, Sibirien)* sind auf etwa 1—2 Milliarden Tonnen guten Manganerzes (also ohne eisenhaltige Manganerze!) einzuschätzen; es sind dies etwa zwei Drittel der bekannten Weltvorräte. Über größere Manganerzlagerstätten mit 10—50 Millionen Tonnen Inhalt verfügen noch: *Kapland* (50) [1], *Brasilien* (50), *Britisch-Indien* (30), *Goldküste* (10), *Mandschurei* (10), *Philippinen* (10), *Kuba* (10), *Rumänien* (10) und *Marokko* (10). Alle diese Manganerzlagerstätten sind in reger Ausbeute

---

[1] In Klammern sind die Vorräte an mindestens 30%igen Manganerzen in Millionen Tonnen angegeben.

begriffen, wobei sich das Hauptgewicht der Gewinnung je nach den politischen Verhältnissen einmal dahin, dann dorthin verlagert. Stets nimmt aber Rußland die führende Stellung ein.

Die jährliche Gesamtförderung an Manganerzen beläuft sich auf etwa 8 Millionen Tonnen; daran ist *Rußland* mit mehr als der Hälfte beteiligt. Die Versorgungsmöglichkeit mit Manganerzen kann somit für 1½ Jahrhunderte auch bei mäßig gesteigertem Verbrauch als gesichert gelten; wegen der während des Krieges abnormal gesteigerten Stahlproduktion hat allerdings auch die Manganerzförderung sprunghaft zugenommen.

2. Chrom.

Am Aufbau der Erdkruste ist das Chrom mit 0,03% beteiligt.

Es gibt nur ein einziges Erzmineral, das für die Chromgewinnung von Bedeutung ist, dies ist der dem Magneteisenstein in vieler Beziehung ähnliche *Chromeisenstein oder Chromit*, eine Sauerstoffverbindung (Oxyd) von Eisen und Chrom von der Zusammensetzung $FeCr_2O_4$; im reinsten Zustand enthält er 46% Chrom und 25% Eisen. Die Lagerstätten des Chromeisensteins sind ausschließlich frühmagmatischer Herkunft und dementsprechend überall an kieselsäurearme, eisen- und magnesiumreiche (basische) magmatische Gesteine (Olivingesteine, Serpentine) gebunden. Das zwar nicht seltene, durch seine lebhafte orangerote Färbung auffallende, natürliche chromsaure Blei, der *Krokoit*, $PbCrO_4$, tritt immer nur in so geringen Mengen auf, daß es als Chrommineral nicht in Frage kommt.

Wohl zwei Drittel der jährlichen Chromerzproduktion finden in der Stahlindustrie Verwendung. Chrom ist wichtig und unentbehrlich für die besonders tragfesten Baustähle, aber auch für die harten und verschleißfesten Werkzeugstähle (Werkzeugstähle enthalten bis zu 15% Chrom), ebenso für bestimmte Magnetstähle; gewisse Chrom-Nickel- und Chrom-Mangan-Stähle zeigen eine sehr beachtliche Widerstandsfähigkeit gegen Hitze- und Säureeinwirkung und sind deshalb zu den korrosionsbeständigen Stählen zu zählen. Darüber hinaus verwendet man das Chrom in der Stahlindustrie zur Verbesserung der Stahlqualitäten, indem man zwecks Chromeinsparung das Chrom nur in die äußeren Partien von Manganstählen einwandern läßt oder indem man solche Stähle mit einer dünnen Chromhaut überzieht (verchromt); derartige Stähle bilden für viele Zwecke einen vollwertigen Ersatz für kompakte Chromstähle. Bedeutende Mengen des jährlich geförderten Chromeisensteins werden in der Hüttenindustrie entweder in reiner Form oder verarbeitet mit Karbonatgesteinen für die Herstellung von feuerfesten Ziegeln zur Hochofenauskleidung verwendet (der Chromeisenstein schmilzt erst bei 2200°). Ferner verarbeitet auch die chemische Industrie Chrom für die Herstellung zahlreicher, für verschiedene Zwecke benötigter Chromverbindungen (Chromfarben, Chromsäure usw.).

Der normale jährliche Weltbedarf an Chromerzen (auch dieser wurde durch den Krieg außerordentlich gesteigert), beläuft sich auf etwa eine Million Tonnen, bezogen auf Chromerze mit durchschnittlich 25% Chrommetall; der Chrommetallgehalt der verwerteten Erze schwankt je nach deren Reinheitsgraden zwischen 15 und 40% Chrom. An der jährlichen Chromerzförderung sind die *Türkei (Anatolien, Taurus)* [1], *Rhodesien* und *Südafrika* mit je etwa 20% beteiligt, in größeren Abständen folgen die *Philippinen* (7%), *Jugoslawien*, *Griechenland*, *Britisch-Indien* und *Kuba* mit je etwa 5%, *Japan* und *Rumänien*; die *Vereinigten Staaten von Nordamerika* verfügen über kein bedeutendes Chromerzvorkommen, dasselbe gilt von Europa mit Ausnahme des Südostens; auch die *österreichischen* Chromeisensteinvorkommen in der Gegend von *Kraubath (Steiermark)* sind bedeutungslos; dagegen hat *Kanada* während des letzten Krieges beachtliche Mengen von Chromerzen gefördert.

Die Chromerzvorkommen der Erde sind auf etwa 100 bis 150 Millionen Tonnen an durchschnittlich 30%igen Chromerzen einzuschätzen.

3. Nickel und Kobalt.

Am Aufbau der festen Erdkruste ist das *Nickel* mit etwa 0,02% beteiligt. Die beiden Metalle Nickel und *Kobalt* treten in der Natur fast immer eng miteinander vergesellschaftet auf, dabei beträgt die Kobaltmenge durchschnittlich etwa den fünften Teil der Nickelmenge. Die wichtigsten Nickel- und Kobaltmineralien sind entweder mannigfaltig zusammengesetzte, metallisch glänzende Schwefel-, Arsen- und Antimonverbindungen dieser beiden Metalle, oder Silikate des Nickels, bzw. Oxyde des Kobalts. Von ersteren seien nur der hellkupferrote *Rotnickelkies*, ein einfaches Nickelarsenid von der Zusammensetzung NiAs (mit 44% Ni), der gelbe *Haarnickelkies*, ein nadelförmig ausgebildetes Nickelsulfid von der Formel NiS (mit 65% Ni), der silberweiße *Weißnickelkies*, ein Nickelarsenid von der Formel $NiAs_2$ (mit 28% Ni), der *Speiskobalt* $CoAs_2$ (mit 28% Co) und der *Glanzkobalt* CoAsS (mit 36% Co) genannt; diese Mineralien treten in hydrother-

---

[1] Die türkische Chromerzgewinnung schwankt außerordentlich mit den weltpolitischen Verhältnissen; von einer monopolartigen Stellung kam sie mit der Entdeckung der südafrikanischen Vorkommen in den Zwanzigerjahren dieses Jahrhunderts fast zum Erliegen, um dann wieder vor und während des Krieges eine Rekordhöhe zu erreichen. — Die *russische* (besonders *Ural*) Chromerzförderung wurde nicht eingerechnet; sie entwickelte sich erst während der letzten 10 Jahre und dürfte jetzt in der Höhe der drei führenden Erzeugungsländer liegen.

malen Gängen oft in reicher Konzentration auf; jedoch ist die Erz-
führung dieser ursprünglich weit verbreiteten Gangvorkommen, die
vielfach mit Uranerz- und Silbererzgängen in Verbindung stehen
(*Böhmisch-Sächsisches* Erzgebirge, *Katanga*, *Ontario* usw.) heute vielfach weitgehend erschöpft. Die *Nickelsilikat*vorkommen, die durch
nickelreiche, meist hellgrüne wasserhaltige Magnesiumsilikate verschiedener Art und von schwankendem Nickelgehalt dargestellt werden, stellen Zersetzungsprodukte von basischen magnesiumreichen,
magmatischen Gestein dar, in denen das Nickel und Kobalt schon ursprünglich in geringen, nicht ausbeutbaren Mengen vorhanden war;
durch die Zersetzungsvorgänge erfuhr aber der Nickelgehalt stellenweise eine bedeutende Konzentrierung; in Verbindung mit diesen
Nickelsilikatvorkommen mit einem Nickelgehalt von 1—10% tritt das
Kobalt als schwarzbraunes, erdiges, vor allem mit Manganoxyden ver-
unreinigtes Oxyd auf *(Erdkobalt)*.

Mit der weitgehenden Erschöpfung der nickelreicheren Lagerstätten hat für die Nickelgewinnung *norwegischer* und später besonders *kanadischer Magnetkies* FeS (S. 30) mit einem Nickelgehalt von
einigen Prozent bei teilweise beträchtlicher Kupfer-, aber meist unbedeutender Kobaltführung eine die Weltversorgung beherrschende Stellung gewonnen. Diese Magnetkiesvorkommen sind an basische magmatische Gesteine gebunden. Daneben werden Nickel und Kobalt in
geringeren Mengen als Nebenprodukte bei der Verhüttung anderer
Erze gewonnen, z. B. Nickel aus den *Mansfelder Kupferschiefern* und
Kobalt aus *burmesischen* Blei-Zink-Kupfererzen.

Nickel wird in größtem Umfange in der Stahlindustrie für die Herstellung von Spezialstählen verwendet; ähnlich wie das Chrom wirkt
das Nickel kornverfeinernd und damit die Zähigkeit der Stähle er-
höhend. Baustähle mit einem geringen Nickelgehalt und hochwertige
Werkzeugstähle, deren Nickelgehalt z. B. beim Invarstahl mit seiner
sehr geringen Wärmeausdehnung 36% erreicht, sind wertvolle Stahl-
produkte; man ist allerdings bestrebt, nach Möglichkeit das teure und
oft schwer beschaffbare Nickel in der Stahlindustrie z. B. durch
Chrom zu ersetzen; für viele Zwecke verliefen dahingerichtete Be-
strebungen durchaus erfolgreich; so kann man auf nickelhaltige Baustähle weitgehend verzichten, auch für die säurebeständigen Eßbesteck-
stähle (rostfreie Stähle) kann das Nickel vollwertig durch Chrom
ersetzt werden. — Auch sonst findet das Nickel in Form von anderen
Metallegierungen ausgedehnte Verwendung; Reinnickelmetall dient
besonders für Vernicklungszwecke an billigen Stahlsorten, aber auch
als Münzmetall für niedrigwertige Münzen. — Die chemische Industrie verwendet Nickel nur in untergeordneten Mengen für die Herstellung von verschiedenen Nickelverbindungen.

Der Normalbedarf der Weltwirtschaft an Nickel überschreitet jährlich 100.000 Tonnen; während des Krieges ging aber allein die jährliche kanadische Nickelproduktion beträchtlich über diese Normalmenge hinaus. Über 80% der jährlichen Weltnickelproduktion liefern seit einer Reihe von Jahren die ausgedehnten kanadischen Nickelmagnetkiesvorkommen im *Sudbury*distrikt [1], daneben sind für die Weltversorgung mit Nickel noch die Nickelsilikatlagerstätte von *Neukaledonien* (Südsee) und die Nickel-Kupfererze von *Petsamo* im nördlichen Finnland von Bedeutung; letzteres Gebiet ist nun an die Sowjetunion gefallen und ist für die Stärkung der russischen Versorgungslage mit Nickel, die sonst noch aus verschiedenen Lagerstätten im *Ural*, auf der Halbinsel *Kola* und im *asiatischen Rußland* gespeist wird, von großer Bedeutung. Mit geringeren Prozentsätzen sind an der Nickelversorgung noch *Norwegen*, *Griechenland*, *Belgisch-Kongo*, *USA.* und *Indien* beteiligt. Fast bedeutungslos geworden sind die *Nickelerzvorkommen* in *Schlesien*, *Sachsen*, in der *Slowakei* und in der *Steiermark*. Neu entdeckt wurden in den letzten Jahren ausgedehnte, niedrigprozentige Nickelerzlagerstätten in *Brasilien* und auf *Celebes;* diese Vorkommen sind noch nicht erschlossen, dürften aber für die Weltnickelversorgung in Zukunft größere Bedeutung erlangen. Im Ganzen kann angenommen werden, daß der Weltnickelbedarf im gegenwärtigen Normalausmaß von etwa jährlich 120.000 Tonnen auf etwa 50 Jahre aus den bekannten Lagerstätten gedeckt werden kann. Es sind auch schon Versuche im Gange *(Japan)*, die weitverbreiteten Serpentingesteine, aus denen durch Zersetzung die Nickelsilikatlagerstätten entstehen und welche ursprünglich größenordnungsmäßig ein Zehntel Prozent Nickel enthalten können, für die Deckung des Nickelbedarfes wenigstens örtlich heranzuziehen; für den Fall des Gelingens dieser Versuche in Richtung einer wirtschaftlichen Ausbringung des geringen Nickelgehaltes könnte durch die Verwertung dieser Gesteine als Nickelerze die Weltversorgungsbasis mit Nickel bedeutend verstärkt werden.

Auch Kobalt ist ein wertvolles Stahlveredlungsmetall. Kobaltstähle enthalten 5—40% Kobaltmetall neben wechselnden Mengen anderer Veredlungsmetalle. Kobaltstähle finden vor allem als Schnellarbeitsstähle (kurz auch Schnellstähle genannt) [2] Verwendung, deren Härte und Schneidefestigkeit auch bei einer beschleunigten

---

[1] Der Nickelmetallgehalt dieser Lagerstätte ist auf mindestens 2 Millionen Tonnen einzuschätzen.

[2] Die ersten Schnellstähle waren Stähle mit hohen Wolframgehalten (bis 20%); die Steigerung des Bedarfes an Werkzeugstählen in Verbindung mit dem spärlichen Auftreten des Wolframs (S. 44) führten dazu, daß man dieses

Arbeitsgeschwindigkeit und damit verbundenen beträchtlichen Reibungserhitzung keine Veränderung erleidet. Überhaupt ist die Massenproduktion auf vielen Gebieten der Stahltechnik erst durch die Entwicklung derartiger Schnellarbeits-Edelstähle möglich geworden. — Kobalt wurde und wird auch noch in größeren Mengen — und das war sein frühester Verwendungszweck — für die Herstellung von verschiedenen, sehr beständigen, blauen *(Smalte)* und braunen *Porzellanfarben* benötigt.

An Kobalt werden jährlich nur wenige tausend Tonnen gewonnen. Nach der Erschöpfung der einmal recht ergiebigen Kobalterzgänge im Sächsisch-Böhmischen Erzgebirge vor allem für die Zwecke der sächsischen Porzellanindustrie, hat sich die Kobaltversorgung fast 100 prozentig außerhalb von *Europa* verlagert. Gegen 50% der jährlichen Kobaltgewinnung stammen aus den Kobalterzgängen des *Katangagebietes* im *Belgischen Kongo* und aus ähnlichen *Kanadischen (Ontario)*Kobalt-Nickelerzgängen; weiters sind für die Kobaltversorgung noch die in Verbindung mit den dortigen Nickelsilikatlagerstätten stehenden Erdkobaltvorkommen von *Neukaledonien* und die früher erwähnten *burmesischen* Blei-Zink-Kupfererze von Bedeutung. Die Versorgungslage mit Kobalt erscheint kritischer als die mit Nickel, da das Kobalt mehr als fünfmal seltener in der Erdkruste ist als das Nickel und gerade die bedeutendsten Nickelerzvorkommen *(Sudbury*distrikt in *Kanada)* nur sehr wenig Kobalt enthalten; immerhin dürfte auch hinsichtlich der jährlichen Kobalterzeugung *Kanada* mit nahezu 50% an der Weltproduktion beteiligt sein, denn die gesteigerte Nickelgewinnung wirft zweifellos als Nebenprodukt außer Platinmetallen noch beträchtliche Mengen von Kobalt ab, welche sich zu den bedeutenden Förderungsanteilen der *Ontario*kobaltlagerstätten gesellen. — Der Preis des Kobaltmetalles beläuft sich gegenwärtig auf 4 Dollar pro kg, das ist das Fünffache des Nickelpreises.

4. Wolfram.

Wolfram ist ein recht seltener Grundstoff. Seine Häufigkeit in der Erdkruste dürfte den Betrag von 0,005 nicht stark überschreiten, nach neuesten Angaben ist es sogar wesentlich seltener.

Metall in molybdänreichen Ländern (USA.) zuerst durch Molybdän ersetzte (S. 46); ferner wurde zur Herstellung solcher Stähle auch Kobalt neben Chrom und Vanadium herangezogen, wodurch auch Einsparungen an Molybdän erzielt wurden. Die Ergebnisse der modernen Stahlforschung deuten nun darauf hin, daß für die sogenannten niedrig legierten Schnellarbeitsstähle zwecks völliger Einsparung des Wolframs unter Steigerung des Kohlenstoffgehaltes mit Vorteil neben niedrigen Prozentsätzen von Chrom, Molybdän und Vanadium zweckmäßig auch das Leichtmetall Aluminium in Mengen von etwa 1% sogar unter Leistungssteigerung eingesetzt werden kann.

Es gibt nur zwei Wolframmineralien, die für die Gewinnung dieses höchst wertvollen, erst vor wenigen Jahrzehnten für Zwecke der Stahlindustrie herangezogenen Metalles, das trotzdem jetzt schon ziemlich selten geworden ist, verwendet werden können. Etwa 95% des verwendeten Wolframs stammen aus dem schwarzen, schweren Eisenmanganwolframat *Wolframit* (Fe, Mn) WO_4, (mit 60% W)[1], etwa 5% aus dem gelbgrauen Calciumwolframat *Scheelit* $CaWO_4$ (mit 64% W). Wolframit findet sich in gewinnbaren Mengen nur in Quarz-Feldspatgesteinen der pneumatolytischen Restkristallisationen, aus welchen er nach der Zerstörung des Muttergesteines durch Verwitterung vielfach in Form seiner widerstandsfähigen und spezifisch schweren Kristalle in Seifenlagerstätten angereichert wird; die Wolframerze stehen meist in enger Verbindung mit Zinnerzen.

Ähnlich wie Kobalt findet Wolfram ausgedehnte Verwendung bei der Herstellung der Schnellarbeitsstähle (Schnelldrehstähle), da es die Härte und Temperaturbeständigkeit der Stähle außerordentlich fördert[2]. Sehr bedeutungsvoll, wenn auch mengenmäßig stark zurücktretend, ist die Verwendung des Wolframmetalles in Drahtform als bestes Material für elektrische Glühlampen, entweder im reinen Zustand oder legiert mit Osmium. Wolframcarbid spielt wie Molybdäncarbid als Hartmetallegierung mit Kobalt für die Stahlbearbeitung eine große Rolle.

Die europäischen Wolframitvorkommen sind von keiner Bedeutung mehr; derartige Lagerstätten fanden sich einmal im *Böhmisch-Sächsichen Erzgebirge* und in *Cornwall;* die Vorkommen sind praktisch erschöpft; nur *Westspanien* und *Portugal* liefern in Europa heute noch einige Wolframerze. Auch *Nordamerika* ist arm an Wolframerzen[3]. Von weltwirtschaftlicher Bedeutung sind nur die Wolframitvorkommen in Südostasien *(China, Hinterindien)* und *Bolivien;* in weitem Abstand folgen *Brasilien, Australien, Rußland* und *USA*. *China* ist an der Weltgewinnung von Wolframit mit etwa 60% beteiligt, *Hinterindien* mit 20% und *Bolivien* mit etwa 10%. Der Weltbedarf

---

[1] Überall, wo, wie hier in der Formel in ( ) mehrere Elementsymbole, durch Komma getrennt, angeführt sind, bedeutet dies, daß sich in diesen Mineralien jene Elemente, ohne den Charakter des Minerals zu ändern, in beliebigem Umfange gegenseitig ersetzen können (*„Mischkristalle"*).

[2] In die Stahlindustrie fand das Wolfram vor etwa 100 Jahren Eingang; früher konnte man mit dem mit den geschätzten Zinnerzen geförderten und wohl auch in den Gruben teilweise verwechselten Wolframit nichts anfangen. Das Wort Wolfram leitet sich daher vermutlich von einem Schimpfnamen der mittelalterlichen Bergleute her (Wolfs-Rahm = Wolfsgeifer).

[3] Während des letzten Krieges konnten aber vorübergehend die Vereinigten Staaten die Eigenproduktion an Wolframerzen auf einige tausend Jahrestonnen steigern.

an Wolframerzen, umgerechnet auf Wolframmetall, stellt sich jährlich auf etwa 15.000—20.000 Tonnen und kann in dieser Höhe aus den bekannten Vorkommen noch auf einige Jahrzehnte hinaus gedeckt werden.

Scheelit wird selbständig als Erzmineral nur in geringerem Umfange in *Nevada* und *Kalifornien* aus kontaktmetamorphen und Seifenlagerstätten gewonnen.

5. Molybdän.

Für die Gewinnung des Metalles Molybdän, das etwas seltener als das Wolfram ist, kommt fast nur der silbergraue, metallisch glänzende, graphitähnlich schuppige *Molybdänglanz*, das Sulfid des Molybdäns MoS_2 (mit 60% Mo) in Frage; mengenmäßig kaum ins Gewicht fallend sind die geringen Molybdänmengen, die aus natürlichen Molybdaten, vor allem aus dem gelben Bleimolybdat *Wulfenit* $PbMoO_4$ (auch *Gelbbleierz* genannt; mit 26% Mo) gewonnen werden. Ähnlich wie das Wolfram ist auch das Molybdän ein typisches Element der pneumatolytischen Restkristallisationen. Wegen seiner leichten Zersetzlichkeit und wegen der Neigung zur Abschuppung findet aber der Molybdänglanz im Gegensatz zum Wolframit in den Seifenlagerstätten keine Anreicherung.

Das Molybdän geht daher im Gegensatz zum Wolfram in geringen Mengen in die Verwitterungslösungen über und wird unter bestimmten Bedingungen aus diesen, zusammen mit anderen Schwermetallen, in komplex zusammengesetzten, schwefeligen Sedimentationserzen abgesetzt. So findet es sich z. B. auch in geringer Konzentration in den typisch sedimentären *Mansfelder Kupferschiefern*. Auch in der Verwitterungszone von *Blei-Zink*-Lagerstätten reichert sich das Molybdän in Form von Molybdaten (besonders als *Wulfenit*) gelegentlich etwas an. In dieser Form findet sich z. B. der Wulfenit in geringer Menge im Bereiche der Bleizink-Lagerstätten von *Bleiberg* in *Kärnten* [1].

Auch das aus den Molybdänerzen gewonnene Molybdän wird fast ausschließlich in der Stahlindustrie verwendet; daneben ist nur noch die stark zurücktretende Verwendung des Molybdänmetalles zur Herstellung von Widerstandsdrähten für elektrische Öfen zu nennen. Molybdänstähle geben wegen ihrer Zähigkeit hervorragende Baustähle ab; man hat auch vielfach mit Erfolg das Molybdän in der Stahlindustrie an Stelle des Wolframs und Kobalts für die Herstellung von Schnellarbeitsstählen eingesetzt; die Entwicklung derartiger wolfram- und kobaltsparender Molybdänstähle wurde besonders in den Vereinigten Staaten von Noramerika während der letzten beiden

---

[1] Aus dem Kärntner Vorkommen können jährlich etwa 25 Tonnen Molybdän gewonnen werden.

großen Kriege sehr gefördert, da diesem Land wohl reichlich Molybdän zur Verfügung steht, während es während des letzten Krieges vom ostasiatischen Wolfram völlig abgeschnitten war. Gerade wegen dieser neuen Anwendungsmöglichkeit des. Molybdäns in der Stahlindustrie wurde innerhalb der letzten beiden Jahrzehnte die Molybdängewinnung außerordentlich gesteigert, was bei den sehr beschränkten Weltvorräten an Molybdänerzen sehr bedauerlich ist. Über die Verwendung des Molybdäncarbides in Verbindung mit dem Titancarbid als Hartmetall siehe bei Wolfram. Während der Molybdänverbrauch noch im Jahre 1925 kaum 1000 Tonnen betrug, stieg er bis 1939 auf 14.000 Tonnen an und erreichte schließlich in den letzten Kriegsjahren die Rekordhöhe von etwa 30.000 Tonnen. An der Friedensproduktion an Molybdän waren die *Vereinigten Staaten von Nordamerika* mit mehr als 80% beteiligt, an der Produktion der letzten Kriegsjahre mit 90% ; die Molybdänproduktion von *Norwegen, Mexiko, Japan, Australien* und *Marokko* tritt neben der nordamerikanischen weit in den Hintergrund, jedoch ist die Molybdänproduktion von *Norwegen,* die etwa 6% der Weltfriedensproduktion ausmacht, für *Europa* nicht bedeutungslos; die Molybdängewinnung *Rußlands* (besonders *Armenien)* ist jungen Datums und wenig bekannten Umfanges.

6. Vanadium.

Das Stahlveredlungsmetall *Vanadium* ist an sich kein allzu seltenes Element; es ist immerhin am Aufbau der Erdkruste zu 0,02% beteiligt. Und doch sind Erzlagerstätten, die man als Vanadiumlagerstätten bezeichnen könnte, sehr selten. Das hängt damit zusammen, daß das Vanadium in seiner Hauptmenge ziemlich gleichmäßig besonders über die aluminiumreichen Gesteine der Erdkruste im Durchschnittsprozentsatze verzettelt ist. Das Vanadium tritt nämlich in die Kristalle der Aluminiummineralien als Vertreter dieses Leichtmetalles ein.

In etwas reicheren Mengen trifft man das Vanadium in den frühmagmatischen Titaneisenoxydlagerstätten an, in geringeren Mengen in sedimentären Brauneisensteinen (z. B. in den lothringischen Eisenerzlagerstätten). Aber auch in diesen Eisenerzvorkommen beträgt der Vanadiumgehalt nur 0,1 bis 0,4% ; daher kann man auch in diesen Fällen von eigentlichen Vanadiumlagerstätten nicht sprechen, jedoch kann das Vanadium als Nebenprodukt bei der Verwertung solcher Eisenerze gewonnen werden.

In einigen Blei-Zink-Kupfer-Lagerstätten *(Südwestafrika, Australien, Kärnten)* trifft man das Vanadium in größeren Mengen in der Verwitterungszone in Form von Vanadaten an; darunter sind besonders der dunkelbraune *Descloizit* $(OH)PbZnVO_4$ mit 13% V, 51% Pb und 16% Zn und der tieforangerote *Vanadinit* $Pb_5(VO_4)_3Cl$ mit 11% V und 74% Pb zu nennen.

Weitere Vanadiumanreicherungen treten in wenigen Fällen in Form von Uranovanadaten auf, welche Sandsteine und andere Sedimentgesteine imprägnieren. Unter diesen ist besonders der erdige, gelbgrüne *Carnotit* $K_2U_2V_2O_{12} \cdot 3\,H_2O$ (mit 11% V und 53% U) zu nennen *(Utah, Colorado)*. Es handelt sich dabei um Erzmineralien, die nicht nur für die Vanadiumgewinnung, sondern vorzugsweise für die Radiumgewinnung von großer Bedeutung sind. In Begleitung des Carnotits tritt auch ein vanadiumreiches, grünes Glimmermineral, das Silikat *Roscoelith* $(OH)_2K(V, Al)_2[Si_3AlO_{10}]$, auf.

Bemerkenswert ist, daß gewisse niedere Tiere das Vanadium an Stelle des Phosphors als Aufbausubstanz verwenden und dadurch aus den Verwitterungslösungen aufspeichern. Daher trifft man Vanadium auch häufig relativ reichlich in den Aschenresten von Erdölen an, aber auch in den an organischen Resten reichen sedimentären Erzlagerstätten, z. B. in den schon wiederholt genannten *Mansfelder Kupferschiefern* (0,04% V). In *Peru (Minasragra)* tritt in Zusammenhang mit Asphalt das Vanadium in beträchtlichen Mengen in Form eines offenbar auch wie der Asphalt organogen gebildeten Sulfides, des grünschwarzen erdigen *Patronites* VS_4 (mit 29% V) auf; es ist dies das bedeutendste Vanadiumvorkommen der Welt; auch argentinische Asphaltaschen enthalten 10—25% Vanadium[1]; bestimmte Graphite erreichen Vanadiumgehalte von einigen Hundertstel Prozent.

Vanadium ist ein sehr geschätztes Stahlveredlungsmetall. In Spezialstählen vermag es in verhältnismäßig geringen Prozentsätzen ebenbürtig größere Mengen von anderen Stahlveredlungsmetallen zu ersetzen. Die normale Jahresproduktion liegt in ähnlicher Höhe wie die des Kobalts, beträgt also wenige 1000 Tonnen. Dabei ist jedoch zu berücksichtigen, daß Vanadium das leichteste der Stahlveredlungsmetalle ist, z. B. halb so leicht wie Molybdän und viermal so leicht wie Wolfram. Die Weltvanadiumproduktion stammt zu je etwa 30% aus dem Patronitvorkommen von Peru, aus den Carnotitlagerstätten von Utah und Colorado und aus den Descloizitvorkommen im *Otavi*-Bergland in Südwestafrika. Daneben ist nur noch die Vanadiumgewinnung aus dem rhodesischen Bleizinkerzvorkommen von einiger Bedeutung. Dazu kommt die Vanadiumproduktion aus Eisenerzen verschiedenen Ursprungs, Kohlenaschen usw.

7. Niob und Tantal.

Niob (auch *Columbium*) genannt, ist in einer Menge von durchschnittlich 0,002 Gewichtsprozent an der Zusammensetzung der festen Erdkruste beteiligt, das *Tantal* ist zehnmal seltener. Beide Elemente sind in der Natur stets auf das Engste vergesellschaftet, ähnlich

---

[1] Ebenso enthalten Kohlen- und Erdölaschen gewinnbare Mengen von Vanadium.

wie es beim Zirkonium und Hafnium der Fall ist. Niob- und Tantalmineralien treten nur in Granitpegmatiten, aber hier in mannigfaltiger Zusammensetzung, oft als Verbindungen mit den Seltenen
Erden auf, gelegentlich auch zusammen mit Zinnerzen und Uranerzen
verwandter pneumatolytischer Entstehung. Die wichtigsten Mineralien
der beiden Grundstoffe Niob und Tantal sind die einander sehr ähnlichen, schwarzen, schweren Eisenmanganniobate, bzw. -tantalate
Columbit $(Fe, Mn)(Nb, Ta)_2O_6$ und *Tantalit* $(Fe, Mn)(Ta, Nb)_2O_6$;
der Unterschied zwischen beiden besteht nur darin, daß in dem einen
das Niob, im anderen das Tantal überwiegt.

Niob und Tantal werden nur als Nebenprodukte des Zinn- und
Uranerzabbaues und aus Pegmatiten gelegentlich als Nebenprodukte
der Feldspatförderung gewonnen. In beschränktem Umfange finden
die Metalle in Form von Eisenlegierungen (Ferroniob, Ferrotantal)
in der Stahlindustrie mit Vorteil Verwendung; weitere Anwendungsgebiete der beiden Metalle bietet die Elektrotechnik.

Niob- und Tantalmineralien werden in den *Vereinigten Staaten von
Nordamerika* aus Pegmatiten in wechselnden, kleinen Mengen gewonnen; daneben ist nur noch die Gewinnung von solchen Mineralien aus
verschiedenen pegmatitischen und Uranerzvorkommen in *Nigerien,
Brasilien, Australien* und *Ostafrika* erwähnenswert; in Europa liefern
nur die *skandinavischen* und *spanischen* Pegmatite Niob- und Tantalmineralien in bescheidenem Umfange.

Die Weltjahresgewinnung an Niob und Tantal dürfte sich auf etwa
100 Tonnen belaufen.

8. Weitere in der Stahlindustrie verwendete Grundstoffe.

Die Bedeutung des *Kohlenstoffes* für die Stahlindustrie kann als
allgemein bekannt gelten. Je nach Bestimmung und Qualität enthalten die Stähle verschiedene Mengen von diesem leichten Grundstoff,
dessen kleine Atome in die Kristallgitter der Metallkristalle der Stahlsorten eintreten und deren inneren Zusammenhang verstärken.

In geringerem Umfange werden in der Stahlindustrie für Sonderzwecke als Legierungsmetalle noch *Titan, Zirkonium, Cerium,* ferner
das Leichtmetall *Silicium,* das *Selen* und das Nichtmetall *Stickstoff*
verwendet; letzteres wirkt als gitterverklemmendes Element und spielt
daher eine ähnliche Rolle wie der Kohlenstoff, ist aber in vieler Beziehung wirksamer als dieser; damit hilft es, kostbare Stahlveredlungsmetalle einzusparen.

c) Übrige Haupt- und Nebenmetalle.
1. Kupfer.

Warum das Kupfer früher als das vielfach häufigere Eisen in den
verschiedenen Frühepochen der Kulturen in Verwendung kam, das ist

einerseits darin begründet, daß es in der Natur schon in der Form des reinen Metalles auftritt, andererseits auch sonst aus seinen Erzen leichter zu erschmelzen ist als das Eisen; ebenso läßt es sich leichter verarbeiten als dieses, weil es ihm auch an Härte bedeutend nachsteht. Jedenfalls stand überall Kupfer in reiner Form oder in der Form der als Bronze bezeichneten Legierung mit Zinn schon längst in ausgedehnter Verwendung (seine Verwendung läßt sich im Orient bis in das 4. Jahrtausend v. Chr. verfolgen), als man das Eisen nur von den gelegentlich auf die Erde stürzenden Eisenmeteoriten her kannte und dieses dementspechend noch so selten war, daß Eisengeräte mit Gold aufgewogen wurden. Das Kupfer ist aber sehr viel seltener als das Eisen, am Aufbau der Erdkruste ist es ähnlich wie das Vanadium nur in einer Menge von 0,02% beteiligt; jedoch sind Kupferlagerstätten wesentlich häufiger als Vanadiumlagerstätten, da sich das Kupfer in den Erzmineralien nicht — wie das Vanadium in sehr verdünnter Form hinter dem Aluminium — hinter einem andern Element versteckt.

Die Zahl der verwertbaren Kupfermineralien ist sehr groß. Sie finden sich zusammen mit Schwefelkies FeS_2 in den frühmagmatischen Sulfidausscheidungen, auf pneumatolytischen bis hydrothermalen Ganglagerstätten und damit in Verbindung stehenden Imprägnationslagerstätten; dabei stellen wieder die Ganglagerstätten die reichsten Kupferkonzentrationen dar; schließlich gibt es auch sedimentäre Kupferlagerstätten, in welchen das Kupfer wieder zusammen mit überwiegendem Schwefelkies und meist vergesellschaftet mit vielen anderen Erzmineralien (z. B. Mansfelder Kupferschiefer) in sulfidischer Form auftritt. In all diesen Lagerstätten herrschen ursprünglich überhaupt die sulfidischen Kupferverbindungen vor; bei den sedimentären Ablagerungen wird das Kupfersulfid aus dem geringen Kupfergehalt der Verwitterungslösungen entweder zusammen mit anderen Schwermetallen durch den im Wege der Zersetzung von Organismen gebildeten Schwefelwasserstoff ausgeschieden oder es erfolgt in den Sedimenten die Kupferanreicherung wohl auch dadurch, daß ähnlich wie das beim Vanadium an Stelle des Phosphors der Fall ist, gewisse niedere Tiere das Kupfer an Stelle des Eisens in Form des Hämocyanins als Blutfarbstoff speichern.

Die wichtigsten Kupfermineralien sind: *Der Kupferkies* oder *Chalkopyrit*, ein metallisch glänzendes, gelbes, dem Schwefelkies (Pyrit) ähnliches, aber viel weicheres Kupfereisensulfid von der Zusammensetzung $CuFeS_2$ (mit 35% Cu und 30% Fe), das metallisch bunt gefärbte *Buntkupfererz*, ein Kupfereisensulfid mit über 50% Cu, der metallisch blaue, blättrige *Covellin* CuS mit 66% Cu, der schwarze *Kupferglanz* Cu_2S mit 80% Cu; ferner gibt es eine Reihe von Kupfer-

Antimon-Schwefelverbindungen, unter welchen besonders das metallisch graue *Fahlerz* Cu_3SbS_3 zu nennen ist; in diesem ist das Kupfer oft in beträchtlichen Mengen durch Zink, Eisen, Silber oder Quecksilber ersetzt; der Kupfergehalt schwankt daher zwischen 20 und 40%; eine stellenweise in großen Mengen auftretende Verbindung des Kupfers mit dem Arsen und dem Schwefel ist der dunkelgraue, metallische *Enargit* Cu_3AsS_4 mit 47% Kupfer. In der Verwitterungszone der Kupferlagerstätten findet sich das Kupfer auch in reiner metallischer Form als *Gediegenes Kupfer*, welches als Verunreinigung in der Regel wenige Prozent Eisen enthält; dicke Bleche und zentnerschwere Klumpen von gediegenem Kupfer wurden in den Kupferlagerstätten oft in bedeutenden Mengen gefunden und gefördert. Darüber hinaus trifft man in der Verwitterungszone der Kupferlagerstätten das Kupfer noch reichlich in oxydischer Form an, entweder als dunkelrotes *Rotkupfererz*[1] Cu_2O (mit 88% Kupfer) oder als erdige, braunschwarze *Kupferschwärze*, die vornehmlich aus *Tenorit* CuO (mit 80% Cu) besteht; ferner finden sich in der Verwitterungszone häufig verschiedene wasserhaltige Kupferkarbonate, so besonders der giftgrüne *Malachit* (welcher dem Edelrost entspricht) und der dunkelblaue *Azurit (Kupferlasur)*; größere schalig aufgebaute und schön gezeichnete Malachitmassen finden, zu Platten verschliffen oder zu kunstgewerblichen Gegenständen verarbeitet, Verwendung. Darüber hinaus gibt es in der Verwitterungszone noch zahlreiche grüne oder blaue *Kupferphosphate, Kupferarsenate, Kupfersulfate, Kupfersilikate* und *Kupferchloride*. Ein durch seine schönen, tiefsmaragdgrünen Kristalle auffallendes, aber praktisch bedeutungsloses Kupfersilikat ist der *Dioptas* $CuSiO_3 . H_2O$.

Überwiegend wird das Kupfer als Reinmetall oder Legierungsmetall in der Metallindustrie für die verschiedensten Zwecke verwendet. Die bekanntesten Kupferlegierungen sind die *Bronze* (mit fast 10% Zinn), die schon frühzeitig zufällig bei der Verhüttung von Zinn-Kupfermischerzen entdeckt worden ist, das *Messing* und der rötliche, kupferreiche *Tombak* (über 80% Cu), beide Legierungen mit Zink; *Gelbguß* enthält neben Zink 65—80% Kupfer, *Weißguß* 20—25% Kupfer. *Talmi* ist vergoldeter Tombak, *Neusilber* ein Messing mit 10—20% Nickel, ebenso das *Nickelin*, das wegen seines hohen elektrischen Widerstandes für elektrische Widerstände verwendet wird; Legierungen von Kupfer mit Mangan und Aluminium sind stark magnetisch (*Heusler-Legierungen*). Die moderne Metalltechnik kennt und erzeugt aber noch viele andere Kupferspeziallegierungen, z. B. auch

---

[1] In feinkörnig-erdiger Ausbildung ist das Rotkupfererz hellrot und führt dann den Namen *Kupferziegelerz*.

mit den Leichtmetallen Aluminium, Magnesium und Beryllium. — Beträchtliche Mengen von Kupfer werden, vor allem aus Verhüttungsabfällen, für die Erzeugung von Kupferverbindungen verwendet; unter diesen stellt das Kupfersulfat (Kupfervitriol) ein wichtiges Schädlingsbekämpfungsmittel, das besonders im Weinbau ausgedehnte Verwendung findet, dar.

Der Weltnormalverbrauch an Kupfer überschreitet gegenwärtig jährlich den Betrag von zwei Millionen Tonnen; da die gegenwärtig verwendeten Kupfererze im Durchschnitt nur etwa 2% Kupfermetall enthalten, ist zur Deckung dieses Bedarfes eine jährliche Erzförderung von etwa 100 Millionen Tonnen nötig. Während der letzten Kriegsjahre überschritt allein der Kupferbedarf der Vereinigten Staaten von Nordamerika jährlich den Betrag von 2 Millionen Tonnen.

Kupfer muß heute — nach weitgehender Erschöpfung der früher weitverbreiteten kupferreichen, aber vorratsarmen Lagerstätten — überwiegend als Metall der westlichen Hemisphäre bezeichnet werden. Sowohl in Nordamerika (*Montana, Nevada, Utah, Arizona*), wie auch in Mittel- (*Mexiko*) und Südamerika (*Chile, Peru*) werden die bedeutenden Kupfererzlagerstätten durch ausgedehnte, gangförmige Vorkommen in Verbindung mit einer sehr umfangreichen Imprägnation der benachbarten Gesteinsmassen mit sulfidischen Kupfermineralien dargestellt; sie sind besonders in der Zersetzungszone abbauwürdig und enthalten in ihrer Gesamtmasse 1—2½% Kupfer; die chilenischen Vorkommen sind die metallreicheren. Aus derartigen, sehr ausgedehnten Lagerstätten, die teilweise im Tagbau ausgebeutet werden können und die man als "disseminated coppers ores" bezeichnet, wird heute weit mehr als die Hälfte der jährlichen Weltproduktion an Kupfer gewonnen. Die Erzmenge in diesen Lagerstätten beläuft sich auf viele Milliarden Tonnen, entsprechend einem Kupfermetallgehalt von 100—200 Millionen Tonnen. — Die *Vereinigten Staaten von Nordamerika* verfügen noch über eine Anzahl weiterer bedeutender und metallreicher Kupferlagerstätten, vor allem im Gebiete des *Oberen Sees*; von weltwirtschaftlicher Bedeutung ist noch die Kupferproduktion *Kanadas*, wo das Kupfer vor allem neben dem Nickel aus den Magnetkiesvorkommen im *Sudbury-Distrikt* anfällt, und die noch junge Kupfergewinnung aus bedeutend kupferreicheren Erzen im *Belgischen Kongo* und in *Rhodesien*.

Daneben tritt die *mexikanische, peruanische, japanische* und *russische* Kupfergewinnung stark zurück; Rußland vermag seinen Inlandsbedarf aus eigenen Erzen nicht zu decken. Im Jahre 1942 betrug die nordamerikanische Kupferproduktion nahezu 1 Million Tonnen, die chilenische 500.000 Tonnen, die kanadische und afrikanische je etwa 400.000 Tonnen und die russische und die japanische je etwa

100.000 Tonnen. — An den Bedürfnissen des Weltmarktes gemessen haben die europäischen Kupferlagerstätten keine Bedeutung mehr, spielen aber für die europäische Versorgung noch eine gewisse Rolle. *Spanien-Portugal* und *Jugoslawien* erzeugen jährlich je etwa 50.000 Tonnen Kupfer, im Ansteigen begriffen ist die *finnische* Kupferproduktion aus verschiedenen Lagerstätten; durch den Verlust des Gebietes von *Petsamo,* wo die Nickelerze ebenfalls mit Kupfererzen in Verbindung stehen, hat allerdings die finnische Rohstoffgrundlage auch im Hinblick auf die Kupferversorgung eine starke Einbuße erlitten. Die deutsche Kupferproduktion aus den höchstens einprozentigen, nur im Tiefbau auszubeutenden *Mansfelder Kupferschiefern* und aus dem Schwefelkies-Kupferkies-Vorkommen vom *Rammelsberg* im *Harz* — in diesen Lagerstätten setzte die Erzförderung schon im Mittelalter ein — ist mit jährlich kaum 20.000 Tonnen ebenso wie die sonstige europäische und die australische Kupfergewinnung weltwirtschaftlich bedeutungslos; die österreichische Kupferproduktion (Fahlerze mit Quecksilber von *Brixlegg* und *Schwaz* in *Tirol,* Fahlerze und Kupferkies von *Mitterberg* in *Salzburg*) z. B. ist verschwindend, gestaltet sich kostspielig und vermag selbst den Inlandsbedarf nur zum geringen Teile zu decken.

2. Blei und Zink.

Ähnlich wie Nickel und Kobalt treten die beiden Hauptmetalle *Blei* und *Zink* in der Natur fast immer auf das engste vergesellschaftet auf. Die Lagerstätten der beiden Metalle sind der Hauptsache nach hydrothermale Restkristallisationslagerstätten, die entweder in Form von Gangsystemen oder in Form von Imprägnationen (besonders in sedimentären Sandsteinen) und vor allem häufig und ausgedehnt in Form von *Verdrängungen* (*Metasomatosen*) in benachbarten, leicht löslichen Sedimentgesteinen (Kalksteine, Dolomite) entwickelt sind. Rein sedimentäre Bleizinklagerstätten treten wie kontaktmetamorphe Bleizinklagerstätten an Bedeutung mehr zurück. Bemerkenswert ist eine in den meisten Bleizinklagerstätten vorhandene Silberführung von wechselnder Höhe; heute wird ein großer Teil des jährlich erzeugten Silbers als Nebenprodukt bei der Verhüttung der Bleizinkerze gewonnen, da die eigentlichen reichen Silberganglagerstätten („Edle Gänge“ des Bergmannes im Gegensatz zu den unedlen silberärmeren Bleizinkerzgängen) weitestgehend ausgebeutet sind. Wie die Zahl der Kupfermineralien ist auch die der Bleimineralien eine sehr bedeutende, dagegen ist die Zahl der wichtigen Zinkmineralien gering.

Die Bleigewinnung erfolgt fast ausschließlich aus dem natürlichen Bleisulfid, dem weichen, metallisch glänzenden, grauen *Bleiglanz* PbS (mit 87% Pb) und seinen oxydischen Umsetzungsprodukten in der

Verwitterungszone. Die primären Bleiantimonschwefelverbindungen haben sehr wechselmäßige Zusammensetzung; sie treten aber gegenüber dem Bleiglanz an wirtschaftlicher Bedeutung sehr stark zurück und treten in der Natur immer nur in Verbindung mit diesem, welcher den Charakter der Lagerstätten in allen Fällen bestimmt, auf. Unter diesen Bleisulfosalzen, die häufig stengelig bis faserig ausgebildet sind, sei hier nur das häufig dünnfaserig, filzig ausgebildete, metallisch dunkelgraue *Federerz* von der Formel $Pb_2Sb_2S_5$ (mit 50% Pb und 30% Sb) genannt. Ein metallisch glänzendes, graues, kupferhaltiges Bleiantimonsulfosalz ist der *Bournonit* $CuPbSbS_3$ (mit 42% Pb und 13% Cu); seine häufig zahnradförmig eingekerbten Kristallaggregate haben ihm von Seiten des Bergmannes den Namen *Rädelerz* eingetragen. Im Eisernen Hut der Bleizinklagerstätten trifft man vor allem das farblose bis schmutzigweiße Bleikarbonat, das *Weißbleierz* $PbCO_3$ (mit 78% Pb) und das erdige, weiße, wasserhaltige Bleikarbonat, den *Hydrocerussit* an; ferner sind aus dieser Zone vor allem noch zu nennen: Das farblose bis weiße Bleisulfat, der *Anglesit* $PbSO_4$ (mit 68% Pb), das braune oder grüne *Buntbleierz* (*Pyromorphit*), ein Bleiphosphat von der Zusammensetzung $Pb_5[PO_4]_3Cl$, mit 77% Pb, das bei den Vanadiummineralien schon genannte rotbraune, lebhaft glänzende *Vanadiumbleierz* (*Vanadinit*) $Pb_5[VO_4]_3Cl$; für besondere Lagerstätten ist das tieforangerote *Rotbleierz* (*Krokoit*), ein Bleichromat von der Zusammensetzung $PbCrO_4$ mit 64% Pb und das orange- bis graugelbe *Gelbbleierz* (*Wulfenit*), das Bleimolybdat $PbMoO_4$ mit 56% Pb und 26% Mo zu nennen. Ferner treten in der Verwitterungszone der Bleizinklagerstätten unter bestimmten Umständen verschiedene Bleichloride auf; letztere fanden sich auch auf antiken Bleierzschlacken, die in alten Zeiten ins Meer geworfen worden waren und jetzt für die Gewinnung der Restmetalle neu gehoben werden (Laurion in Griechenland) als Neubildungen vor und ebenso an Bleiplattenbelägen von gesunkenen Schiffen früherer Kulturepochen. In der Verwitterungszone von Bleikupferlagerstätten werden auch blaue, wasserhaltige Bleikupfersulfate und Bleikupferchloride angetroffen, z. B. der *Linarit (Bleilasur)* $(OH)_2PbCuSO_4$.

Das technisch gewonnene Zink stammt fast ausschließlich von der lebhaft glänzenden, oft durchscheinenden, gelben bis schwarzen *Zinkblende*, dem Zinksulfid ZnS (mit 67% Zn) und deren Zersetzungsprodukten in der Verwitterungszone. Unter diesen sind besonders die beiden weißen, grünen oder braunen *Galmei*-Arten zu nennen; der *Kohlengalmei* besteht im wesentlichen aus dem Zinkkarbonat $ZnCO_3$ (mit 52% Zn) und dem wasserhältigen Zinkkarbonat *Hydrozinkit*, der *Kieselgalmei* besonders aus dem wasserhaltigen Zinksilikat $H_2Zn_4Si_2O_9$ (*Kieselzinkerz* mit 61% Zn). In der ausgedehnten, für die nordamerikanische Zinkversorgung sehr wichtigen, bleiarmen, kontaktmetamorphen Zinkerzlagerstätte von *Franklin* in *New Jersey* treten als herrschende Zinkmineralien nicht das Sulfid, sondern das rote, manganhaltige Zinkoxyd *(Rotzinkerz* (Zn, Mn)O mit ca. 80% Zn) und der schwarze, manganhaltige Zinkspinell *Franklinit* (Zn, Mn)Fe_2O_4 (mit ca. 20% Zn) auf; daneben findet sich hier das Zink auch in Form des Silikates *Willemit* (Zn, Mn)$_2SiO_4$ (mit etwa 50% Zn).

Die Verwendung des Bleies als Metall und auch für die Herstellung von Erdfarben ist eine uralte. Auch das Zink steht legiert mit Kupfer als Messing usw. (S. 51) schon sehr lange in Gebrauch. Relativ jung ist aber seine Verwendung als reines metallisches Zink für die Herstellung von Zinkgegenständen und für die Zwecke der Verzinkung von Eisengeräten (verzinkte Drähte und Bleche); diese Verwendung geht erst auf das vergangene Jahrhundert zurück und damit steht im Zusammenhang, daß bis dahin das bei der Bleigewinnung in großen Mengen anfallende Zink lange Zeit unverwertbar war. Heute ist das keineswegs mehr der Fall. — Außer in der Metallwarenindustrie finden sowohl Blei wie Zink ausgedehnte Verwendung in der Erdfarbenindustrie. Bleiweiß und Zinkweiß sind künstlich hergestellte Karbonate der beiden Metalle, von denen besonders das erstere wegen seiner Deckkraft und des Glanzes als Weißfarbe geschätzt ist; es wurde schon im Altertum als weiße Anstrichfarbe verwendet. Eine sehr gesuchte, weiße, zinkhaltige Erdfarbe von hoher Beständigkeit und Deckkraft stellt die *Lithopone* dar, ein Gemenge von Zinksulfid (um 30%) und Bariumsulfat, das durch Reduktion von Schwerspat $BaSO_4$ mit Kohle und Wechselfällung des so entstandenen Bariumsulfides mit Zinksulfatlösungen gewonnen wird; letztere fällt bei entsprechender Behandlung von zinkhaltigen Erzröstrückständen, die sich für die Zinkmetallgewinnung nicht eignen, mit Schwefelsäure an. Von Bedeutung für die ausgedehnte deutsche Lithoponeindustrie ist, daß das wichtigste Schwerspatlager (Meggen in Westfalen) in enger Verbindung mit dem größten deutschen Schwefelkieslager steht, das ungewöhnlich stark mit Zinkerzen durchsetzt ist. Eine rote, Eisengegenstände vor Rost schützende Bleifarbe ist die Mennige Pb_3O_4.

Diese Verwendung der beiden Metalle in der Erdfarbenindustrie, wie überhaupt die verhältnismäßig geringe Beständigkeit und starke Abnutzbarkeit der Zink- und vor allem der Bleigegenstände, bringt es mit sich, daß Blei und Zink nur in sehr geringem Umfange als Altmaterial der Neuverwertung zugeführt werden können; daher ist die Versorgungslage der Technik mit diesen beiden Metallen auf weite Sicht hinaus ziemlich bedrohlich, vor allem auch deswegen, weil die metallreichen Bleizinkerzlagerstätten längst weitgehend erschöpft sind und der Bleizinkerzbergbau jetzt schon meist in zwar ausgedehnten, aber verhältnismäßig metallarmen metasosmatischen und Imprägnationslagerstätten umgeht. Aus den jetzt bekannten Lagerstätten kann die Versorgungsmöglickeit der Weltwirtschaft in Blei und Zink im gegenwärtigen Umfange nur mehr für 2 bis 3 Jahrzehnte als gesichert gelten.

Die jährliche Weltproduktion von jedem der beiden Metalle überschreitet wie beim Kupfer 2 Millionen Tonnen stark. Mehr als die Hälfte der Bleizinkproduktion stammt heute aus metasomatischen Lagerstätten. Etwa 2 Fünftel der Weltzinkproduktion und 1 Viertel der Weltbleiproduktion entfallen auf die *Vereinigten Staaten von Nordamerika*; mit einer Jahreskapazität von 300.000 Tonnen steht *Polen* heute in der Zinkproduktion an zweiter Stelle, hinsichtlich der Bleiproduktion nach den Vereinigten Staaten von Nordamerika mit einer Produktion von mehr als einer halben Million Tonnen und nach *Australien* und *Mexiko* mit einer Jahresproduktion von je 300.000 Tonnen neben *Kanada* mit einer Jahreproduktion von 200.000 Tonnen an vierter Stelle. Hohe jährliche Produktionszahlen in Blei weisen noch auf: *Spanien*[1] 150.000 Tonnen, *Burma* 100.000 Tonnen, *Jugoslawien* und *England* je 70.000 Tonnen; über eine ähnlich hohe Bleiproduktion dürfte das verkleinerte *Deutschland* noch verfügen. In der Zinkgewinnung stehen an dritter Stelle nebeneinander *Kanada*, *Mexiko* und *Belgien* (vorwiegend aus Erzen aus dem Belgischen Kongo) mit je etwa 200.000 Tonnen, an vierter Stelle neben *Australien* das verkleinerte *Deutschland* und *Italien* mit je etwa 100.000 Tonnen; für europäische Verhältnisse von Bedeutung ist noch die *spanische*, die *englische* und die *norwegische* Zinkgewinnung mit jährlich je etwa 50.000 Tonnen. — Die *russische* Blei- und Zinkproduktion hat zweifellos schon ein sehr hohes Ausmaß erreicht und dürfte die 100.000 Tonnen-Grenze für jedes der beiden Metalle weit überschritten haben; verläßliche Zahlen darüber sind nicht bekannt. *Österreich* kann mit einer Jahreskapazität von etwa 8000 Tonnen für Blei und 4000 Tonnen für Zink aus der metasomatischen Lagerstätte von *Bleiberg* in Kärnten seinen eigenen Bedarf an beiden Metallen knapp decken, dabei steht einem Bedarfsabgang beim Zink ein kleiner Überschuß bei Blei gegenüber.

3. Cadmium.

Das *Cadmium* ist kein Hauptmetall; da es aber in der Natur immer mit dem Zink auf das engste vergesellschaftet ist und da es auch lange Zeit ohne Abtrennung vom Zink verwendet wurde, sei es an dieser Stelle besprochen.

---

[1] Bis zur Jahrhundertwende hatte Spanien die Weltführung in der Bleiproduktion.

Eigene Cadmiumlagerstätten gibt es nicht; eigene Cadmiummineralien sind sehr selten. Alle Zinkblenden und deren Umsetzungsprodukte enthalten 0,2—5% Cadmium und zwar reichert sich das Cadmium im Eisernen Hut der Zinkerzlagerstätten gegenüber dem Zink an, ist also besonders reichlich in den Galmeis enthalten. Selbständig tritt das Cadmium auf den Bleizinkerzlagerstätten stets nur in geringer Menge in Form des erdigen, gelbgrünen *Greenockites* CdS (mit 77% Cd) auf.

Für die Technik ist das Cadmium ein junges Metall; früher isolierte man es von dem Zink, mit dem es gemeinsam gewonnen und verarbeitet wurde, nicht. Im Jahre 1919 betrug die Weltproduktion an Cadmium knapp 100 Tonnen bei einem Preise von 4 Dollar pro Kilogramm, im Jahre 1928 1.100 Tonnen bei einem Preise von 1 Dollar pro Kilogramm, im Jahre 1941 belief sich die Weltcadmiumproduktion auf über 7000 Tonnen. Mit der steigenden Zinkgewinnung ging in den letzten Jahren naturgemäß eine gesteigerte Cadmiumgewinnung Hand in Hand, vor allem deswegen, weil sich immer mehr Anwendungsgebiete für dieses Metall ergaben. Es wird heute zum Plattieren von Stahl und Eisen an Stelle des Nickels oder mit diesem legiert verwendet; Nickelcadmiumakkumulatoren werden hergestellt. Cadmiumlegierungen werden vielfach für den Bau von Fahrzeugkarosserien an Stelle der schweren Baustähle verwendet. Ähnlich ist die Verwendung von Cadmiumlegierungen im Flugzeugbau; auch Motorenbestandteile werden aus Cadmiumlegierungen mit Vorteil hergestellt; ferner findet Cadmium als Rostschutzüberzug für diese Verwendung. Cadmiumverbindungen finden in der Farbindustrie Verwendung, rasch härtendes Cadmiumamalgam in der Zahntechnik.

An der Weltcadmiumproduktion sind die *Vereinigten Staaten von Nordamerika*, das Haupterzeugungsland für Zink, mit mindestens 50% beteiligt; dann folgen *Mexiko*, *Kanada* und *Australien* (besonders *Tasmanien*); für die europäische Versorgung wichtig und ausreichend ist die Cadmiumproduktion von *Polen* und *Deutschland*; darüber hinaus wird heute Cadmium in allen zinkerzeugenden Ländern als Nebenprodukt gewonnen. — Cadmium ist teurer als Kobalt; es kostet gegenwärtig etwa 5 Dollar pro kg.

4. Gallium, Thallium und Indium.

Diese drei seltenen Metalle werden ebenfalls in größerer Anreicherung in verschiedenen Zinkblenden angetroffen.

Das *Thallium* kommt auf hydrothermalen Erzgängen außerdem in Form von selbständigen Mineralien zusammen mit Schwefelkies und Antimonsulfiden vor; von diesen sei nur der lebhaft rote, stark glänzende *Lorandit* TlAsS$_2$ (mit 59% Tl) genannt.

Die beiden anderen Metalle bilden keine selbständigen Mineralien; das *Gallium* ist nicht nur in einzelnen Zinkblenden in geringen Mengen anzutreffen, sondern der Hauptsache nach, allerdings in noch geringeren Mengen, über die verschiedenen, zahlreichen Aluminiummineralien verstreut. — Das *Indium* tritt in sehr geringen Mengen in Zinkblenden bevorzugt auf, konnte aber ebenfalls, allerdings nicht so allgemein und in geringerem Ausmaße wie das Gallium in Aluminiummineralien nachgewiesen werden.

Die technische Bedeutung der drei seltenen Metalle ist gering: Thallium wird zur Herstellung von allerdings sehr kostspieligen, aber in sehr verdünnten Lösungen wirksamen Giften gegen pflanzliche und tierische Schädlinge, ferner als Imprägnationsmittel für Holz benutzt, außerdem in Verbindungsform in der Laboratoriumstechnik; Lösungen von Thalliumsalzen zeichnen sich durch ein sehr hohes spezifisches Gewicht aus; sie werden daher zur Trennung von Gemischen von festen Stoffen nach ihrem spezifischen Gewicht verwendet.

Gallium wird in geringem Umfange bei der Herstellung von Speziallegierungen verwendet. Es schmilzt schon bei $29,7^0$ und besitzt im geschmolzenen Zustande einen sehr tiefen Dampfdruck; daher kann es ähnlich wie das Quecksilber gut als Thermometerfüllung, aber für Temperaturbereiche zwischen 30 und 1000^0 verwendet werden; auch sonst kann man Gallium mehrfach vorteilhaft statt Quecksilber verwenden.

Indium hat technisch kaum noch eine Verwendung gefunden.

5. Zinn.

Geochemisch verhält sich das *Zinn* wie das Wolfram; es ist wie dieses ein typisches Element der sauren, pneumatolytischen Restkristallisationen und tritt mit dem Wolfram dementsprechend auch meist eng vergesellschaftet auf; die primären Zinnerzlagerstätten sind pneumatolytischer Natur, ihr Hauptmineral ist der braune, lebhaft glänzende *Zinnstein* SnO_2 mit 79% Sn; er tritt wie der Wolframit in Gesellschaft von Quarz und Feldspäten und von Lithiummineralien auf; in Verbindung mit diesen Lagerstätten wird der schwere und widerstandsfähige Zinnstein, wie der Wolframit und häufig zusammen mit diesem in Seifenvorkommen angereichert angetroffen; alle primären Zinnstein-Wolframit-Lagerstätten sind ringsherum von Zinnerzseifen umgeben; die leichte Isoliermöglichkeit der Zinnsteinkörnchen (*Seifenzinn*) aus den Seifen macht auch noch Sande (Seifen) technisch auswertbar, welche weniger als 1% Zinnstein enthalten. In den primären Lagerstätten überwiegt entweder der Wolframit oder der Zinnstein.

Neben dem Zinnstein gibt es nur noch ein Zinnmineral, das für die Zinngewinnung von Bedeutung ist; es ist dies der dem Kupferkies ähnliche, nur mehr grün metallisch glänzende *Zinnkies* oder *Stannin* Cu_2FeSnS_4 (mit 27% Sn und 29% Cu); er ist weit weniger verbreitet als der Zinnstein und an sulfidische pneumatolytische Lagerstätten gebunden.

Das Zinn wird fast ausschließlich in metallischer Form verwendet, vor allem als Reinmetall für die Herstellung von Zinngegenständen oder auch in Form von Lötzinn; etwa 5% der jährlichen Zinnproduktion werden mit Kupfer zu Bronze legiert verwendet, ebenso viel werden ungefähr zu Stanniol (Zinnfolie) verarbeitet. Die jährliche Weltproduktion an Zinn beläuft sich gegenwärtig auf über 250.000 Tonnen; sie ist durch Kartellbindungen beschränkt, was angesichts der nicht sehr großen Vorräte an Zinnerzen weltwirtschaftlich zu begrüßen ist. Mehr als zwei Drittel der jährlichen Zinnerzförderung stammt aus *Ostasien* (*Malayenstaaten* etwa 35%, *Niederländisch Indien* (besonders die Inseln *Banka* und *Billiton* in der Nordwestecke des Archipels) über 20%, *Siam* etwa 8%); von weltwirtschaftlicher Bedeutung ist noch die *Bolivianische* Zinnerzförderung (über 15%); die Zinnerzförderung im *Belgischen Kongo* und in *Nigerien* ist ähnlich hoch wie die siamesische und beträgt damit je etwa 8% der Weltproduktion. Geringe Bedeutung hat die *chinesische* und *indische* Zinnerzförderung; auch *Rußland* gewinnt seit einer Reihe von Jahren steigende, aber nicht näher bekannte Mengen an Zinn aus eigenen Erzen. — Die *europäische* Zinnerzförderung, die einmal von ziemlicher Bedeutung war, ist infolge Erschöpfung der Lagerstätten (*Portugal, Sächsisch-böhmisches Erzgebirge, Cornwall*) verschwindend; es können nur wenige Prozent des europäischen Jahresbedarfes von etwa 100.000 Tonnen Zinn aus europäischen Erzen gewonnen werden; auch die *Vereinigten Staaten von Nordamerika* mit ihrem ähnlich hohen Jahresbedarf wie Europa sind fast ausschließlich auf die Einfuhr angewiesen; dies hatte z. B. während des letzten Krieges infolge der Absperrung von den ostasiatischen Lagerstätten zur Folge, daß man dort für Zwecke der Schutzplattierung von Eisen an Stelle des Zinns in größerem Umfange das Silber einsetzte. — Der gegenwärtige Bedarf an Zinn kann aus den bekannten Lagerstätten noch auf 2 bis 3 Jahrzehnte hinaus gedeckt werden.

Im Anschlusse an das Zinn sei kurz des seltenen Grundstoffes *Germanium* gedacht; dieses tritt konzentrierter nur in Begleitung von sulfidischen Zinnerzen in geringen Mengen in Form von selbständigen, sulfidischen Mineralien auf (*Sachsen, Bolivien, Südwestafrika*). Das Germanium ist nur von theoretischem Interesse.

6. Quecksilber.

Mit einer Beteiligung von nur etwa 0,00001 Prozent an der Zusammensetzung der Erdkruste ist das *Quecksilber*, das einzige Metall, welches sich bei gewöhnlicher Temperatur in flüssigem Zustande befindet, ebenso selten wie das Silber. Während der Gesteinsentstehungsprozesse erfährt es nur in bestimmten, an sich weit verbreiteten, aber in den meisten Fällen wenig ergiebigen hydrothermalen Restkristallisationen eine zur Lagerstättenbildung geeignete Anreicherung; in diesem Sinne haben sich bedeutende Quecksilberlagerstätten mehrfach im Zusammenhang mit starker nachvulkanischer Thermaltätigkeit gebildet. Begleitende Erze der Quecksilbermineralien auf ihren Lagerstätten sind meist nur Schwefelkies (S. 101) und Antimonglanz (S. 62).

Von praktischer Wichtigkeit ist unter den Quecksilbermineralien eigentlich nur der rote *Zinnober* HgS (mit 86% Hg). Im reinen Zustande lebhaft kirschrot, erscheint er aber auch in dichten, rotbraunen, schweren, kompakten Massen (sogenanntes *Leber- oder Stahlerz*) und häufig auch dicht eingesprengt als Imprägnation in Tonschiefermaterial, welches infolge Durchtränkung mit organischen Resten schwarz gefärbt ist und wegen der reichen Führung an Weichtierschalen als *Korallenerz* bezeichnet wird; in weißen Kalkstein eingesprengt erscheint der Zinnober hellrot, feinkörnig und wird in dieser Form als *Quecksilberziegelerz* bezeichnet.

Zu erwähnen ist noch, daß in gewissen Fahlerzen *(Quecksilberfahlerz oder Schwazit)* $(Cu, Hg, Zn)_3SbS_3$ das Kupfer stark durch Quecksilber ersetzt ist (bis zu 10% Hg); ferner tritt das Quecksilber in der Natur in der Verwitterungszone der Zinnoberlagerstätten in geringer Menge auch in Form kleiner Tröpfchen als *gediegenes Quecksilber* auf und nicht allzu selten, aber wenig reichlich in Form von natürlichen Schwermetallquecksilberlegierungen (Amalgame, z. B. *Silberamalgam*, *Palladiumamalgam* usw.)

Die Quecksilberlagerstätten sind entweder hydrothermale Ganglagerstätten oder Imprägnationslagerstätten (in Kalksteinen, Tonschiefern, Sandsteinen usw.). Der Zinnober ist chemisch widerstandsfähig; da er aber ein sprödes Mineral ist, reichert er sich nur in geringem Umfang in Seifenlagerstätten in nächster Nähe der ursprünglichen Erzvorkommen an. In die Verwitterungslösungen kommt viel zu wenig Quecksilber, als daß es in sedimentären Lagerstätten in Erscheinung treten könnte.

Quecksilber ist ein sehr wichtiges Metall. Es ist als reines Metall unentbehrlich für die Apparateindustrie (Thermometer, Barometer, Quecksilberunterbrecher, Quecksilberdampfdruckpumpen, Quecksilber-

dampflampen und vieles andere mehr). Legiert mit anderen Metallen
ist es für die Zahntechnik sehr wichtig, da sich die breiig-plastischen,
künstlichen Metall-Quecksilbergemische in kurzer Zeit unter Neukri-
stallisation der Amalgamkristalle erhärten. Quecksilberverbindungen
verschiedener Art — man denke z. B. an das Kalomel Hg_2Cl_2 und
das Sublimat $HgCl_2$ — finden in der Medizin Verwendung; in der
Form des Knallquecksilbers $Hg(CNO)_2$ wird es in bedeutenden Mengen als Initialsprengstoff für die Herstellung von Zündkapseln benötigt. Große Mengen von Quecksilber werden auch für Goldgewinnung nach dem Amalgamierungsverfahren gebraucht.

Quecksilber ist das einzige, seiner Herkunft nach überwiegende
europäische Metall. Die Weltquecksilbergewinnung belief sich im
Jahre 1938 auf etwa 6000 Tonnen, dürfte aber in den letzten Kriegsjahren die Höhe von rund 10.000 Tonnen erreicht haben, weil während des Krieges die russische und wenigstens vorübergehend die kalifornische, kanadische und mexikanische Produktion aus zahlreichen,
kleineren Vorkommen bedeutend verstärkt wurde.

Friedensmäßig kann die Jahresproduktionskapazität der beiden in
der Quecksilbergewinnung führenden Staaten *Spanien* (*Almadén* in
Mittelspanien)[1] und *Italien* (*Abbadia* in *Toscana*) auf je 2.500 Tonnen eingeschätzt werden. Infolge des Bürgerkrieges war die spanische
Produktion zeitweilig tief unter die italienische gesunken, hat diese
aber in den letzten Jahren wieder erreicht. In Europa hat eine größere Quecksilberproduktion noch *Jugoslawien* (*Idria* in *Krain*) und
Rußland (neu in Angriff genommene Lagerstätten im *Donezgebiet*
und im *Kaukasus*); die Produktion von Idria hat ihre Blütezeit überschritten, die russische ist in schnellem Anstieg begriffen, sie liegt
für beide Staaten bei etwa 500 Jahrestonnen; die Quecksilberproduktion der *Slowakei* (aus Quecksilberfahlerz), von *Westdeutschland* und
Österreich (Quecksilberfahlerz von *Schwaz* in *Tirol*, kleinere Zinno-
bervorkommen in *Oberkärnten* und *Osttirol*) ist unbedeutend und nur
in Kriegszeiten rentabel. — Außerhalb Europas erlangte während des
Krieges vor allem die *kalifornische* Produktion mit einer allerdings
nur kurzfristigen Jahreskapazität von etwa 2000 Tonnen[2] bei guten
Preisen aus zahlreichen kleineren Vorkommen Bedeutung; die Quecksilberproduktion von *Mexiko* überschreitet ebenso wie jene von *China*
und *Siam* die 100-Tonnengrenze kaum; aus nur unter günstigen Bedingungen abbauwürdigen Vorkommen erreichte während des Krieges vorübergehend *Kanada* (*Britisch Kolumbien*) eine Jahreproduk-

---

[1] Seit Beginn der Neuzeit wurden aus Almadén Erze mit insgesamt 200.000
Tonnen Quecksilber gefördert; das entspricht einem Geldwert von mehreren
hundert Millionen Dollar.

[2] Vor dem Kriege etwa 500 Tonnen.

tion von etwa 500 Tonnen. — Die Versorgungsmöglichkeit mit Quecksilber wird bei gleichbleibender Inanspruchnahme der Vorräte in wenigen Jahrzehnten auf Schwierigkeiten stoßen.

Die Quecksilberproduktion wird häufig statt in Tonnen in „Flaschen" angegeben; auch der Großverkauf erfolgt nach Flaschen; eine Flasche entspricht 34,5 kg Quecksilber.

7. Antimon.

Das *Antimon* ist mit nur 0,0001% am Aufbau der Erdrinde beteiligt und damit ein recht seltenes Metall.

Wie das Quecksilber ist auch das Antimon, das ersteres häufig begleitet, ein typisches Element der hydrothermalen Restkristallisationen. Primär tritt es nur in Form von Schwefelverbindungen auf. Es ist auf manchen hydrothermalen Bleizink-, Kupfer- und Silberlagerstätten reichlich anzutreffen, ebenso wie in selbständigen Ganglagerstätten. Bei der Verwitterung der sulfidischen Antimonerze bilden sich Sauerstoffverbindungen verschiedener Art, von denen das Antimonoxyd Sb_2O_3 recht beständig ist, sodaß es sich stellenweise in von den primären Vorkommen nicht sehr fernen Flußstreifen anreichert. Ein Teil des Antimons geht aber auch in die Verwitterungslösungen ein und wird mit anderen Schwermetallen zusammen in geringer Konzentration und sulfidischer Form aus diesen ausgeschieden (z. B. Mansfelder Kupferschiefer).

Die Zahl der Antimonmineralien ist eine sehr große. Vielfach haben wir dieses Element schon als Bestandteil von Schwefelantimonverbindungen der Schwermetalle (besonders Kupfer, Blei und Silber; *Fahlerze, Giltigerze* usw.) kennengelernt. Das weitaus wichtigste Antimonmineral ist aber das in grau metallisch glänzenden, langprismatischen Kristallen oder stengeligen Massen auftretende, schon an der Kerzenflamme schmelzende Antimonsulfid, der *Grauspießglanz* oder *Antimonit* Sb_2S_3 (mit 72% Sb). Auch als *Gediegenes Antimon* ist das Metall in der Natur gelegentlich anzutreffen. Von den Antimonoxyden ist vor allem der häufig in schönen, durchscheinenden Oktaedern auftretende, sonst erdig weiße *Senarmontit* Sb_2O_3 (mit 83% Sb) und der gleich zusammengesetzte, stengelige *Weißspießglanz* neben den wechselnd zusammengesetzten, gelben, wasser- und häufig bleireichen *Antimonockern* zu nennen. Ein auffallendes Antimonmineral ist der in dunkelroten, nadeligen Kristallen auftretende *Rotspießglanz* oder *Kermesit* Sb_2S_2O (mit 75% Sb).

Antimon wird in großem Umfange als Legierungsmetall für die Härtung des Bleies (Hartblei) benötigt; das Hartblei, dem auch Zinn zulegiert wird, findet als Metall für Drucklettern und für Geschoßfüllungen Verwendung Auch die chemische Industrie macht vom Antimon für die Herstellung verschiedener Präparate, z. B. von Brechweinstein, Gebrauch. In der Bleistiftminenfabrikation wird dem Graphit etwa 20% Antimonit neben Ton zugesetzt.

Das Antimon wird zum größeren Teil aus eigenen Antimonitlagerstätten gewonnen, zum geringeren Teil als Nebenprodukt bei der Blei-, Kupfer- und Silbergewinnung. Für die Herstellung des Hartbleies haben die natürlichen Bleiantimonvorkommen den Vorteil, daß das Antimon vom Blei bei der Verhüttung der Erze gar nicht erst getrennt zu werden braucht; diese Antimonmengen lassen sich statistisch gar nicht recht erfassen.

Die gegenwärtige Weltproduktion an dem auch nur mehr für eine Frist von wenigen Jahrzehnten zur Verfügung stehenden Antimonmetall beträgt etwa 30.000 Tonnen. Es ist ein ostasiatisches Metall geworden, denn etwa 2 Drittel der Weltproduktion stammen aus *China* (zahlreiche Antimonitgänge und Senarmonitseifen in *Hunan*), auch *Japan* ist mit einigen Prozent an der Jahresweltproduktion beteiligt. In Europa werden jährlich in *Jugoslawien* und in *Frankreich* (*Zentralplateau*, *Bretagne*, *Korsika*, *Algier*) je etwa 2000 Tonnen gewonnen. Mit je einigen hundert Tonnen sind in Europa noch *Österreich* (Antimonitgänge von *Schlaining* im *Burgenland*, in geringerem Umfange in *Oberkärnten*), die *Slowakei* und *Italien* an der Antimonproduktion jährlich beteiligt. Während des letzten Krieges wurde vor allem zugunsten der antimonarmen Vereinigten Staaten von Nordamerika, die von ihrer ostasiatischen Versorgungsbasis abgeschnitten waren, die südamerikanische Antimongewinnung sprunghaft, aber zweifellos nur kurzfristig gesteigert: *Bolivien* erreichte eine Produktion von etwa 10.000 Jahrestonnen und *Peru* eine solche von etwa 2000 Jahrestonnen.

Für die österreichische Wirtschaft von Schaden ist es, daß sie gegenwärtig über keine Antimonhütte verfügt. Durch den Zwang zur Verhüttung der Erzkonzentrate in Belgien geht ein sehr großer Teil des Devisengewinnes verloren; dieser Verlust ist gerade beim Antimon sehr beträchtlich, weil der Weltmarktpreis dieses Metalles im Laufe der letzten Jahre auf das Vierfache gestiegen ist und gegenwärtig nahezu 1 Dollar pro Kilogramm beträgt.

8. Wismut.

Dieses dem Antimon in vieler Beziehung verwandte Metall ist fünfmal seltener als das Antimon und ist damit durchschnittlich etwas häufiger als das Silber und das Quecksilber. Ausnutzbare Konzentrationen erreicht es nur in den Kristallisationen aus den sehr heißen pneumatolytisch-hydrothermalen Restlösungen; es tritt daher häufig in Verbindung mit Zinnerzen auf.

Das *Wismut* kommt fast ausschließlich in Form des stengeligen, gelblich metallisch glänzenden *Wismutglanzes* Bi_2S_3 (mit 81% Bi) vor; auch *Gediegenes Wismut* ist nicht allzu selten.

Bei der Verwitterung bildet sich ein schweres, aber sprödes Wismutkarbonat. Eine Anreicherung in Seifen oder sonst in sedimentärer Form findet nicht statt.

Das tiefschmelzende Metall Wismut (Schmelzpunkt 271⁰) wird hauptsächlich zur Herstellung tiefschmelzender Legierungen (mit Blei, Zinn und auch Cadmium) verwendet (Schnellotlegierungen, elektrische Sicherungen, Klischeeguß). Auch an der „Weißmetall" genannten Legierung für Achsenlager ist Wismut stark beteiligt. In der chemischen Industrie dient Wismut als Katalysator bei gewissen chemischen Prozessen. Wismutsalze werden in der Medizin verwendet (Herstellung von für Röntgenstrahlen undurchlässigen Magen- und Darmbelägen usw.), ferner auch in der Porzellan- und Glasindustrie als Färbemittel und als Ersatz eines Teiles des Bleies bei der Herstellung von Bleiglas.

Die Weltproduktion an Wismut beläuft sich auf jährlich etwa 100 Tonnen. Meist wird es nur in geringen Mengen neben anderen Metallen bei der Verhüttung ihrer Erze gewonnen, denn eigentliche Wismutlagerstätten gibt es außer in *Bolivien* nicht. Die einmal wichtigen Wismutvorkommen (zusammen mit Zinn- und Wolframerzen) im *Böhmisch-Sächsischen* Erzgebirge sind weitgehend erschöpft, die Produktion an Wismut beträgt hier nur noch wenige 100 kg jährlich. Eine geringe Wismutproduktion haben in Europa noch *Rumänien* und *Norwegen*, bedeutend ist der Anteil *Spaniens* an der Weltproduktion. Über 50% der Weltwismutproduktion stammen aus *Bolivien* (Wismuterzgänge und wismutführende sulfidische Zinnerzgänge); bedeutend ist auch die Wismutproduktion *Australiens* (*Tasmanien*), geringfügig die Wismutproduktion in *USA.* und *China.*

B. Leichtmetalle.

Seit dem Beginn dieses Jahrhunderts dringen die Leichtmetalle auf dem Metallmarkt immer weiter vor und erobern sich immer neue Anwendungsgebiete. Dies hat vornehmlich drei Gründe:

Erstens sind die technischen Verfahren zur Gewinnung der Leichtmetalle erst seit wenigen Jahrzehnten soweit entwickelt worden, daß man sie in großen Mengen bei hinreichend niederen Gestehungskosten aus ihren natürlichen Verbindungen isolieren kann.

Zweitens hat man erst im Laufe der letzten Jahrzehnte auf Grund von Laboratoriums- und Großversuchen die hervorragenden Eigenschaften der Leichtmetalle in reiner Form und vor allem in Legierungsform für metalltechnische Zwecke kennengelernt.

Drittens nötigt die Beschränkung der Vorräte an vielen Schwermetallen die Menschheit dazu, nach vollwertigen Ausweichprodukten zu suchen; für viele Belange wurden in den Leichtmetallen, vor allem in den in unerschöpflichen Mengen zur Verfügung stehenden Metallen Aluminium und Magnesium, Stoffe gefunden, die in jeder Beziehung den an sie gestellten Anforderungen entsprechen, ja die Erwartungen sogar übertreffen, wozu sich der für viele Zwecke unausgleichbare Vorteil des geringen Gewichtes gesellt.

1. Aluminium.

Mit einem Prozentsatz von 7½ ist das *Aluminium* der gewichtsmäßig dritthäufigste Grundstoff im zugänglichen Teile des Erdballes. Primär ist es ein wesentlicher Bestandteil der Aluminiumsilikate der magmatischen Gesteine, unter denen als besonders aluminiumreich die häufigsten Silikate, nämlich die Feldspäte (*Kalifeldspat* $K[AlSi_3O_8]$ mit 10% Al und *Kalknatronfeldspäte* (Ca, Na) $[(Al, Si)_4O_8]$ mit 10 bis 20% Al, ferner der *Nephelin* $Na[AlSiO_4]$ mit 19% Al und der *Leuzit* $K[AlSi_2O_6]$ mit 12% Al zu nennen sind. Die Verwitterung der Silikatmineralien in den primären Gesteinen führt unter Wegfuhr des Natriums, Kaliums, Calciums, Magnesiums, Eisens und Mangans, teilweise auch des Siliciums, zu einer bedeutenden Anreicherung des Aluminiums in den Gesteinsrückständen, die entweder in Form von Tonerdehydraten oder in Form von wasserhältigen Tonerdesilikaten als Rückstände an Ort und Stelle verbleiben, während nur Teile des Aluminiums durch die Verwitterungslösungen in Form von feinschuppigen, silikatischen Tonblättchen oder in kolloidaler Lösung abtransportiert und anderwärtig als Tonsubstanzen abgelagert werden. Die für die Aluminiumgewinnung wichtigsten Mineralien sind die Tonerdehydrate *Hydrargillit* $Al_2O_3 . 3 H_2O$ (mit 34% Al) und der wasserärmere *Diaspor* $Al_2O_3 . H_2O$ (mit 45% Al). Beide zusammen in feinster Verteilung und verunreinigt mehr oder weniger durch Eisenoxydhydrate, aber auch durch wasserhaltige Titan- und Manganverbindungen, bilden das an Ort und Stelle des ursprünglichen Gesteines (das auch ein Sedimentgestein sein kann [1]) verbleibende Gestein *Bauxit*. Wegen der Beimengungen an Eisen sind die Bauxite gelb bis rotbraun gefärbt. Gute Bauxite enthalten 50—60% Tonerde Al_2O_3, was 25—30% Aluminium entspricht; für die Tonerde- und Aluminiumgewinnung unerwünscht sind vor allem größere Beimengungen von silikatischen Verunreinigungen in den Bauxiten.

---

[1] So entstehen durch die Verwitterung unreiner, sedimentärer Kalksteine häufig die sogenannten *Kalkbauxite* (im Gegensatz zu den aus Silikatgesteinen entstandenen *Silikatbauxiten*).

Die silikatischen Zersetzungsprodukte der primären, wasserfreien Aluminiumsilikate, die *silikatischen Tonminerale*, die in der Regel feinstschuppig-blättrig ausgebildet sind und nur in geringem Umfange auch aus hydrothermalen Restlösungen unmittelbar entstanden sein können, sind als wasserhaltige Aluminiumsilikate recht wechselnd zusammengesetzt. Die verbreitetsten unter ihnen sind der *Kaolin* $(OH)_4Al_2[Si_2O_5]$ mit 21% Al und der *Montmorillonit* $(OH)_2Al_2[Si_4O_{10}] . H_2O$ mit 14% Al. Wasserfreier Montmorillonit ist der *Pyrophyllit* mit 15% Al, der nur in Form von hydrothermalen Kluftfüllungen als weißes bis grünes, blättriges oder feinstschuppig-dichtes Mineral auftritt. Der weiche, dichte und leicht zu bearbeitende Pyrophyllit wird als *Bildstein* besonders in Ostasien zu kunstgewerblichen Gegenständen verschnitten.

Die ursprünglich als lockere Lehme und Letten in mehr oder weniger fein verteilter Form abgesetzten, silikatischen Tonmineralien, die auch einen wichtigen Bestandteil der mit Humussubstanzen durchtränkten Kulturböden darstellen, und die stoffähnlichen, chemisch-sedimentären Ausfällungsprodukte bilden die tonigen Sedimentgesteine verschiedenen Reinheitsgrades, die häufig infolge der Mitablagerung und Einschließung von organischen Verwesungsresten schwarz gefärbt sind; es sind dies die verschiedenen *Schiefertone* und *Tonschiefer*; sie enthalten bis zu 16% Aluminium. Im Wege der Metamorphose und unter Kaliaufnahme schon während der Sedimentation aus den Verwitterungslösungen gehen sie in die ebenfalls tonerdereichen, feinstschuppigen bis grobblättrigen *Phyllite* und *Glimmerschiefer* über. — Der Bauxit ergibt im Wege der Metamorphose unter Wasserabgabe die *Schmirgelsteine*, die im wesentlichen das Mineral *Korund* (Tonerde Al_2O_3 mit 53% Al) enthalten, daneben aber auch Eisenoxyd, Titanoxyd und untergeordnet silikatische Aluminiumverbindungen; diese Schmirgelsteine, die die aluminiumreichsten Gesteine darstellen, treten aber nirgends in so großen Mengen auf, daß sie — trotz ihres hohen Aluminiumgehaltes, welcher um 40% liegt — als Ausgangsprodukte für die Tonerde- und Aluminiumgewinnung dienen könnten.

Die Weltgewinnung an *Gemeinem Korund* (unreine Kristalle aus Graniten, Pegmatiten und Seifen) und an *Schmirgel* (*Smirgel* = metamorpher Bauxit) belief sich vor einigen Jahren noch auf etwa 15.000 Tonnen, ist aber im Absinken begriffen. An der jährlichen Produktion ist mit 2 Drittel *Griechenland* (Schmirgel auf der Kleinasien vorgelagerten Insel *Naxos*) beteiligt, dann folgen *Südafrika* (*Osttransvaal*, gemeiner Korund) mit einer Jahreshöchstgewinnung von etwa 3000 Tonnen, dann *Kanada* (*Ontario*) und die *Vereinigten Staaten von Nordamerika* (Gemeiner Korund); ziemlich unbedeutend ist die Gewinnung in der *Türkei* (Schmirgel in der Gegend von *Smyrna*) und auf *Madagaskar* (Gemeiner Korund).

Der Schmirgel und Gemeine Korund werden in ausgedehntem Umfang als Schleifmaterial in der Stein- und Metall-, ja selbst in der Holzindustrie verwendet, und zwar entweder in Form einer mehr oder weniger grobkörnigen Splittermasse oder in Form von Schmirgelpapier, Schmirgelleinen usw.; die Kantigkeit der Splitter macht neben der Härte und relativen Zähigkeit dieses Material für Schleifzwecke besonders wertvoll.

Der sogenannte „bayrische Schmirgel" ist kein Korund, sondern das viel weniger harte Silikatmineral *Granat* (S. 165), das in reiner Form bei guter Farbe (gelbgrün oder rot) ebenfalls für Schmuckzwecke Verwendung findet. Der bayrische Schmirgel, der in größerem Umfang in Ostbayern gewonnen wird, stellt einen minderwertigen Ersatz für den echten Schmirgel dar; bestimmte, feste, granatführende metamorphe Gesteine finden als *Wetzschiefer* (*Ardennen* in *Belgien*) in ähnlicher Weise für die Herstellung von Schleif- und Wetzsteinen Verwendung.

Der Korund, nach dem Diamant das härteste Mineral, wird heute vielfach durch noch härtere synthetische Produkte ersetzt; vor allem durch das Siliciumcarbid (Karborund); als Folge davon ist die Gewinnung an natürlichen Korundmineralien stark zurückgegangen.

Edle Korunde werden vor allem in *Südostasien* und *Madagaskar* aus Edelsteinseifen gewonnen. Kleine, unreine *Rubine* (rot) werden in der Präzisionsmechanik (Uhrenindustrie usw.) als Decksteine und Zapfenlager verwendet.

Ein kontaktmetamorphes Aluminiummineral ist der wie der Korund (*Rubin*, wenn rot; *Saphir*, wenn blau usw.) in seinen schöngefärbten Varietäten als Edelstein verwendete, harte *Spinell* (*Rubinspinell*, wenn rot; *Saphirspinell*, wenn blau) Al_2MgO_4 mit 38% Al; unreiner Spinell findet ebenso wie der noch härtere Korund als Schleifmaterial Verwendung; für die Aluminiumgewinnung ist er zu selten. Die edlen Spinelle werden vielfach zusammen mit den edlen Korunden aus Seifen gewonnen. In kontaktmetamorphen Gesteinen und sonstigen metamorphen Gesteinen finden sich die als feuerfestes Material und für die Herstellung von Zündkerzen verwendeten Aluminiumsilikate *Andalusit* und der oft blaue *Disthen;* beide haben die gleiche Zusammensetzung Al_2SiO_5 (mit 33% Al). Auch sie kommen wegen ihrer geringen Verbreitung als Ausgangsmaterialien für die Aluminiumgewinnung nicht in Frage.

Auf jeden Fall sind das wichtigste Ausgangsprodukt für die Aluminiumgewinnung heute die kieselsäurearmen Bauxitgesteine, die in zahlreichen Lagerstätten, die besonders durch die Verwitterung in heißen, trockenen Gebieten entstanden sind und noch im Laufe langer Zeiträume entstehen, in gewaltigen Mengen als Verwitterungsprodukte verschiedener geologischer Epochen angesammelt sind. Es sind wohl auch schon Verfahren ausgearbeitet worden, um tonderreiche, silikatische Mineralien und Gesteine (Nephelin, Leuzit, Kaolin, Kalkfeldspat, Tonschiefer, Andalusit) für die Aluminiumgewinnung heranzuziehen. Diese Versuche können als durchaus gelungen gelten und doch erscheinen sie zur Zeit als krampfhaft, da eine gesunde Weltwirtschaft zweifellos noch auf Jahrhunderte hinaus für die Tonerdegewinnung *nicht* zu diesen weit verbreiteten, dafür weniger wertvollen Ausgangsprodukten zu greifen braucht. Solche Versuche hat man im Laufe des letzten Jahrzehntes, aus örtlichem Bauxitmangel in einzelnen Wirtschaftsgebieten, in Deutschland mit Kaolin, in Italien mit Vesuv-Leuzit, in Norwegen mit Kalkfeldspat, in Schweden mit Andalusit, in Japan mit Schiefertonen angestellt und aushilfsweise auch in die Praxis umgesetzt; größere praktische Bedeutung scheinen aber nur die russischen Versuche mit dem leicht aufschließbaren Nephelin erlangt zu haben. Dieses Mineral fällt nämlich in Rußland als Nebenprodukt bei der Phosphatgewinnung aus den umfangreichen Nephelinapatitlagerstätten [1] der Halbinsel *Kola* in *Nordrußland* in großer Menge in recht reiner Form an.

Der Bauxit wird aber nur zu etwa 60% für die Zwecke der Aluminiumgewinnung gefördert. Teilweise wird er zu künstlichem Schmirgel gebrannt, der wegen seiner Härte so wie der natürliche Schmirgel als Schleifmaterial ausgedehnte Verwendung findet; ferner werden aus Bauxit feuerfeste Steine für verschiedene Zwecke der Hüttenindustrie hergestellt und schließlich werden große Mengen Bauxit zur Herstellung von schnellhärtenden und besonders festen Spezialzementen durch Verarbeitung mit Kalkstein verwendet (Bauxitzement oder Elektrozement). Für letzteren Zweck können auch eisenreiche Bauxite, die sich für die Tonerdegewinnung weniger eignen, mit Vorteil benutzt werden.

Aluminium, von dem 1 dm³ nur 2,7 kg wiegt, wird in der Regel nicht als Reinmetall, sondern in geringem Umfange mit anderen Metallen legiert verwendet; diese verschiedenen Legierungen sind verschiedenen Ansprüchen angepaßt. Als Legierungselemente für Aluminium werden hauptsächlich Kupfer, Nickel, Magnesium, Silicium, Mangan und Zink verwendet. Das *Duraluminium* mit etwa 4½% Cu, 1½% Mg und 2% Ni, das *Silumin* mit 12% Si, das *Duranalium* mit 8% Mg und 1% Mn, das *Neonalium* mit 8% Cu, das *Magnalium* mit etwa 10% Mg, das *Hydronalium* mit 7% Mg und etwas Si sind vielver-

---

[1] Der *Apatit* ist ein Calciumphosphat; s. S. 124.

wendete Aluminiumlegierungen; eine Aluminiumlegierung mit über
80% Si ist das *Silical. Aluminiumbronzen* sind goldfarben, fest und zäh,
und enthalten neben Kupfer 5—10% Aluminium. Die Verwendung der
Aluminiumlegierungen ist eine sehr ausgedehnte; Bauteile für Fahr-
zeuge der verschiedensten Art, Apparate, Feuerwehrgeräte, Verklei-
dungsbleche, Freileitungsseile, Schwimmer, Hochbauteile, Folien, Ka-
rosserien, Kolben, Geschirr, Motorteile usw., werden aus Aluminiumlegierungen hergestellt. Bestimmte Siluminlegierungen kommen in
Zugfestigkeit, Härte und Biegefestigkeit nahe an Chromnickel- und
Nickelstähle heran.

In geringem Umfange wird die aus den Bauxiten gewonnene Tonerde in der chemischen Industrie zu anderen Aluminiumverbindungen verarbeitet, z. B. zu Alaun und essigsaurer Tonerde [1]. Aus reinem
Aluminiumoxyd werden gegen chemische Angriffe und hohe Temperaturen sehr widerstandsfähige Laboratoriumsgeräte hergestellt.

Ein Gemenge von Aluminium mit Fe_2O_3 gibt eine leicht ent-
zündbare Masse (Thermit), die beim Abbrennen Temperaturen bis
2400° entwickelt (Brandsatz in Brandbomben).

Für die bei 1000° erfolgende elektrolytische Gewinnung des Aluminiummetalles in der Massenerzeugung sind bedeutende Strommengen
nötig; die Aluminiumerzeugung ist daher nicht nur an den mineralischen Ausgangsstoff, sondern auch an die Beschaffbarkeit von billi-
gem elektrischen Strom gebunden. Bei der Billigkeit des Bauxites (der
Bauxit wird fast ausschließlich im Tagbau gewonnen, daher kostet
eine Tonne erstklassigen Bauxites nur etwa 7 Dollar; 100 kg Alu-
miniummetall sind dadurch nur mit etwa 2 Dollar Rohstoffkosten be-
lastet) hat sich die Aluminiumerzeugung sogar überwiegend in Staaten
festgesetzt, die nur über den zweiten, dafür notwendigen „Rohstoff‟,
den hydraulisch (Wasserkräfte!)[2] gewonnenen elektrischen Strom verfügen (USA., Deutschland, Schweiz, Norwegen, Kanada, Österreich).

Der Preis des Aluminiummetalles belief sich um die Mitte des
vergangenen Jahrhunderts noch auf über 1000.— Dollar pro Kilogramm; im Jahre 1886 kostete 1 kg Aluminium noch immer 25 Dollar;
erst die Verbesserung und völlige Neugestaltung der Gewinnungs-
methoden nach dem von BUNSEN im Jahre 1894 gefundenen elektrolytischen Verfahren machte eine billige Massenerzeugung und Verwendung unter Erzielung eines tragbaren Preises, der heute bei etwa

---

[1] Diesem Zwecke dienen auch hydrothermal oder durch Verwitterung
gebildete, natürliche Aluminiumsulfate, z. B. der Alunit (S. 146).

[2] Die Wasserkräfte sind für die Gewinnung elektrischen Stromes vielfach
noch sehr unvollkommen ausgenützt; in Österreich z. B. dient erst ein Fünftel der verfügbaren Wasserkräfte der Stromgewinnung.

ein Drittel Dollar pro kg liegt[1], möglich. Die Weltaluminiumgewinnung betrug im Jahre 1913 17.000 Tonnen, im Jahre 1929 300.000 Tonnen und dürfte heute über 2 Millionen Tonnen jährlich liegen; damit ist die Erzeugungsspitze der übrigen Hauptmetalle mit Ausnahme des Eisens, ungefähr erreicht;. auf Kubikmeter umgerechnet liegt die jährliche Aluminiumerzeugung heute sogar so hoch wie die Erzeugung der Hauptmetalle Kupfer, Blei, Zink und Zinn zusammengenommen. Führend in der Weltaluminiumproduktion sind heute die *Vereinigten Staaten von Nordamerika, Deutschland, Kanada* und *Rußland;* im Abstand folgen *Frankreich, Großbritannien, Norwegen,* die *Schweiz, Österreich* und *Italien;* auch andere Staaten streben durch den Aufbau neuer Gewinnungsanlagen danach, die eigenen Bauxite selbst zu verwerten, z. B. *Rumänien, Ungarn* und *Spanien.*

Das Haupterz für die Aluminiumgewinnung, der Bauxit, ist auch in Europa in ausgedehnten Lagerstätten verbreitet; *Ungarn, Jugoslawien, Frankreich,* das *europäische Rußland, Italien, Griechenland* und *Rumänien* verfügen über große Bauxitlager, deren Erzvorräte auf rund eine halbe Milliarde Tonnen zu veranschlagen sind. Außerhalb Europas gibt es große Bauxitlagerstätten im *asiatischen Rußland (Ural, Altaigebiet, Transkaukasien, Kasakstan, Baschkirien), Westafrika* (besonders *Goldküste), Südamerika (Niederländisch Surinam, Britisch Guyana), Niederländisch Indien* und *Britisch Indien.* Die *Vereinigten Staaten von Nordamerika* sind nicht reich an Bauxit; die Vorkommen in *Alabama, Georgia* und *Arkansas* sind keineswegs imstande, den Bauxitbedarf der Vereinigten Staaten zu decken. — Viele der außereuropäischen Bauxitvorkommen sind noch nicht erschlossen; im ganzen können die bekannten Weltbauxitvorräte auf etwa 2 Milliarden Tonnen eingeschätzt werden; diesen Vorräten steht gegenwärtig eine Jahresförderung von knapp 10 Millionen Tonnen gegenüber.

2. Magnesium.

Magnesium ist am Aufbau der zugänglichen Teile des Erdballes mit etwa 2% gewichtmäßig beteiligt[2]. In beträchtlichen Mengen geht es vor allem in Form von Magnesiumeisensilikaten in die basischeren magmatischen Gesteine ein, spielt aber in dieser Form für die Tech-

---

[1] Das ist wenig mehr als ein Drittel des Nickelpreises; wegen Überproduktion für den Normalbedarf ist der Preis 1947 noch weiter gefallen; so ist auch die österreichische Erzeugungskapazität von 60.000 Tonnen jährlich (was 180.000 KW erfordert) viel zu hoch gespannt.

[2] In den tieferen Zonen der Lithosphäre, deren Zusammensetzung jener der Steinmeteoriten entspricht, dürfte es wie das Eisen wesentlich häufiger (ungefähr 10 Gewichtsprozent) sein.

nik, besonders für die Metalltechnik, keine Rolle. Bei der Zersetzung basischer magmatischer Gesteine, besonders jener Gesteine, die fast nur aus *Olivin* $(Mg, Fe)_2SiO_4$ mit durchschnittlich etwa 25% Mg bestehen, kommt es unter der Einwirkung hydrothermaler Restlösungen unter Wasseraufnahme zur Herauslösung eines Teiles des Magnesiums aus den Silikaten und häufig zur baldigen Neuabscheidung desselben in Form eines weißen, erdigen Magnesiumkarbonates, des *Magnesites* $MgCO_3$ mit 29% Mg. Der wasserfreie Olivin geht dabei in den magnesiumärmeren wasserhaltigen *Serpentin* über; die so entstandenen Serpentingesteine enthalten das Serpentinmineral in faseriger *(Faserserpentin* und *Serpentinasbest)* oder blättriger Form *(Blätterserpentin)*. Die Serpentinmineralien haben die Zusammensetzung $(OH)_4Mg_3Si_2O_5$ mit durchschnittlich etwa 16% Mg; die Serpentingesteine sind überwiegend grün, oft schön gezeichnet und in dünnen Platten durchscheinend; sie werden daher zu Plattenbelägen und kunstgewerblichen Gegenständen verarbeitet. In den Serpentingesteinen tritt die dichte Abart des Magnesites, die als *Dichter Magnesit* (z. B. *Kraubath* in *Steiermark*) bezeichnet wird, in der Regel in Form von Gangnetzen auf. Bei diesen Vorgängen entstehende magnesiumreiche Lösungen können aber auch abwandern und zur Einwirkung auf sedimentäre Kalksteine kommen; diese Einwirkung führt zu einer allmählichen Verdrängung des Calciumkarbonates des Kalksteines durch das Magnesiumkarbonat; es entsteht aus dem Kalkstein im Umwege über das Zwischenglied *Dolomit* $MgCa(CO_3)_2$ (mit 19% Mg) ebenfalls wieder Magnesit, diesmal aber in grobkristalliner (grobspätiger) Form *(Spatmagnesit)*; es handelt sich also hier um eine Metasomatose, welche Kalksteine in großem Umfange erfassen kann *(Veitsch* in *Steiermark, Radenthein* in *Kärnten)*.

Bei der Verwitterung geht ein großer Teil des Magnesiums in die Verwitterungslösungen ein und wird aus diesen im Bereiche von abflußlosen Seen oder von austrocknenden Meeresteilen im Wege der Verdunstung des Lösungswassers in großem Umfange in Form von Ansammlungen von Magnesiumsalzen, im Bereiche der Ozeane auch in Form von gemischten Kaliummagnesiumsalzen ausgeschieden. Die wichtigsten dieser, vor allem in Form von ozeanischen Kaliummagnesiumsalzlagerstätten angesammelten Magnesiumverbindungen, die in Wasser durchaus ziemlich leicht löslich sind, sind: Der farblose bis rötliche *Carnallit*, ein wasserreiches Magnesiumkaliumchlorid von der Formel $KMgCl_3 . 6 H_2O$ (mit 9% Mg), der *Kieserit*, ein wasserhaltiges Magnesiumsulfat von der Formel $MgSO_4 . H_2O$ (mit 18% Mg) und der *Kainit* $MgSO_4 . KCl . 3 H_2O$ (mit 10% Magnesium); auch in Form des *Bittersalzes*, eines wasserreichen Magnesiumsulfates von der Formel $MgSO_4 . 7 H_2O$ (mit 10% Mg), wird das Magnesium besonders in Trockengebieten aus abflußlosen Seen ausgeschieden.

Die Metamorphose von magmatischen, magnesiumreichen Gesteinen führt unter Wasseraufnahme häufig zur Bildung schuppig-blättriger bis feinschuppig-dicht ausgebildeter, weicher, weit verbreiteter *Talkgesteine* (*Talkschiefer; Topfstein*, wenn unrein), deren dichte Abart als *Speckstein* technisch eine große Rolle als keramisches Material spielt und auch wegen ihrer leichten Bearbeitbarkeit ähnlich wie der Bildstein (S. 66) zu kunstgewerblichen Gegenständen verschnitten wird. Der in der Regel weiße bis grünliche Talk (S. 163) ist ein wasserhaltiges Magnesiumsilikat, in gewissem Sinne mit den Tonsilikaten (S. 155) vergleichbar, und hat die Zusammensetzung $(OH)_2Mg_3Si_4O_{10}$ (mit 19% Mg).

In kontaktmetamorph veränderten Sedimentgesteinen treten untergeordnet die magnesiumreichsten Mineralien auf. Es sind dies das Magnesiumhydroxyd *Brucit* $Mg(OH)_2$ (mit 42% Mg) und das Magnesiumoxyd *Periklas*, MgO mit 60% Mg; praktische Bedeutung haben diese beiden natürlichen Magnesiumverbindungen wegen der geringen Mengen, in denen sie auftreten, nicht.

Ähnlich wie beim Aluminium verwendet man auch beim Magnesium angesichts der großen Bestände an sonstigen leichter zu verarbeitenden Verbindungen für die Metallgewinnung die Magnesiumsilikate nicht. Das Magnesiummetall, das noch um ein Drittel leichter (1 dm³ wiegt 1,47 kg) als das Aluminium ist, wird einerseits aus den Carnallitgesteinen der Salzlagerstätten oder aus den in gewaltigen Mengen anfallenden Rückständen der Verarbeitung der Kaliummagnesiumsalzgesteine (S. 141) auf Kalidüngesalze auf elektrolytischem Wege gewonnen. Gerade die magnesiumreichen Rückstände der Kalisalzgewinnung waren in ihrer Masse lange Zeit unverwertbar; dieses Ausgangsprodukt für die Magnesiumgewinnung steht auf sehr lange Sicht hinaus in überreichen Mengen zur Verfügung, ist aber an wenige Vorkommensgebiete (besonders *Deutschland* und *Frankreich*) gebunden. Andererseits wird das Magnesiummetall aus Magnesit gewonnen (*Radenthein* in *Kärnten, USA., Großbritannien*), oder sogar aus den relativ magnesiumarmen, aber vielerorts in großen Mengen zur Verfügung stehenden Dolomit (*Frankreich, Schweiz, Australien*). In *Japan* wird sogar Meerwasser für die Magnesiumgewinnung herangezogen; für eine Tonne Magnesium ist dazu die Aufarbeitung von nahezu 2000 Tonnen Meerwasser notwendig[1].

Für die Metalltechnik ist das Magnesium ein noch jüngeres Metall als das Aluminium; aber der Verbrauch an diesem Leichtmetall

---

[1] In den USA. gewinnt man sowohl Magnesium wie auch kaustischen Magnesit (S. 121) durch direkte Fällung des Magnesiumoxydes aus dem Meerwasser.

steigt im selben Tempo an wie der Aluminiumverbrauch. Das Magnesium wird sowohl als Reinmetall, als auch als Legierungsmetall, vor allem in Aluminiumlegierungen, aber auch in Kupfer- und Zinklegierungen verwendet. Eine Anzahl solcher Legierungen wurden beim Aluminium erwähnt. Das *Elektronmetall* ist Magnesium mit 8% Al, etwas Zink, Silicium und Mangan, das wegen der hohen Festigkeit und des geringen Gewichtes im Flugzeug- und Automobilbau viel verwendet wird.

Relativ alt ist die Verwendung des Magnesiummetalles für Zwecke der Feuerwerkerei und als Blitzlicht in der Photographie[1]. Die Verwendung des Magnesiums in der Metalltechnik ist noch sehr jung. Im Jahre 1886 wurde Magnesiummetall erstmalig gewerblich durch Elektrolyse von Carnallit hergestellt; auch heute erfolgt die technische Darstellung des Metalles aus einer Schmelze von Magnesiumkaliumchlorid mit Flußspat (S. 146) elektrolytisch bei 700°. Die Entwicklung der Magnesiumerzeugung zeigt folgende kleine Tabelle 6:

Noch 1938 war Deutschland in der Weltmagnesiumproduktion mit 70% Beteiligung weitaus führend, die Vereinigten Staaten von Nordamerika erzeugten damals 10%, Großbritannien 7%, Frankreich 5%, die Schweiz und Japan je 3%, Österreich ½%. Während der letzten Kriegsjahre dürfte die Weltmagnesiumproduktion jährlich zwischen 200.000 und 300.000 Tonnen betragen haben, woran die Vereinigten Staaten von Nordamerika mit etwa 2 Drittel beteiligt waren. Der Magnesiumpreis ist gegenwärtig ähnlich hoch wie der Aluminiumpreis. Die während des Krieges erreichte Spitzenproduktion von 270.000 Tonnen ist für den Friedensbedarf vorläufig zu groß.

Tab. 6. Der Anstieg der Erzeugung von metallischem Magnesium

1926	300 Tonnen
1933	5.000 „
1934	9.000 „
1935	11.000 „
1937	20.000 „
1938	27.000 „
1939	35.000 „

3. Beryllium.

Mit einem Anteil von 0,0005% an der Zusammensetzung des zugänglichen Teiles des Erdballes ist das *Beryllium* das seltenste Leichtmetall. Es ist ein Element der pneumatolytischen Restkristallisationen und tritt besonders in den Pegmatiten nicht selten in Form von verschiedenen typischen Berylliummineralien auf. Das weitaus wichtigste und häufigste Berylliummineral ist der *Beryll* $Be_3Al_2[Si_6O_{18}] \cdot H_2O$, der häufig nicht unbeträchtliche Mengen der seltenen Alkalimetalle

---

[1] Die Lichtentwicklung eines abbrennenden Magnesiumdrahtes von 72 g ist gleich groß wie die von 10 kg Stearinkerzen!

Lithium, Rubidium und Cäsium enthält und bei beträchtlicher Härte in den schönfarbigen, durchsichtigen Abarten besonders als gelber *Goldberyll*, als blauer *Aquamarin*, als grüner *Smaragd* (die grüne Farbe ist durch einen geringen Gehalt an Chrom oder Vanadium bedingt) oder als *Rosaberyll* als Schmuckstein sehr geschätzt ist[1]. Der Beryll enthält ungefähr 5% Berylliummetall; er tritt in den Pegmatiten meist als undurchsichtiger, grüngelber *Gemeiner Beryll*, oft in meterlangen, zentnerschweren, säulenförmigen Kristallen auf. Auch in Seifenlagerstätten wird der harte und schwer zersetzliche Edle und Gemeine Beryll angetroffen. Das nächsthäufigste Berylliummineral ist der goldgelbe oder dunkelgrüne, ebenfalls sehr harte und als Edelstein geschätzte *Chrysoberyll* Al_2BeO_4 mit 7% Be; schließlich sei noch als noch selteneres, aber berylliumreichstes Mineral der farblos durchsichtige *Phenakit* Be_2SiO_4 mit 16% Be genannt; Vorkommen der beiden letztgenannten Mineralien ähnlich wie beim Beryll. Angesichts der großen chemischen Widerstandsfähigkeit der Berylliummineralien tritt das Beryllium nur in Spuren in die Verwitterungslösungen ein. Daher gibt es auch keine neugebildeten, sedimentären Berylliummineralien.

Für die Gewinnung des Leichtmetalles Beryllium kommt nur der Gemeine Beryll in Frage, der im allgemeinen beim Abbau der Pegmatite auf Feldspat und andere nutzbare Mineralien als Nebenprodukt gesammelt und der Verwertung zugeführt wird.

Die Verwendung des Berylliummetalles, das nur wenig schwerer als das Magnesium ist, ist eine recht beschränkte; keineswegs aber deswegen, weil es an Verwendungsmöglichkeiten mangeln würde, sondern weil dieses Metall zu selten ist und daher nur in beschränkten Mengen gewonnen werden kann. Trotz seiner teilweisen überragenden Eigenschaften für viele Zwecke der Metalltechnik kann daher das Beryllium wegen seiner natürlichen Seltenheit niemals anderen Leichtmetallen, wie z. B. dem Aluminium und dem Magnesium, den Rang ablaufen. Die Anwendungsmöglichkeiten des Berylliums in der Metallindustrie wären sehr ausgedehnt. Hervorragende Eigenschaften besitzen Beryllium-Nickellegierungen, Berylliumkobaltkupferlegierungen und Berylliumaluminiumlegierungen. Die ersteren zwei zeichnen sich durch große Härte aus, sie sind völlig rostbeständig, teilweise ungewöhnlich gut elektrisch leitend. Sie werden u. a. für die Herstellung von medizinischen Geräten und Kanülen verwendet. Unmagnetische widerstandsfähige Berylliumlegierungen finden z. B. für die

---

[1] Einwandfreie Smaragde sind ebenso wie einwandfreie Rubine (S. 67) viel teurer als Brillanten, besonders größere! Bester Aquamarin kostet nur etwa 20 Dollar pro Karat, andersfarbige Berylle höchstens 10 Dollar pro Karat.

Herstellung von Uhrengehäusen Verwendung. Wichtig ist auch die Verwendung des Berylliums in Salzform für die Herstellung von Spezialgläsern, die besondere Durchlässigkeit für die Röntgenstrahlen und die ultravioletten Strahlen zeigen.

Führend in der Weltberylliumproduktion, über deren beschränktes Ausmaß nähere Daten nicht bekannt sind, sind die *Vereinigten Staaten von Nordamerika*, welchen in den Staaten *Connecticut*, *New Hampshire* usw. recht ergiebige Beryllpegmatite zur Verfügung stehen; auch in *Deutschland* wurde ziemlich viel Beryllium aus eingeführten *skandinavischen* und *spanischen* Berylliumerzen gewonnen.

4. Lithium.

Am Aufbaue der zugänglichen Teile des Erdballes ist das leichte Alkalimetall *Lithium* mit vier Tausendstel Prozent beteiligt. Wie das Beryllium ist es ein typisches Element der pneumatolytischen Restkristallisationen; auch in Thermalquellen ist das Lithium manchmal angereichert.

Die für die Lithiumgewinnung wichtigen Mineralien sind:

Spodumen, ein Lithiumaluminiumsilikat von der Zusammensetzung $LiAl[Si_2O_6]$ mit 4% Li; der *Gemeine Spodumen* bildet in Pegmatiten oft sehr große, gelbliche oder grünliche Kristalle; es gibt aber auch sehr schön gefärbte (rosa oder grüne) Abarten, die als Schmucksteine geschätzt sind (*Kunzit* und *Hiddenit*).

Der weiße *Amblygonit*, ein fluorhaltiges Lithiumaluminiumphosphat von der Zusammensetzung $FLiAlPO_4$ mit 5% Lithium.

Der ebenfalls weiße *Petalit*, ein Lithiumaluminiumsilikat von der Formel $LiAlSi_4O_{10}$ mit 2% Li.

Die *Lithiumglimmer*; gut blättrig spaltende, grobblättrig oder schuppig ausgebildete, grünliche, rötliche oder rauchgraue Glimmermineralien von wechselnder Zusammensetzung mit 2—4% Li.

Lithium ist ein heute verschiedentlich angewendetes Legierungsmetall, das besonders für die Herstellung von Lagermetallen mitbenutzt wird. Gute Eigenschaften haben Lithiumkupferlegierungen. In größerem Umfange wird das Lithium in Form von Lithiumsalzen verwendet. Lithiumsalze geben der Flamme eine rote Färbung; darauf beruht ihre ausgedehnte Verwendung in der Feuerwerkerei; daneben werden Lithiumsalze in der Medizin (gegen gichtische Erkrankungen) und in der photographischen Technik verwendet, ebenso als Lötsalz für Aluminium. Lithiumsalze finden auch Verwendung bei der Herstellung von Glasuren (besonders als Ersatz für die giftig wirkenden Bleiglasuren) und dann für die Herstellung von leicht schmelzenden, für Röntgenstrahlen und ultravioletten Strahlen gut durchlässigen Gläsern (Lithiumberylliumgläser, Lithiumborgläser).

Lithiummetall und Lithiumverbindungen werden überwiegend in den *Vereinigten Staaten von Nordamerika* aus heimischen Rohstoffen gewonnen; man verwendet in den USA. den Spodumen und den Amblygonit, zwei Mineralien, die in *Kalifornien* und *Süddakota* in ausreichenden Mengen in pegmatitischen Gesteinen zur Verfügung stehen; in *Deutschland* werden für diese Zwecke Lithiumglimmer aus dem *Sächsisch-Böhmischen Erzgebirge* und aus *Mähren* verwendet.

Jährlich werden einige tausend Tonnen Lithiummineralien gewonnen und verarbeitet; das entspricht einem Lithiummetallinhalt von 50 bis 100 Tonnen. Gute Lithiumerze erzielen einen Preis von nahezu 100 Dollar pro Tonne.

5. Calcium und Silicium.

Diese beiden häufigen Leichtmetalle (das *Silicium* ist mit 25 Gewichtsprozent am Aufbau der zugänglichen Teile des Erdballes beteiligt und damit nach dem Sauerstoff der zweithäufigste Grundstoff überhaupt; *Calcium* ist an der Zusammensetzung der Erdrinde mit $3\frac{1}{2}\%$ beteiligt) finden in der Metalltechnik noch wenig Verwendung.

Das ziemlich spröde Silicium wird aus dem sonst viel verwendeten *Quarz* SiO_2 gewonnen. Es wird in den letzten Jahren in größerem Umfange als Zusatz von Leichtmetallegierungen verwendet, gewisse Aluminiumlegierungen enthalten sogar vorherrschend Silicium; auch Calciumsiliciumlegierungen finden in der Technik für Sonderzwecke in geringem Umfange Verwendung; ferner wird auch bei der Herstellung von Spezialstählen in geringem Umfang von Siliciumzuschlägen Gebrauch gemacht.

Auch das Calcium, das aus dem sonst in ungeheuren Mengen verwendeten Kalkstein (im wesentlichen *Calcit* $CaCO_3$) in untergeordneten Mengen in metallischer Form gewonnen wird, findet nur als Zuschlagsmetall in bestimmten Legierungen (mit Aluminium, Silicium, Eisen, Kupfer und vor allem zum Zwecke der Härtung von Blei) Verwendung.

6. Natrium und Kalium.

Die beiden häufigen leichten Alkalimetalle *Natrium* und *Kalium*, sind weich, tiefschmelzend und an der Luft wenig beständig; sie sind für die Metalltechnik bedeutungslos. Beide Metalle sind an der Zusammensetzung der zugänglichen Teile des Erdballes mit je etwa $2\frac{1}{2}$ Gewichtsprozent beteiligt. Die Gewinnung der beiden Alkalimetalle erfolgt aus dem *Steinsalz* NaCl und den verschiedenen *Kali-Salzen* der Salzlagerstätten; auf die gewaltige Bedeutung dieser Salze für die chemische Industrie und für die Düngemittelindustrie wird an anderer Stelle noch eingegangen werden (S. 139 ff.).

7. Barium und Strontium.

Diese beiden Erdalkalimetalle sind wesentlich seltener als die eben genannten 4 Leichtmetalle; gewichtmäßig ist das *Barium* am Aufbau der zugänglichen Teile der Erdkruste mit 0,04% beteiligt; das *Strontium* mit 0.03%; den Atomzahlen nach ist Letzteres etwas häufiger als das Barium. Verschiedene Verbindungen dieser beiden Metalle haben große technische Bedeutung, auf die an anderer Stelle eingegangen werden wird. Die Metalle selbst spielen aber in der Legierungsindustrie als unbedeutende Legierungszuschläge nur eine sehr untergeordnete Rolle. Gewonnen werden die beiden Leichtmetalle aus ihren sulfatischen und karbonatischen Mineralien, die nicht allzu selten sind (*Schwerspat* $BaSO_4$ mit fast 60% Ba, *Strontianit* $SrCO_3$ mit 60% Sr usw.). Vergl. auch S. 143 ff.

8. Cäsium und Rubidium.

Das seltene Alkalimetall *Cäsium*, das trotz des hohen Gewichtes seiner Atome nur zu höchstens 0,0005% am Aufbau der festen Erdkruste beteiligt ist, findet sich in starker Verdünnung in den Kaliumsilikaten der pegmatitischen Restkristallisationen und in manchen Beryllen (S. 73). Als eigentliches Cäsiummineral ist nur der ziemlich seltene, auf wenige Vorkommen beschränkte, pneumatolytisch gebildete *Pollucit* $Cs[AlSi_2O_6] \cdot H_2O$ mit maximal 40% Cs zu nennen (*Elba*, ferner besonders *Maine* und *Süddakota* in *USA.* und in *Nordschweden*).

Cäsium wird in neuerer Zeit in photoelektrischen Zellen und für Rundfunkverstärkerröhren verwendet; es ist das tiefstschmelzende Alkalimetall, sein Schmelzpunkt liegt bei 28.5^0.

Häufiger ist das Alkalimetall *Rubidium*; seine Gesamthäufigkeit in der Erdkruste beträgt gewichtmäßig 0,03%; es ist wie das Kalium schwach radioaktiv, was aber keine praktische Bedeutung hat. Primär ist es über die pegmatitischen Kaliummineralien (besonders Lithiumglimmer, Feldspäte) verstreut. Das Metall ist praktisch bedeutungslos.

In den Kalisalzen der ozeanischen Salzlagerstätten kann der Gehalt sowohl an Rubidium wie auch an Cäsium auf einige Hundertstel Prozent ansteigen; aus diesen Salzen können die als Reagenzien in den Laboratorien benötigten geringen Mengen an Rubidium- und Cäsiumverbindungen gewonnen werden (*Deutschland*).

C. Edelmetalle.

Zu den Edelmetallen zählt man die Metalle *Silber*, *Gold* und die 6 Metalle der *Platingruppe*, die später noch im einzelnen genannt werden. Mit Ausnahme des Silbers sind sie dadurch gekennzeichnet, daß sie sehr zögernd chemische Verbindungen eingehen; dadurch ist ihre bedeutende chemische Widerstandsfähigkeit, die von großer laboratoriumtechnischer Bedeutung ist, gegeben. In Verbindung mit dem hohen spezifischen Gewicht ist diese Eigenschaft für ihre starke Anreicherung in Edelmetallseifen (Goldseifen, Platinseifen) verantwortlich.

An der Zusammensetzung der zugänglichen Teile des Erdballes sind sie nur mit einigen Millionstel Prozent (Silber) oder Bruchteilen von Millionstel Prozent beteiligt, ja bei einigen Platinmetallen sinkt die Häufigkeit auf Teile von einem Milliardstel Prozent herab. Daß sie überhaupt teilweise in relativ größeren Mengen gewonnen werden können, hängt damit zusammen, daß sie sich primär mit anderen, häufigeren Schwermetallen entweder (Platinmetalle) überwiegend in den frühmagmatischen Kristallisationen oder in den sulfidisch-arsenidischen, hydrothermalen Restkristallisationen nicht unbeträchtlich und sekundär in den Seifen anreichern. Wie das Kupfer kommen die Edelmetalle in der Natur auch in gediegener Form vor, natürliche Verbindungen derselben sind nur beim Silber häufig und überwiegend.

Die Produktionszahlen der Edelmetalle werden vielfach in Unzen (1 Unze = 31,1 Gramm) angegeben; auch die Bewertung erfolgt vielfach bezogen auf die Unze.

1. Silber.

In den hydrothermalen Lagerstätten ist das *Silber* häufig engstens mit den Bleizinkerzen verknüpft. Silberreiche Bleizinkerzgänge bezeichnet man als *edle* Gänge. Der Silbergehalt der metasomatischen Bleizinkerzlagerstätten (S. 53) ist im allgemeinen niedrig. Im Gefolge der silberreichen Erzgänge treten aber auch gelegentlich Kobalt- und Uranerzgänge auf (*Sächsisch-Böhmisches Erzgebirge, Kanada*). In anderen, geologisch meist jüngeren Gangsystemen ist das *Silber* mit dem Gold meist eng vergesellschaftet, wobei in den Lagerstätten entweder die Gold- oder die Silberführung überwiegt.

Zu diesen Goldsilbererzgängen gehört die größte Edelmetallkonzentration, die dem Menschen bekannt wurde. Es ist dies der *Comstock Lode* in *Nevada*, der im Jahre 1859 von dem später im Elend verstorbenen Kanadier COMSTOCK entdeckt worden ist. Es handelt sich um einen Silbergolderzgang von mehreren Kilometern Länge und teilweise hundert Metern Mächtigkeit; aus diesem einzigen Gang wurden innerhalb der ersten dreißig Jahre nach der Entdeckung fast 5000 Tonnen Silber und über 200 Tonnen Gold gewonnen, entsprechend einem Geldwerte von mehreren 100 Millionen Dollar; im Jahre 1889 wurde der Bergbau in 1000 m Tiefe durch Heißwassereinbrüche zum Erliegen gebracht; erst in diesem Jahrhundert kam er in diesem

Erzvorkommen, das noch längst nicht erschöpft ist, unter Einsatz entsprechender technischer Mittel schleppend wieder in Gang, ohne jemals wieder seine alte Bedeutung erlangt zu haben.

Das Silber gelangt in geringem Umfang aus den primären Lagerstätten auch in die Verwitterungslösungen. Aus diesen wird es der Masse nach noch vor Erreichen der Ozeanbecken (es ist aber im Meerwasser auch noch in Spuren nachweisbar!) durch im Wege der organischen Verwesung und Bakterientätigkeit gebildeten Schwefelwasserstoff als Silbersulfid meist zusammen mit anderen Schwermetallen abgeschieden oder in Trockengebieten auch als schwerlösliches Silberchlorid. Auch in der Verwitterungszone der primären Silberlagerstätten bildet sich gelegentlich Chlorsilber in größerem Umfange; ja, wenn durch besondere Umstände im Grundwasser Alkalijodide und Alkalibromide vorhanden sind (Atakamawüste in Chile), können sich in der Natur in Berührung mit Silberlösungen auch Silberjodid und Silberbromid bilden.

Im Gegensatz zu den anderen Edelmetallen tritt das Silber wegen seiner geringen Beständigkeit niemals als Bestandteil von Edelmetallseifen auf.

Die Zahl der Silberminerale ist eine sehr große. Außer dem metallischen oder *Gediegenen Silber*, das in schwachlegierter Form oft in beträchtlichen Mengen in Form von Drähten, Platten, Blechen oder Klumpen vor allem in der Verwitterungszone der Silberlagerstätten angetroffen wurde, ist in erster Linie das Silbersulfid Ag_2S, der *Argentit* (mit 77% Silber), ein geschmeidiges, metallisch graues, wie das Silber an der Luft bald schwarz werdendes Mineral zu nennen. Vom mittelalterlichen Bergmann wurde der Argentit oder *Silberglanz* wegen seiner Geschmeidigkeit auch als *Weichgewächs* bezeichnet u. zw. im Gegensatz zu den spröden Silbermineralien, die er als *Röschgewächs* bezeichnete. — Dann gibt es zahlreiche Schwefelarsen- und Schwefelantimonverbindungen des Silbers in der Natur, welche der mittelalterliche Bergmann als *Giltigerze* im Gegensatz zu den silberfreien Erzen bezeichnete. Die Giltigerze wurden vom Bergmann je nach der Farbe wieder näher gekennzeichnet. Das *Weißgiltigerz* ist ein silberreiches *Fahlerz* $(Cu, Ag, Zn)_3SbS_3$ (S. 51) mit bis 10% Ag; das lebhaft kirschrote *Helle Rotgiltigerz* hat die Zusammensetzung Ag_3AsS_3 (mit 65% Ag), das dunkelrote *Dunkle Rotgiltigerz* die Zusammensetzung Ag_3SbS_3 mit 60% Ag und 23% Sb); noch silberreicher ist das schwarze, tafelige *Schwarzgiltigerz* von der Zusammensetzung Ag_5SbS_4 (mit 68% Ag und 15% Sb); ein Silberantimonid ist der metallisch rötlichweiße *Dyskrasit* Ag_3Sb mit 73% Ag, ein Silbertellurid der *Hessit* Ag_2Te (mit 63% Ag). Das nichtmetallische, gelbgraue, aber am Licht schnell schwarz werdende Chlorsilber $AgCl$ (mit 75% Ag) wird auch *Hornsilber* genannt; es ist weich und leicht zu schneiden und wurde deshalb von den Bergleuten im Mittelalter und in früheren Jahrhunderten, wo es z. B. in Sachsen und im Harz stellenweise reichlich angetroffen wurde, zu kunstgewerblichen Gegenständen verschnitten.

Der Bestand an all diesen mannigfaltigen Silbermineralien ist in den Lagerstätten schon stark zurückgegangen. Mehr als 80% des jährlich gewonnenen Silbers stammen heute nicht mehr aus eigentlichen Silbermineralien, ja überhaupt nicht mehr aus eigentlichen Silberlagerstätten, sondern sie fallen bei der Verarbeitung von unedlen Bleizinkerzen an, deren Bleiglanz fast immer etwas Silber in Sulfidform eingeschlossen enthält (10—100 Gramm Ag pro Tonne), als Nebenprodukt an. Auch aus komplex zusammengesetzten, sedimentären Schwermetallsulfidlagerstätten stammen als Nebenprodukt nicht unbeträchtliche Mengen des jährlich gewonnenen Silbers, z. B. aus den Mansfelder Kupferschiefern. Eine sedimentäre Silberlagerstätte besonderer Art ist der Silbersandstein von *Washington Cy* im Staate *Utah* (USA.); in diesem an Pflanzenresten reichen Sandstein, in welchem das Silber in Sulfidform, in den oberen Partien auch in Form von Hornsilber und Gediegenem Silber auftritt, bildet das Silber und seine Verbindungen neben der Kieselsäure das Versteinerungsmaterial.

Das Silber findet, ganz abgesehen von seiner Verwendung als Münzsilber und als Schmucksilber, ausgedehnte technische Verwendung. Als Metall muß es wegen seiner geringen Härte (abgesehen von dem chemisch reinen Silber für Laboratoriumsgeräte) für die meisten Zwecke durch Zulegierung von Kupfer, Zink, Cadmium oder Zinn gehärtet werden; meist wird das Silber 12karatig (gleich 50prozentig) verwendet; auch bei Münz- und Schmucksilber ist eine Zulegierung von anderen Metallen nötig. Silberpalladiumlegierungen finden für die Herstellung von Spinndüsen und Schreibfedern Verwendung, andere Legierungen für die Herstellung von Bestecken und Apparaten der verschiedensten Art. Silber dient auch zum Plattieren von Stahl, für die Herstellung von Spiegeln, chirurgischen Prothesen usw. In der chemischen Industrie findet das Silber Verwendung als Katalysator (zur Förderung von chemischen Reaktionen) und für die Herstellung der verschiedensten chemischen Präparate, welche besonders ausgedehnte Verwendung in der photographischen Technik finden; auch für die Elektro- und Fernsehtechnik wird Silber verwendet; legiert mit Quecksilber zu Silberamalgam findet es in der Zahntechnik Anwendung.

Während noch um die Mitte des vergangenen Jahrhunderts die europäische Silberproduktion auf dem Weltmarkt führend war, muß heute das Silber als Metall der westlichen Hemisphäre bezeichnet werden. Die Jahreproduktion an Silber, die in gewissem Zusammenhang mit der Höhe der Bleizinkproduktion steht, belief sich vor dem Kriege auf etwa 10.000 Tonnen; davon wurde mehr als ein Viertel in *Mexiko*, mehr als ein Fünftel von den *Vereinigten Staaten von Nordamerika*, fast ein Zehntel von *Kanada* und ein Zehntel von *Bolivien* und *Peru* zusammen geliefert; über 4 Fünftel der Weltproduktion stammen somit aus Amerika. Mit je wenigen Prozent sind an der Weltproduktion an Silber beteiligt: *Rußland, Südaustralien, Deutschland* (vorwiegend aus den *Mansfelder* Kupferschiefern), *Japan und Britisch Indien.* Trotz teilweiser Bindung an die Förderung von Blei- und Zinkerzen ist doch die Silberproduktion während des Krieges wegen Erschöpfung bedeutender Silberminen und wegen Umstellung auf kriegswichtigere Sektoren des Bergbaues auf etwa 2 Drittel des Höchststandes gesunken.

Der Silberpreis beträgt gegenwärtig gegen 30 Dollar pro kg.

2. Gold.

Gold ist mindestens 20mal seltener als Silber; die natürlichen Goldanreicherungen sind primär ebenfalls hydrothermaler Natur; wegen des hohen spezifischen Gewichtes und der chemischen Beständigkeit erreicht aber das Gold wie die Platinmetalle in geologisch alten und jungen Seifenlagerstätten eine oft beachtliche Konzentration, die mit dem Vorteil der leichten Aufbereitung verbunden ist. — In die Verwitterungslösungen selbst tritt das chemisch widerstandsfähige Gold nur spurenweise ein; man findet es im Meerwasser noch in Mengen von einigen Tausendstel Milligramm pro m³, das ist etwa tausendmal weniger als der Silbergehalt des Meerwassers.

In den reichen hydrothermalen Goldvorkommen ist das Gold mit verschiedenen sulfidischen Schwermetallsalzen, vor allem auch mit Silber vergesellschaftet; die besonders goldreichen Erzgänge sind aber wie die besonders goldreichen Seifen schon weitestgehend erschöpft. In den heute noch bedeutungsvollen hydrothermalen Vorkommen ist das Gold entweder in feiner Verteilung an Quarz (*Goldquarz* der alten Goldquarzgänge) oder an Schwefel- und Arsenkiese (*goldhaltige Kiese*) gebunden, wobei der Goldgehalt die obere Grenze von 30 Gramm pro Tonne selten überschreitet, vielfach aber zwischen 5 und 10 Gramm pro Tonne liegt, womit je nach den besonderen Umständen der Lagerstätte die wirtschaftlich tragbare untere Grenze des Goldgehaltes der Erze erreicht ist. In den an kieselsäurereiche vulkanische Gesteine (die oft selbst auch eine weitgehende Umwandlung durch hydrothermale Restlösungen unter Bildung von wasserhaltigen Silikaten erfahren haben) gebundenen, erstgenannten Goldsilbererzgängen überwiegt in der Regel das Silber (Comstock Lode, S. 78); es kommt jedoch auch das Umgekehrte vor.

Das Gold tritt in der Natur überwiegend als goldgelbes, *Gediegenes Gold* auf; in dieser Form ist es immer mit einigen Prozent Fremdmetallen legiert; das gediegene Gold bildet oft baumförmig verästelte Kristallgruppen, oft erscheint es in Draht- oder Blechform oder in Form von winzigen Flittern; in den Verwitterungszonen der Goldlagerstätten, wo sich das Gold so wie das Silber vielfach angereichert hat, und in den Seifenvorkommen, beobachtet man es häufig auch in Form von größeren oder kleineren Klumpen. Der größte bisher in Seifen gefundene Goldklumpen hatte ein Gewicht von etwa 70 kg; infolge Herauslösung der Zusatzmetalle, besonders des Silbers, im Laufe der Verwitterung hat das Seifengold allgemein einen größeren Feingehalt als das gediegene Berggold der primären Vorkommen.

Fremdmetallreiche, natürliche Goldlegierungen sind z. B. das *Elektrum*, eine in der Farbe hellere Goldsilberlegierung und das natürliche *Palladiumgold*. Die in der Natur vorkommenden Goldverbindungen sind überwiegend weiche, metallische Telluride; verhältnismäßig häufig ist unter ihnen der wegen seiner schriftartig gruppierten, dunkelsilbergrauen Kristalle auch als *Schrifterz* bezeichnete *Sylvanit* $AuAgTe_4$ (mit 24% Au und 13% Ag) und der dunkel halbmetallisch-graue, dem blättrigen Eisenglanz ähnliche, aber viel weichere *Nagyagit*; er ist verhältnismäßig goldarm, reich an Blei und wird als blättrig ausgebildetes Tellurid auch *Blättertellur* genannt. — In den Kiesen erscheint das Gold wie im Quarz in geringen Mengen in gediegener Form in Flittern zwischen den Kristallen des Hauptminerals eingelagert.

Aus den jungen („rezenten") Flußseifen kann das Gold noch bei einem Gehalt von einem Gramm pro Tonne gewaschen werden. Bei in früheren geologischen Epochen entstandenen („fossilen") Seifen, bei denen der Abbau nur im Tiefbau erfolgen kann, darf der Goldgehalt auch unter sonst günstigen Bedingungen (billige Arbeitskräfte, bedeutende, gleichmäßige Vorratsführung des Seifengebietes) 5 Gramm pro Tonne nicht wesentlich unterschreiten; die ausgedehntesten und berühmtesten fossilen Goldseifen dieser Art sind die um die Jahrhundertwende entdeckten südafrikanischen.

Ist Gold ein wertvolles Metall? Der Wirtschaftler wird diese Frage mit „ja" beantworten, der Naturwissenschaftler und Techniker mit „nein" — Gold ist seiner großen Masse nach Münz- und vor allem und in viel größerem Umfange als das Silber Hortungsmetall. Die den Menschen aller, auch der frühesten Kulturepochen eigene Freude an Goldschmuck ist wegen des Glanzes, der Farbe und der Beständigkeit des Metalles durchaus begreiflich. Technisch dagegen ist das Gold ziemlich bedeutungslos. Abgesehen vom Feingold (24kar. Gold) für chemische und physikalische Apparate muß das Gold für technische

Belange (und auch zweckmäßig für abnutzungsgefährdete Schmuckstücke) wie das Silber durch Zulegierung von anderen Metallen (Kupfer, auch Zink, unter bestimmten Umständen auch Platin) gehärtet werden; auch als Münzmetall wird das Gold häufig mit 10% Kupfer legiert verwendet. Goldlegierungen sind auch bei nur 50prozentigem Goldgehalt noch chemisch recht widerstandsfähig. Verwendet wird das Gold für Füllfedern, als Zahnersatzmaterial, ferner als Blattgold für Beschläge usw. Durch Plattierung von anderen Metallen mit Gold wird das Golddoublé hergestellt.

Der Geldwert der jährlichen Goldproduktion beläuft sich größenordnungsmäßig gegenwärtig auf 1½ Milliarden Dollar. Ein bemerkenswertes Ereignis auf dem Goldmarkt der letzten Jahrzehnte ist die Aufnahme und der rasche Anstieg der Goldgewinnung in *Rußland* etwa seit dem Jahre 1930; dadurch errang sich Rußland von einer verschwindenden Produktionshöhe ausgehend innerhalb weniger Jahre den zweiten Platz unter den goldgewinnenden Ländern.

Folgende kleine Tab. 7 zeigt den raschen Anstieg der jährlichen Weltgoldproduktion.

Tabelle 7.

Um	das	Jahr	1600	jährlich	8	Tonnen	
,,	,,	,,	1700	,,	10	,,	
,,	,,	,,	1800	,,	20	,,	
,,	,,	,,	1850	,,	50	,,	(1851 Entdeckung der großen kalifornischen Goldvorkommen)
,,	,,	,,	1900	,,	200	,,	(Entdeckung der großen südafrikanischen Goldvorkommen)
			1930		600	,,	
			1935		800	,,	Zunehmende Einschaltung der russischen Goldgewinnung
			1939		1.100	,,	
			1940		1.200	,, [1]	

[1] Wert 1½ Milliarden Dollar (1 kg Gold = ca. 1200 Dollar).

In Amerika und in Südafrika wurde während der letzten Kriegsjahre die Goldgewinnung zugunsten der übrigen Bergbaubetriebe nicht unbeträchtlich eingeschränkt [1].

Gegenwärtig sind an der Weltgoldgewinnung beteiligt: *Südafrika* (besonders fossile Seifen) mit etwa einem Drittel, *Rußland* (besonders Goldseifen der sibirischen Flüsse und goldreiche Bleizinkkupfererze

---

[1] So wird die nun wieder steigende Goldproduktion der Vereinigten Staaten von Nordamerika für 1947 auf 60 Tonnen eingeschätzt, das ist weniger als die Hälfte der Vorkriegsproduktion.

6*

im *Altaigebiet*) mit etwa 20% [1], *Kanada* (besonders *Toronto*) mit 16%, *Vereinigte Staaten von Nordamerika* (Seifen- und Berggold besonders in *Kalifornien, Alaska* usw.) mit 12%, *Australien, Japan, Rhodesien* und die *Philippinen* mit je 3%, *Goldküste* und *Mexiko* mit je 2%, *Neuguinea, Korea* und *Schweden* mit je 1%.

Europa ist an der Weltgoldproduktion mit etwa 2% beteiligt. Seit wenigen Jahren führt in der europäischen Goldgewinnung *Schweden* auf Grund der Entdeckung ausgedehnter, goldreicher Arsenkieslagerstätten im nordschwedischen Gebiete von *Boliden;* die stark im Anstieg begriffene schwedische Goldproduktion überschreitet gegenwärtig die Höhe von jährlich 10 Tonnen; *Großrumänien* (zahlreiche kleine Gangvorkommen in Siebenbürgen, die vielfach schon in Römerzeiten ausgebeutet wurden) hat eine jährliche Goldproduktion von etwa 4 Tonnen, *Frankreich* eine solche von 3 Tonnen; *Jugoslawien* gewinnt jährlich etwa 1 Tonne Gold und *Deutschland* knapp 100 kg. Die Auswertung der österreichischen Goldquarz- und Goldkiesvorkommen in den *Hohen Tauern* (besonders im Bereich des *Radhausberges*), die einstmals recht gewinnbringend war, stößt angesichts der Höhenlage der Vorkommen und der Verarmung der Primärerze an Edelmetall auf bedeutende technisch-wirtschaftliche Schwierigkeiten.

3. Platinmetalle.

Im Gegensatz zu Gold und Silber sind die Anreicherungen der *Platinmetalle* an die magmatischen Frühkristallisationen, d. h. an die basischen magmatischen Gesteine (Olivingesteine, Serpentine usw.) und die mit ihnen zusammenhängenden sulfidischen Erze, besonders Magnetkies, gebunden; als Ausscheidungsprodukte der Restkristallisationen spielen die Platinmetalle nur eine sehr geringe Rolle; eine gewisse Ausnahme macht höchstens das *Palladium*.

Die sechs Platinmetalle, nach dem Atomgewicht geordnet, sind: *Ruthenium, Rhodium, Palladium, Osmium, Iridium* und *Platin*. Das häufigste von ihnen ist das Platin, es ist immerhin noch seltener als das Gold, das seltenste ist das Ruthenium, das etwa dreihundertmal seltener als das Platin und damit überhaupt einer der seltensten Grundstoffe ist.

Zu Beginn des 16. Jahrhunderts berichtete SCALIGER erstmalig in Europa von dem Vorkommen des „weißen Goldes" in Kolumbien, das von den Eingeborenen wegen seiner Unschmelzbarkeit sehr geschätzt war. Doch erst viel später im 18. Jahrhundert kam dieses Metall, nachdem es wieder völlig in Vergessenheit geraten war, nach Europa und wurde nach der spanischen Bezeichnung Plata Platin genannt. Im Laufe des 19. Jahrhunderts wurden die übrigen Platinmetalle, die mit dem Platin legiert auftreten, entdeckt.

---

[1] Sehr vorsichtige Schätzung!

Die Platinmetalle kommen fast ausschließlich in metallischer Form vor. Das *Gediegene Platin* ist immer, außer mit verschiedenen Platinmetallen, mit einigen Prozent Eisen [1] und Kupfer legiert. Je nach dem Vorwiegen des einen oder anderen Platinmetalles führen die natürlichen Legierungen verschiedene Namen, z. B. *Iridosmium*, *Platiniridium* oder *Osmiridium*. Osmiridium wird besonders in bestimmten Goldseifen *(Tasmanien, Witwatersrand* in Südafrika) gefunden, sodaß bei der Goldgewinnung aus diesen Vorkommen jährlich einige hundert Kilogramm von dieser gesuchten Legierung als Nebenprodukt anfallen. Eine natürliche Legierung des Goldes mit den Platinmetallen ist das *Aurosmirid* von der ungefähren Zusammensetzung Ir_2AuOs.

Das Platin kommt auch, wenn auch selten, in Form von Verbindungen vor. Die häufigste von ihnen ist der *Sperrylith* $PtAs_2$ (mit 57% Pt). Häufiger tritt das Palladium in hydrothermalen Vorkommen in Form von metallischen oder sonstigen Verbindungen auf, z. B. als (Pt, Pd)S_2 unter dem Namen *Braggit*, als *Allopalladium* und als *Potarit* (Legierungen des Palladiums mit dem Quecksilber), als *Stibiopalladinit* Pd_3Sb (mit 72% Pd), als *Palladiumgold* usw.

Die Verwendung des Platins und des Iridiums ist eine sehr vielseitige. Es sind wirklich wertvolle Metalle. Beträchtliche, aber mit dem Preis stark schwankende Mengen nimmt die Schmuckindustrie in Anspruch, je etwa 20—30% die chemische Industrie (chemische Laboratoriumsgeräte, feinverteiltes Platin als Katalysator bei vielen chemischen Prozessen auch der chemischen Großerzeugung, Palladiumgoldlegierungen werden für die Herstellung von Spinndüsen in der Kunstfaserindustrie verwendet usw.) und die Elektroindustrie (Widerstandsöfen, Thermoelemente, Elektroden usw.); Platinlegierungen werden ferner für die Herstellung von Injektionskanülen und Körpereinlagen verwendet. Im kaiserlichen Rußland fand Platin auch als Münzmetall Verwendung.

Palladium wird vor allem in Form von Goldpalladiumlegierungen in der Zahntechnik verwendet.

Osmium legiert mit Wolfram liefert die lichtspendenden, schwerschmelzenden Drähte der Metallfadenglühlampen, welche die älteren Edison'schen Kohlenfäden verdrängten.

Die sehr beständigen Platiniridiumlegierungen sind das Material für die Normalmaßstäbe und -Gewichte vieler Staaten, z. B. für die in Paris aufbewahrten Weltnormalmaße.

Bis weit in dieses Jahrhundert hinein wurde das Platin und mit ihm die übrigen Platinmetalle ausschließlich aus Platinseifenlager-

---

[1] Das natürliche Eisenplatin enthält bis zu 20% Eisen.

stätten gewonnen, die in Verbindung mit platinführenden, basischen magmatischen Gesteinen stehen, in welchen die Platinmetalle in sehr geringer Konzentration vornehmlich an in ihnen enthaltenen, mehr oder weniger nickelreichen Magnetkies (S. 42) gebunden sind. Die Seifenplatingewinnung wurde bis 1913 durch die *Uralischen Platinseifen* zu über 90% beherrscht. Daneben war nur die Seifenplatingewinnung in Kolumbien von einiger Bedeutung. Der erste Weltkrieg und der Umbruch in Rußland brachte ein enormes Absinken der tatsächlich erfaßten dortigen Platingewinnung (und damit ein entsprechendes Absinken der Weltjahresproduktion von 8 Tonnen auf 2 Tonnen) mit sich, sodaß sich zeitweilig die *kolumbianische* Produktion ebenbürtig neben die *russische* stellte; aber schon 1925 erreichte Rußland wieder 50% der Weltproduktion.

Eine Änderung auf dem Platinmarkt trat ein, als man mit der Ingangsetzung der Nickelkupfergewinnung aus den Magnetkiesen des *Sudburydistriktes* in *Kanada* den mitvorkommenden geringen Gehalt an Platinmetallen (0,2 Gramm pro Tonne) als Nebenprodukt erstmalig aus primären Erzen herauszuholen begann. Platinlagerstätten ähnlicher Art sind die ausgedehnten südafrikanischen Vorkommen an nickel- und kupferhaltigem Magnetkies in basischen magmatischen Gesteinen. Hier würde sich der Abbau für die Nickel- und Kupfergewinnung allein wegen des geringen Prozentgehaltes der Erze an diesen Metallen kaum lohnen; während aber in Kanada auf 100 Tonnen Nickel nur wenige kg Platinmetalle entfallen, entfallen in Südafrika auf 100 Tonnen Nickel 200 kg Platinmetalle! Damit kehren sich die Verhältnisse um; diese Lagerstätten werden in erster Linie auf Platinmetalle (die primären basischen Silikatgesteine enthalten stellenweise über 30 Gramm Platinmetalle pro Tonne) abgebaut und Nickel und Kupfer stellen die Nebenprodukte dar. Vorkommen ähnlicher Art in sehr viel kleinerem Umfange gibt es auch in *Mittelnorwegen*. Die ähnlichen Ausgangsgesteine der Platinseifen zu beiden Seiten des Uralgebirges sind mit einem Platingehalt von nicht viel mehr als 0,1 Gramm pro Tonne nicht abbauwürdig. Erst die Verwitterungsaufbereitung des alten Uralgebirges konnte im Laufe von vielen Millionen Jahren in den Seifen ausnutzbare Anreicherungen der schweren und beständigen Platinmetalle unter Abtransport sonstiger großer Gesteinsschuttmassen schaffen; nur einige wenige, an den Chromeisenstein (S. 40) der Uralserpentine gebundene Nester enthalten primär die Platinmetalle in so großen Mengen (teilweise in Klumpenform), daß eine Gewinnung aus den primären Vorkommen in engsten Bereichen möglich ist. — Die heute verwerteten Platinseifen im Ural enthalten im Durchschnitt kaum 1 Gramm Platinmetalle pro Tonne; bei derartigen Seifen kann man aber bei maschinellem Betrieb auf noch weit geringere Platingehalte herabgehen. Der größte, bisher in Seifen gefundene Platinklumpen hatte ein Gewicht von etwa 10 kg. — Geringe Mengen (wenige 100 Kilogramm jährlich) an Platinmetallen werden auch in *Australien, USA* und *Abessinien* aus Seifen gewonnen; *Brasilien* liefert aus hydrothermalen Schwermetallsulfidlagerstätten etwas Palladium.

Nachdem in den Jahren 1900 bis 1926 stark schwankende Produktionszahlen an Platinmetallen zwischen 2 und 8 Tonnen pro Jahr erzielt worden waren, stieg die Produktion von da an bedeutend an. was seine Ursache darin hat, daß zu den alten Gewinnungsländern die früher erwähnten zwei neuen platinerzeugenden Gebiete getreten sind. nämlich Kanada und Südafrika.

Die Produktion an Platinmetallen betrug insgesamt:

1930	10 Tonnen,
1939	11 Tonnen,
1942	gegen 20 Tonnen.

An diesen Gewinnungszahlen hat das Platin den Löwenanteil, die iridiumgewinnung macht etwa 10%, die Palladiumgewinnung heute wohl über 20% aus[1].

Der Preis des Platins selbst ist starken Schwankungen unterworfen; er bewegte sich in den Jahren zwischen 1920 und 1930 zwischen dem drei- und siebenfachen des Goldpreises; 1945 stand er auf 1,2 Dollar pro Gramm und war damit ungefähr gleich dem Goldpreis, 1946 stieg er auf 2½ Dollar pro Gramm; Iridium ist gegenwärtig ungefähr doppelt so teuer wie Platin; Osmium und Ruthenium sind etwas teurer wie Platin, Palladium erreicht ungefähr ein Drittel des Platinpreises.

An der Weltproduktion an Platinmetallen dürfte gegenwärtig Kanada mit über 50%[2], Rußland[3] mit 20%, Südafrika mit 10% und Kolumbien mit etwa 5% beteiligt sein.

D. Die Halbmetalle Selen und Tellur.

Selen ist ungefähr so häufig wie Wismut. Es tritt primär nur in hydrothermalen sulfidischen Erzgängen in feststellbaren Konzentrationen auf, hier meist in Form von verschiedenen Schwermetallseleniden (besonders von Blei und Wismut) oder als Vertreter des

---

[1] In den meisten nickelhaltigen Magnetkiesen, vor allem auch in denen des Sudburydistriktes, überwiegt nämlich der Gehalt an dem tiefstschmelzenden und am leichtesten löslichen Platinmetall Palladium den des Platins stark.

[2] Fast die Hälfte Palladium.

[3] Über die russische Platinmetallgewinnung gibt es schon seit fast zwei Jahrzehnten keine offiziellen Angaben mehr.

Schwefels in geringem Umfange in Schwermetallsulfiden. In den Verwitterungslösungen ist die Konzentration stets sehr gering, eine Ausscheidung des Selens aus ihnen erfolgt nur zusammen mit Schwermetallsulfiden (z. B. *Mansfelder Kupferschiefer*). Aber auch die primären hydrothermalen Schwermetalltelluride enthalten häufig an Stelle des Tellurs etwas Selen. In organische Substanzen scheint das Selen ebenfalls in geringem Umfang als Vertreter des Schwefels einzugehen, ebenso wie es sich gelegentlich aus vulkanischen Schwefelquellen (*Fumarolen*) zusammen mit dem Schwefel absetzt und diesen dabei braunrot färbt. Wegen dieser weitgehenden Verzettelung, vor allem über Schwefelverbindungen, erscheint das Selen viel seltener in Form von selbständigen Mineralien als das an sich ungefähr fünfzigmal seltenere *Tellur*, das nicht als Vertreter des Schwefels in die sulfidischen Mineralien eintritt.

An Selenmineralien seien genannt: Das dem Bleiglanz (S. 53) ähnliche Bleiselenid, der *Clausthalit* PbSe (mit 28% Se) und das *Selenwismut* Bi_2Se_3 (mit 36% Se).

Gewonnen wird das Selen als Nebenprodukt bei der Verwertung von selenreichen Goldtellurerzgängen, aber überwiegend als Nebenprodukt bei der Schwefelsäuregewinnung aus schwach selenhaltigen Kiesen, besonders Schwefelkies; dabei fällt das Selen durch Wechselwirkung der beim Rösten entstehenden Dioxyde des Schwefels und Selens unter Bildung von Schwefelsäure in metallischer Form im Bleikammerschlamm aus.

In geringen Mengen wird das Selen für die Verbesserung der Eigenschaften von Nickelchromstählen verwendet; es erhöht die Abreibefestigkeit von Gußeisen, was z. B. für die Herstellung von Eisenbahnschienen wichtig ist; geringe Zusätze von Selen (wie auch von Tellur) verbessern die Bearbeitbarkeit von Kupfer und Zinn; ferner wirkt Selen als Korrosionsschutz bei Gegenständen aus Magnesium oder Magnesiumlegierungen. Zum Verbessern der Qualität des Kautschuks kann der Vulkanisierschwefel teilweise durch Selen ersetzt werden. In der Elektrotechnik findet Selen ebenfalls Verwendung. Selensäure wird in der Glas- und keramischen Industrie für Rotfärbung verwendet, ferner stellt sie ein wirkungsvolles Schädlingsbekämpfungsmittel dar. Weiters sei auf die Bedeutung des Selens für die Fernsehtechnik (Selenzellen!) verwiesen.

Der Weltjahresverbrauch an Selen beläuft sich auf etwa 200 Tonnen; *Kanada* ist an der Gewinnung wohl mit einem Drittel beteiligt; eine bedeutende Produktion haben noch die *Vereinigten Staaten* von *Nordamerika* und *Deutschland*.

Das etwa fünfzigmal seltenere *Tellur* verhält sich geochemisch ähnlich wie das Selen. Nur vertritt es in den Sulfiden nicht den

Schwefel. Seine geringe Verwandtschaft mit dem Schwefel bedingt das relativ häufige Auftreten von typischen Tellurmineralien, besonders auf den hydrothermalen Golderzgängen. Beim Gold und Silber wurden die häufigsten dieser Telluride genannt; seltener sind natürliche Blei-, Quecksiiber- und Wismuttelluride.

In der Metallindustrie kann das Tellur ähnlich wie das Selen verwendet werden; als Kabelmetall kann Blei statt wie üblich mit 3% Zinn auch mit einem geringen Prozentsatz von Tellur legiert werden. Chemisch beständige Bleitellurlegierungen werden mit Vorteil für die Bleikammern bei der Schwefelsäurefabrikation verwendet. Auch in der Elektrotechnik wird etwas Tellur gebraucht. Tellurigsäure TeO_2 dient zum Färben von galvanischen Versilberungen und zur Schädlingsbekämpfung.

Tellur wird fast nur bei der Verwertung von Goldtellurerzen als Nebenprodukt gewonnen. Die Jahresweltproduktion, an der gegenwärtig *Kanada* mit etwa 50% beteiligt ist, beläuft sich auf etwa 10 Tonnen.

E. Edelerden.

Die Metalle der *Edelerden* werden nur in geringem Umfange in metallischer Form als Zuschläge für Speziallegierungen, vornehmlich in der Eisenindustrie verwendet, sondern überwiegend in Form ihrer Sauerstoffverbindungen. Sie haben mit Ausnahme des Titans eine geringe Häufigkeit in der Erdkruste und finden sich fast ausschließlich in pegmatitischen Restkristallisationen. Sie treten nie wie etwa die Schwermetalle in der Natur in sulfidischer Form auf, sondern immer nur in Form von Sauerstoffverbindungen.

1. Titan.

Mit einer Beteiligung von mehr als einem halben Gewichtsprozent an der Zusammensetzung der zugänglichen Teile des Erdballes ist *Titan* ein häufiger Grundstoff. Es ist in den Glutflußgesteinen fast durchgehends in Mengen von einigen Zehntel Prozent enthalten, in gewissen Gesteinstypen kann der Gehalt auf mehrere Prozent ansteigen, ebenso treten in einzelnen Sedimentgesteinen (z. B. in Bauxiten; s. S. 65) höhere Prozentsätze an Titan auf; auch in regionalmetamorphen Gesteinen ist dementsprechend das Titan ziemlich regelmäßig in bemerkbaren Mengen vorhanden. Anreicherungen auf höhere Prozentgehalte wie zu ausgesprochenen Titanlagerstätten finden sich unter den frühmagmatischen Abspaltungsprodukten des Silikatschmelzflusses in Form von *Titaneisen*-Lagerstätten (*Ilmenit*, S. 30) und von Lagerstätten von *titanhaltigen Magnetiten* (S. 30). Ferner treten Titananreicherungen in den Restkristallisationen, die im Zusammenhang mit basischen und sauren Schmelzflußgesteinen stehen, auf. Als Titanmineral tritt auch hier der Ilmenit, aber auch das dunkelrote, eisenhaltige Titandioxyd, der *Rutil* TiO_2 auf, der auch sonst in den Gesteinen weit verbreitet ist. Sehr verschiedenartige, oft kompliziert zusammengesetzte Titanmineralien trifft man in den Granitpegmatiten an; das häufigste davon ist der in Pegmatiten und sonstigen magmatischen Gesteinen meist braune *Titanit*, ein Calciumtitansilikat von der Zusammensetzung $CaTiO[SiO_4]$; dieser tritt ebenso wie der Rutil auch in den Klufträumen verschiedener Gesteine als Ausscheidung aus hydrothermalen oder sonstigen warmen Lösungen auf; er ist dann meist von gelbgrüner Farbe und durchsichtig, daher als Schmuckstein verwendbar und führt den Namen *Sphen*. Auch in den magmatischen Hauptgesteinen und in den metamorphen Gesteinen sind die Träger des Titangehaltes die Mineralien Ilmenit, Titanit und Rutil, aber auch die dunklen Magnesiumeisensilikate der betreffenden Gesteine, in deren Kristallen das Titan in wechselnden, meist geringfügigen Mengen das Magnesium und Eisen ersetzt. — Da die wichtigen Titanmineralien Ilmenit und Rutil spezifisch schwer und recht beständig sind, reichern sie sich in den Seifenlagerstätten neben anderen, vielfach technisch wichtigen Schwermineralien, an (Ilmenitsande, Rutilsande).

Für die technische Verwertung kommen nur Ilmenit und Rutil in Frage. Aus dem Ilmenit kann unmittelbar die Eisenlegierung Ferrotitan gewonnen werden, die dann in der Stahlindustrie beschränkte Verwendung für Titanstähle findet. Eine recht harte Substanz ist das Titancarbid; es spielt eine große Rolle als Bestandteil der „Hartmetallegierungen", die besonders für die Bearbeitung von Stahl von Bedeutung sind; Molybdäncarbid, Wolframcarbid, Titancarbid und Kobalt sind in wechselnder Zusammensetzung die Bestandteile dieser starren und wenig verschleißbaren Legierungen. Umfangreicher ist die Verwendung des Titans in Form der Titansäure TiO_2 für die Herstellung weißer, verwitterungsfester und feuerbeständiger Erdfarben; dafür eignet sich vor allem der technisch viel höher geschätzte Rutil, der übrigens, wie die meist rote Farbe zeigt, auch keinesfalls eisenfrei ist. Auch in der Keramik wird das Titandioxyd für gelbe und braune Glasurfarben verwendet, ebenso in der Glasindustrie.

Jährlich werden für obige Zwecke fast zehntausend Tonnen Titanmineralien (aber nur etwa 500 Tonnen von hochwertigem Rutil) gewonnen, davon etwa 75% in den *Vereinigten Staaten* von *Nordamerika (Florida* aus Monazitseifen, *Virginia* aus Pegmatit usw.) und *Kanada;* Titanmineralien werden daneben noch in größerem Umfange in *Südafrika* und *Britisch-Indien*, in Europa in *Schweden*, besonders aber in *Südnorwegen* gewonnen.

2. Zirkonium.

Der Grundstoff *Zirkonium* ist etwa zwanzigmal seltener als das Titan. In den magmatischen Gesteinen ist das Zirkonium wohl stets auch in Mengen von einigen Tausendstel bis Hundertstel Prozent in Gestalt des Minerals Zirkon vorhanden, gewinnbare Anreicherungen treten aber nur in gewissen Syeniten und damit in Zusammenhang stehenden Pegmatiten auf, weniger in Graniten und ihren Pegmatiten.

Auch die Zahl der Zirkonmineralien ist eine sehr große. Von praktischer Bedeutung sind aber nur wenige von ihnen. Am häufigsten ist der *Zirkon*, das Zirkonsilikat $ZrSiO_4$; als *Gemeiner Zirkon* ist er meist grüngelb oder gelbbraun, während der durchsichtige *Edle Zirkon* farblos, grün, rot *(Hyazinth)* oder auch blau ist; bei hohem Glanz, hoher Lichtbrechung und bedeutender Härte stellt er einen geschätzten Edelstein dar. Das zweite wichtige Zirkonmineral ist das Zirkondioxyd, der braune *Brazilit* ZrO_2; er bildet sich aus dem Zirkon und anderen primären Zirkonsilikaten durch Zersetzung. Aus den primären Gesteinen, in welchen die Zirkonmineralien sehr selten in gewinnbaren Konzentrationen enthalten sind, gelangt der Zirkon und der Brazilit im Wege der Verwitterungsaufbereitung der Ursprungsgesteine bei bedeutender Widerstandsfähigkeit und hohem spezifischen Gewicht in konzentrierter Form in die Zirkonseifen.

Nur in geringem Umfange wird das Zirkonium in Form der Legierung Ferrozirkon in der Eisenindustrie verwendet. Meist findet es in Form der Verbindung ZrO_2, also des Zirkondioxydes (Zirkonerde). das erst bei 3000⁰ schmilzt. eine sehr geringe Wärmeausdehnung und eine sehr geringe Wärmeleitfähigkeit hat und chemisch sehr widerstandsfähig ist, Verwendung. Wegen dieser Eigenschaften wird das Zirkondioxyd für elektrische Heizkörper und als Ofenfutter für Hochtemperaturöfen verwendet. In der Medizin werden Zirkonsalze ähnlich wie die Wismutsalze, denen sie für diesen Zweck als völlig ungiftig vorzuziehen sind, für strahlenundurchlässige Magen- und Darmbeläge verwendet. Das sehr harte Zirkoncarbid findet als Schleifmittel und als Schneidemittel für Glas Verwendung.

Abgesehen vom Edlen Zirkon, der besonders in Südostasien aus Seifen gewaschen wird, wird fast alles technisch verwendete Zirkonrohmaterial aus Seifen in *Brasilien (Minas Geraes, Espirito santo* und *Sao Paolo)* teilweise neben Monazit (S. 92) gewonnen; zirkonreiche Seifen werden auch in *Florida* und auf *Madagaskar*, zirkonmineralreiche Syenitpegmatite als Primärerze auf der Halbinsel *Kola* in *Nordrußland* abgebaut.

Die Jahresproduktion an Zirkonmineralien ist außerordentlich schwankend, sie beläuft sich gegenwärtig durchschnittlich auf etwa 2000 Tonnen jährlich, woran *Brasilien* mit 90% beteiligt ist.

In den Zirkonmineralien ist regelmäßig das dem Zirkonium chemisch sehr verwandte, vierzigmal seltenere Element *Hafnium*, das vom Zirkonium schwer chemisch zu trennen ist und keine praktische Bedeutung besitzt, versteckt („getarnt").

3. Seltene Erden.

Zu den Seltenen Erden zählt man die 15 untereinander chemisch sehr verwandten Grundstoffe mit den Atomgewichten zwischen 139 und 175 und das ebenfalls mit ihnen sehr verwandte *Yttrium* mit dem Atomgewicht 88,9. Unter ersteren ist besonders das *Cerium* zu nennen, das ungefähr zehnmal häufiger als das Hafnium ist, während das Yttrium sechsmal häufiger als dieses ist. Die übrigen seltenen Erdmetalle, unter denen besonders das *Lanthan*, das *Neodym*, das *Praseodym* und das *Europium* zu nennen sind, sind noch viel weniger verbreitet. Wegen ihrer chemischen Verwandtschaft sind die Seltenen Erden in der Natur in den Mineralien immer eng miteinander vergesellschaftet; ihre Trennung mit chemischen Methoden stößt auch heute noch auf große Schwierigkeiten, die nur von ganz wenigen Spezialisten befriedigend überwunden werden können. Die Seltenen Erden sind ebenfalls typische Elemente der pegmatitischen Restkristallisationen; die Zahl der Seltenen Erdmineralien ist bei meist sehr komplizierter Zusammensetzung eine sehr große. Praktische Bedeutung unter ihnen besitzt aber einzig und allein der meist gelbbraune, tafelige *Monazit*, im wesentlichen ein Phosphat des Ceriums von der Formel $CePO_4$; von praktischer Bedeutung ist aber, daß in ihm das Cerium nicht nur durch andere Seltene Erden, sondern bis zu 10% durch *Thorium* ersetzt ist.

Auch sonst ist das Thorium in den pegmatitischen Mineralien der Seltenen Erden vielfach in höheren Prozentsätzen anzutreffen. Es wird deshalb auch gelegentlich trotz seiner chemischen Verschiedenheit zu den Seltenen Erden gezählt. Es ist gewichtsmäßig ungefähr halb so häufig wie das Yttrium, d. h. es ist am Aufbau der Erdkruste mit etwa 0,001 Gewichtsprozent beteiligt. Angesichts seines hohen Atomgewichtes ist, auf die Atomzahlen bezogen, seine Häufigkeit eine wesentlich geringere. Das Thorium bildet in Syenitpegmatiten auch selbständige Mineralien, z. B. das dem Zirkon in der Kristallform ähnliche, schwarzbraune oder orangefarbige *(Orangit!)* Thoriumsilikat *Thorit* $ThSiO_4$ und das seltenere Thoriumdioxyd, den *Thorianit* ThO_2; die beiden Mineralien enthalten in der Regel an Stelle des Thoriums gewisse Prozentsätze von Uran.

Die Monazite werden überwiegend ihres Gehaltes an Thorium wegen abgebaut, und zwar ausschließlich aus den mit den primären, monazitführenden, granitpegmatitischen Gesteinen in Verbindung stehenden natürlichen Konzentraten in Form der Monazitsande, die um die Jahrhundertwende in großer Menge in *Brasilien* entdeckt wurden. Früher waren Monazitseifen schon aus *Nordamerika* bekannt. Vor der Entdeckung der brasilianischen Monazitseifen wurde in der Gasglühlichttechnik für Glühstrümpfe nach dem Vorschlage von AUER VON WELSBACH Thoriumdioxyd benutzt, das auf kostspielige Weise durch Abbau der südnorwegischen Pegmatite auf Thorit gewonnen werden mußte; durch die Entdeckung der umfangreichen brasilianischen Monazitsande wurde die Rohstoffbasis für diesen wertvollen Stoff wesentlich erweitert und die Reindarstellung durch die natürlich aufbereiteten Monazitkonzentrate sehr verbilligt; schlagartig setzte in Brasilien eine Monazitgewinnung in großem Umfange ein, die in den besten Jahren dieses Jahrhunderts die Höhe von 10.000 Jahrestonnen nahezu erreichte. Ab 1910 sank sie allerdings mit der Entdeckung neuer Monazitsande in *Indien* (*Travancore*) und mit der zunehmenden Verdrängung des Gasglühlichtes durch das elektrische Licht stark ab. Die Monazitgewinnung war von da ab außerordentlich schwankend; zeitweilig wurde die brasilianische Monazitgewinnung durch die indische völlig verdrängt; die Gesamtgewinnung dürfte sich aber auch heute noch unter Vorwiegen der indischen auf mehrere Tausend Jahrestonnen durchschnittlich belaufen. Die *Nordamerikanischen* Monazitsande (*Nord-* und *Südkarolina*), die zu Anfang des Jahrhunderts die brasilianische Gewinnung übertroffen hatten, sind nur mehr von sehr untergeordneter Bedeutung.

Das Thoriumdioxyd ist wegen der hohen Leuchtkraft und der reinweißen Farbe des ausgestrahlten Lichtes, ferner wegen seines hohen Schmelzpunktes für die Gasglühstrumpfherstellung besonders geeignet; an seiner Stelle hatte man angesichts seiner damaligen Seltenheit und seines hohen Preises für diesen Zweck vielfach Zirkondioxyd verwendet. Die Verarbeitung der Monazite liegt auch heute noch weitgehend in den Händen der österreichischen Auergesellschaft mit ihren Zweiggesellschaften in Deutschland, England und Amerika (USA).

Bedeutungsvoll ist, daß bei der Verwertung des Monazites auch in sehr geringen Mengen das hochradioaktive, medizinisch wichtige *Mesothorium* anfällt (1 Tonne Monazit liefert ungefähr 2 mg Mesothorium); es ist ein Zerfallsprodukt des selbst schon schwach radioaktiven Thoriums.

Cerium und die anderen Seltenen Erden fallen bei der Gewinnung des Thoriums aus den Monaziten in sehr großen Mengen an. Man hat

dafür noch wenig Verwendung. Cerium wird in geringem Umfange
in der Stahlindustrie als Zuschlagsmetall verwendet, ebenso auch bei
bestimmten Nichteisenlegierungen; die harte Cereisenlegierung liefert
Zündsteine. Verschiedene Seltene Erden finden in der Glasindustrie
als Färbemittel Verwendung. Neue Verwendungsmöglichkeiten für
die neben den Thoriumsalzen in großen Mengen anfallenden Salze der
Seltenen Erden werden laufend gesucht.

Auch für das ebenfalls gelegentlich zu den Seltenen Erden gezählte
Scandium hat die Technik keine Verwendung; das ohnehin seltene Element (nicht einmal 0,0005 Prozent des Grundstoffbestandes der
Erdkruste) ist überwiegend in geringer Konzentration über die Magnesiumsilikate der Glutflußgesteine verzettelt; auch in den Pegmatiten ist es selten gewinnfähig angereichert. Man kennt nur ein einziges, auf ganz wenige Vorkommen (Südnorwegen, Madagaskar) beschränktes Scandiummineral; es ist dies der säulig ausgebildete, dun-
kelgrasgrüne *Thortveitit*, ein Scandiumsilikat von der Formel $Sc_2Si_2O_7$.

4. Uran und Radium.

Auch das radioaktive *Uran* ist ein typisches Element der pneumatolytisch-hydrothermalen Restkristallisationen; es reichert sich in geringem Umfang in granitpegmatitischen Gesteinen, in größerer Menge
in hydrothermalen Uranerzgängen, die meist in Verbindung mit Ko-
balt- und Silbererzen oder mit Zinn- und Wismuterzen stehen, an.
Soweit Uran in Sedimentgesteinen (Sandsteinen, Kalksteinen) auftritt,
handelt es sich vermutlich auch um Imprägnationen pneumatolytisch-
hydrothermaler Natur in diesen Sedimentgesteinen; es käme höchstens
in Frage, daß das Uran (zusammen mit dem Vanadium) aus benachbarten Primärvorkommen mit Hilfe von Verwitterungslösungen ein-
wandert. In sehr geringer Konzentration ist das Uran besonders in
den sauren Glutflußgesteinsmassen vorhanden. An der Zusammensetzung der zugänglichen Erdkruste ist das Uran, das Element mit
dem höchsten Atomgewicht, mit 0,0004 Gewichtsprozent beteiligt; es
hat somit ungefähr dieselbe Häufigkeit wie das Hafnium.

Das wichtigste Uranmineral ist die *Uranpechblende (Uranpecherz,*
auch einfach *Pechblende* genannt). Es ist dies ein schwarzes, muschelig brechendes (daher der Name Pechblende!), nur in Pegmatiten
gelegentlich in würfeligen Kristallen auftretendes, Mineral von der
ungefähren Zusammensetzung U_3O_8 (mit verschiedenen Fremdbeimengungen und fast 90% U). In den Uranerzgängen ist die Pechblende häufig mit rotem Dolomit vergesellschaftet; in den Pegmatiten
nehmen die die radioaktive Pechblende begleitenden Kaliumfeldspäte

ebenfalls eine rote Farbe an. — Außer dem Uranpecherz trifft man in den Pegmatiten sehr verschiedene, uranreiche Mineralien der Seltenen Erden und des Titans, Niobs und Tantals an. — Sehr auffallende, gelbe bis smaragdgrüne, quadratisch tafelige, gut spaltende Mineralien sind die *Uranglimmer*; es sind dies hydrothermale Uranophosphate oder Uranoarsenate des Calciums, Kupfers oder Bariums; als Beispiel sei der *Kupferuranglimmer* (*Torbernit*) genannt, der die Zusammensetzung $CuU_2P_2O_{12} \cdot 8\,H_2O$ mit 51% Uran hat. — Ein allerdings nur auf wenige Vorkommen beschränktes, grünes, erdiges Uranovanadat ist der schon beim Vanadium genannte *Carnotit* $K_2U_2V_2O_{12} \cdot 3\,H_2O$ mit 53% U, der mit selteneren anderen Uranovanadaten als Imprägnationsmineral in nordamerikanischen Sandsteinen auftritt; in *Turkestan* wurde in größeren Mengen neben anderen Uranovanadaten ein ähnlich zusammengesetztes Calciumuranovanadat, der *Tujamunit* (benannt nach dem Fundort *Tuja Mujun*), in Kalkstein als Imprägnationsmineral gefunden. — Vor allem im *Belgischen Kongo* treten in den Uranerzlagerstätten neben der vorherrschenden Pechblende zahlreiche andere Uranmineralien auf, welche zusammen mit ihr verwertet werden.

Das Uran findet seit der 2. Hälfte des vergangenen Jahrhunderts für die Herstellung von Uranfarben, die besonders in der Glasindustrie benutzt werden, in beschränktem Umfange Verwendung. Viel wichtiger als das Uran ist das stets in seiner Begleitung auftretende, hochradioaktive Zerfallsprodukt *Radium*, das selbst wieder über die *Emanation* und eine Reihe anderer Zwischenprodukte in eine besondere Art des Bleis (*Radioblei*) übergeht. Das Radium-Uran-Verhältnis ist in den Uranmineralien der gleichbleibenden Zerfallsgeschwindigkeit entsprechend 1 : 3 Millionen, d. h. in den Uranerzen entfällt auf jede Tonne Uran 0,33 Gramm Radium.

Radium wird aus den Uranerzen meist in Form des Chlorides oder Bromides isoliert und findet ausgedehnte Verwendung als Bestrahlungsmittel in der Medizin, aber auch zur Herstellung von Leuchtfarben für Leuchtblätter und Leuchtzeiger; ferner ist es von größter Bedeutung für die Forschungen auf dem Gebiete der Atomphysik geworden und findet daher auch entsprechend umfangreiche Verwendung in den wissenschaftlichen Laboratorien.

Das Radium wurde erstmalig aus den Rückständen der Urangewinnung aus den Pechblenden der Gegend von *St. Joachimstal* im *Böhmischen Erzgebirge* nahe der sächsischen Grenze, gewonnen. Ursprünglich wurden hier die Erzgänge seit dem Mittelalter auf Silber und untergeordnet auf Blei abgebaut; erst in der zweiten Hälfte des vergangenen Jahrhunderts fand auch das Uran Verwendung; in den Rückständen dieser Urangewinnung wurden im Jahre 1898 vom Ehepaar CURIE das Radium entdeckt und in der Folge im Laufe von etwa zehn Jahren, besonders in englischen Laboratorien, die übrigen Zerfallsprodukte des Urans bis zum Radioblei. Das in den Gesteinen feststellbare Verhältnis zwischen Uran und Radioblei hat insoferne große geologische Bedeutung, weil aus ihm wegen der gleichbleibenden Zerfallsgeschwindigkeit der radioaktiven Substanzen der Zeitpunkt der Bildung des betreffenden Gesteins in fester Form errechnet werden kann[1].

Bis zum Jahre 1913 beherrschte das damals österreichische Uranradiumvorkommen von St. Joachimstal die Weltradiumerzeugung vollständig. Die Lagerstätte ist nun schon zum größeren Teil abgebaut; der Radiuminhalt der Lagerstätte belief sich ingesamt auf ungefähr 200 Gramm. In den besten Jahren wurden aus ihr je etwa 4 Gramm Radium jährlich gewonnen und diese Produktionshöhe wird auch heute noch ungefähr gehalten; bis 1924 wurden in St. Joachimstal jährlich nur etwa 1½ Gramm Radium durchschnittlich gewonnen. Die geförderten Joachimstaler Erze enthalten durchschnittlich nur etwa 1% Uran, also ca. 3 mg Radium pro Tonne; wegen des hohen spezifischen Gewichtes der Pechblende im Vergleich zu dem der begleitenden Karbonate können aber leicht hochprozentige Urankonzentrate gewonnen und der weiteren Verarbeitung zugeführt werden.

Erst im Jahre 1913 wurden in *Utah* und *Colorado* die *Carnotitsandsteine* entdeckt; diese Erze waren mit 3% Urangehalt reicher als die böhmischen Uranerze und traten außerdem in sehr ausgedehnten Vorkommen auf; diese Vorkommen konnten sich deshalb mit einer wesentlich größeren Radiumerzeugung, die sich in 10 Jahren auf etwa 150 Gramm belief, in den Weltmarkt einschalten und die böhmische Erzeugung weit überflügeln. Der Gesamtinhalt der Lagerstätte kann auf etwa ½ kg Radium eingeschätzt werden. Neben Radium und Uran liefert sie auch bedeutende Mengen von dem wertvollen Stahlveredlungsmetall Vanadium (S. 47); bisher dürften aus dieser Lagerstätte etwa 250 Gramm Radium dem Weltmarkt zur Verfügung gestellt worden sein.

Vom Jahre 1925 ab trat aber auch dieses Vorkommen gegenüber dem neuentdeckten (1921), sehr ausgedehnten Vorkommen an hochprozentigen Pechblendenerzen im *Belgischen Kongo* (im erzreichen *Katangagebiet*) mehr und mehr in den Hintergrund. In etwa 10 Jahren wurde aus letzerer Lagerstätte ungefähr ½ kg Radium geholt; die Erze, die ungefähr 3% Uran enthalten, werden vor allem in der Ge-

---

[1] Das Alter der Erde vom Beginn der ersten festen Kruste an kann daraus auf etwa 3 Milliarden Jahre angegeben werden.

gend von Antwerpen verarbeitet. Während früher 1 Gramm Radium 120.000 Dollar kostete, sank mit der Einschaltung der Kongolagerstätten der Preis auf 70.000 Dollar pro Gramm; die amerikanische Produktion wurde durch diesen Preissturz zeitweilig unterbrochen. Der Radiumvorrat der Lagerstätte betrug mindestens 1 Kilogramm.

Aber auch diese Lagerstätte mußte nach knapp 10 Jahren gegenüber einem stärkeren Konkurrenten in den Hintergrund treten. In einer Erzganggruppe ganz ähnlicher Art wie in Joachimstal, aber nur von viel größerer Ausdehnung und viel höherer Pechblendekonzentrierung (in Begleitung der Uranerzgänge treten ebenfalls Gänge mit Silber- und Kobalterzen auf) bei *La Bine-Point* am *Bärensee* in *Nordkanada* wurden 1931 so große Vorkommen von Uranpechblenden gefunden, daß aus dieser Lagerstätte allein die Jahresradiumproduktion, die dort im Jahre 1933 mit 3 Gramm einsetzte, im Laufe weniger Jahre auf über 100 Gramm anstieg. Dieses Vorkommen beherrscht auch heute noch den Weltmarkt; die Vorräte belaufen sich auf mehrere Kilogramm Radium; durch einfache Handscheidung können Konzentrate erhalten werden, bei denen auf 6—7 Tonnen 1 g Radium entfällt, während in den Kongoerzen 1 g Radium auf 40 Tonnen Erz, in den Carnotitsanden 1 g Radium auf 128 Tonnen Erz entfällt.

Von den kleineren, ausgewerteten Uranradiumvorkommen sind noch zu nennen: Das den Carnotitsanden ähnliche Vorkommen von *Tuja Mujun* in *Ostturkestan*, das erst in den 20er Jahren dieses Jahrhunderts entdeckt wurde, wird auf mindestens 50 Gramm Radium eingeschätzt. — Ausgedehnte Vorkommen von Uranglimmern an der *nordportugiesisch-spanischen Grenze* in Erzen von geringer Konzentration, zusammen mit Zinn- und Wolframmineralien, liefern leicht bearbeitbare Uranerze mit einem vermutlichen Gesamtradiuminhalt von 30 Gramm. — In *Cornwall* kommen in einem dem Joachimstaler sehr ähnlichen Vorkommen Uranpecherze ebenfalls zusammen mit Zinnerzen vor; der Radiumgehalt der Lagerstätte ist auf 25 Gramm anzusetzen. — Relativ uranarme Pegmatite werden noch in *Madagaskar, Bulgarien, Ostafrika* und *Südnorwegen* nebenbei auf die Uranerze ausgebeutet, für die Weltradiumproduktion spielen sie aber nur eine sehr untergeordnete Rolle.

Folgende Tab. 8 gibt eine Übersicht über die zunehmende Weltjahresproduktion an Radium.

Die übrigen Zwischenprodukte der Zerfallsreihe Uran-Radioblei, von denen als selbständige Grundstoffe die hochradioaktive *Emanation*, das *Polonium*, das *Actinium* und das *Protactinium* zu nennen sind, treten selbstverständlich ebenfalls nur in Verbindung mit dem Uran auf, sind aber seltener als das Radium und außer der in Mineralquellen für Heilzwecke ausnutzbaren Emanation nur von theoretischer Bedeutung.

Tab. 8. Die Entwicklung der Radiumproduktion.

1909	1 Gramm		
1910—1914	je 2	„	nur St. Joachimstal
1915	4	„	
1916—1919	je 17	„	(Einschaltung der Carnotitlagerstätten)
1920—1923	je 30	„	zunehmende Einschaltung der
1924—1927	je 36	„	Kongoerze
1929	etwa 70	„	(fast ausschließlich aus Kongoerzen)
1938	etwa 160	„	(Vollbetrieb in den kanadischen Lagerstätten)
1941	(etwa 100	„	aus Kanada allein)

F. Schwefel.

Wenn auch der größte Teil des im Erdball vorhandenen Schwefels mit der Hauptmenge der Schwermetalle in die Chalkosphäre abgewandert ist, so ist dieser Grundstoff doch noch mit etwa 6 Hundertstel Gewichtsprozent an der Zusammensetzung der zugänglichen Teile des Erdballes beteiligt. Bedeutende Schwefelmengen treten in Sulfidform in die frühmagmatischen Kiesvorkommen ein, ebenso in die pneumatolytisch-hydrothermalen Restkristallisationen; aus den nach vulkanischen Ausbrüchen ausströmenden Gasen mit hohem Schwefelwasserstoff- und Schwefeldioxydgehalt (Fumarolen) scheidet sich der Schwefel entweder in elementarer Form oder in Form von Sulfiden oder Sulfaten aus. In den magmatischen Silikatgesteinen sind immer nur geringe Mengen von Schwefel vorhanden, wenn man von gewissen basischen Gesteinstypen absieht, deren höherer Prozentsatz an Magnetkies einen bemerkenswerten Schwefelgehalt zur Folge hat. Schwefel tritt in die Verwitterungslösungen ein und wird aus diesen entweder im Bereich der Salzlagerstätten in Form von sulfatischen Salzen des Calciums, Kaliums, Natriums und Magnesiums ausgeschieden oder in Form von Schwermetallsulfiden unter Mitwirkung von Bakterien und Verwesungsresten in den sedimentären sulfidischen Schwermetalllagerstätten; schließlich wird er im Sedimentationsverlaufe auch in der Form des elementaren Schwefels im Zusammenhang mit Erdölvorkommen abgeschieden, wobei er aus sulfatischen Verwitterungslösungen durch die reduzierend wirkenden Kohlenwasserstoffe des Erdöles ausgeschieden wird.

Die Zahl der Schwefelmineralien ist eine sehr große. Zahlreiche *Sulfide* wurden bei der Besprechung der einzelnen Schwermetalle genannt, einige *Sulfate* schon bei der Besprechung des Magnesiums; auf andere Sulfate wird bei der Besprechung der Mineralien der Salzlagerstätten hinzuweisen sein (S. 128 ff.). Hier sei nur noch des *Gediegenen Schwefels*, der bei 119⁰ schmilzt, als eines wichtigen Schwefelminerals Erwähnung getan; in der Natur kommt er entweder in Form von schönen gelben Kristallen oder in feinverteilter erdiger Form vor; in den Sedimenten ist er nicht selten infolge von reichlicher Beimengung von organischen Verwesungsresten schwarzbraun gefärbt und knollenförmig ausgebildet.

Die Verwendung des Schwefels ist eine sehr vielseitige; hier sei nur erwähnt, daß er in gewaltigen Mengen für die Herstellung von Schwefelsäure, von Sulfitlaugen, in elementarer Form für die Herstellung von Schießpulver, Zündhölzern, Feuerwerkskörpern, Pechteer und für die Vulkanisierung des Kautschuks usw. benötigt wird; die verschiedensten Schwefelverbindungen werden für die Zwecke der chemischen Industrie hergestellt.

Für die Gewinnung des Schwefels und der Hauptmenge der Schwefelverbindungen kommen fast nur der Gediegene Schwefel und der bei den Eisenmineralien (S. 30) genannte *Schwefelkies* FeS_2, in geringem Umfange auch der *Magnetkies* FeS, in Frage. Rohstoffwirtschaftlich sind Schwefel und Schwefelkiese gesondert zu behandeln, da sie andersartig in der Technik eingesetzt werden. Der Jahresverbrauch an beiden Mineralien ist ein ungeheurer, er bewegt sich derzeit zwischen 15 und 20 Millionen Tonnen.

a) Gediegener Schwefel.

Für die Gewinnung des Gediegenen Schwefels sind von weltwirtschaftlicher Bedeutung nur zwei Lagerstättengebiete.

Aus seinen sedimentären Schwefellagerstätten in *Sizilien* hat *Italien* bis zum Jahre 1910 den größten Teil des Weltbedarfes an Schwefel bestritten; dazu kommen noch, wenn auch von mehr untergeordneter Bedeutung, die auch heute noch neu entstehenden Ansammlungen von vulkanischem Schwefel in *Mittel-* und *Süditalien.* Der durchschnittliche Schwefelgehalt der im Tiefbau gewonnenen sizilianischen Schwefelerze *(Girgenti* und *Caltanisetta)* beträgt etwas über 20% und muß aus den geförderten Erzen herausgeschmolzen werden; der gesamte gewinnbare Schwefel in Sizilien wird auf über 50 Millionen Tonnen geschätzt; diesen Vorräten steht eine seit Jahrzehnten ziemlich gleichbleibende Jahresgewinnung von etwa 400.000 Tonnen gegenüber. Über ähnliche, aber weniger umfangreiche Schwefelvorkommen verfügt

Italien noch im Bereich der Nordabhänge des *Apennins* und in *Calabrien*.

Im Jahre 1910 ging die Monopolstellung Italiens in der Schwefelgewinnung verloren; damals wurde ein Verfahren gefunden, um die schon viele Jahrzehnte vorher bekannten Schwefelvorkommen von *Texas* und *Louisiana* technisch auszuwerten. In eine lockere, sedimentäre Gesteinsmasse, welche den Tiefbau unmöglich macht, eingebettet finden sich dort in einer Gipsdolomitzone von mehreren stockartigen „Salzdomen" bedeutende Anreicherungen von sedimentärem Schwefel. Die Schwefelführung eines einzigen dieser Dome von etwa 1 km Durchmesser, des „Big dome" werden auf ungefähr 6 Millionen Tonnen geschätzt. In den Domen hat die Schwefelzone eine Mächtigkeit von etwa 25 m und liegt mehrere 100 m unter der Erdoberfläche; sie führt durchschnittlich 40% Schwefel; unter der schwefelführenden Zone liegen erst die eigentlichen Salzgesteine; die begleitenden Erdölvorkommen enthalten ebenfalls mehrere Prozent Schwefel. Eine bergbauliche Gewinnung des Schwefels war angesichts der lockeren Beschaffenheit der überlagernden („hangenden") Gesteine nicht möglich. Nach dem *Frasch*verfahren werden nun die Schwefellagen angebohrt und in die Bohrlöcher wird jeweils ein System von drei konzentrischen Röhren eingelassen; durch das eine Rohr wird überhitztes Wasser bis zum Schwefellager eingeleitet, das dort den Schwefel zum Schmelzen bringt, durch das zweite Rohr wird Preßluft eingeführt, die den geschmolzenen Schwefel in sehr reiner Form durch das dritte Rohr an die Erdoberfläche auspreßt, wo der Schwefel in gewaltigen Holzbehältern wieder erstarrt. Die Jahresproduktion an Schwefel aus dieser Lagerstätte beläuft sich gegenwärtig auf etwa 4 Millionen Tonnen, das sind fast 90% der jährlichen Weltproduktion.

Kleinere Vorkommen von sedimentärem Schwefel gibt es noch in vielen Gebieten. Aus solchen sind *Spanien* und *Japan* noch mit je einigen Prozent an der Jahresweltproduktion beteiligt; unbedeutender sind die Vorkommen in *Polen (Galizien, Oberschlesien)* und *Jugoslawien*.

Aus Mangel an eigenen Schwefelvorkommen hat man in Deutschland während des ersten Weltkrieges schon mit geringem Erfolg (wegen der hohen Gestehungskosten) versucht, Schwefel künstlich durch Reduktion aus den besonders in Mitteldeutschland überreichlich zur Verfügung stehenden Calciumsulfaten *Gips* und *Anhydrit* (S. 138) zu gewinnen; man wird aber allgemein in nicht allzu langer Zeit auf diesen Ausweg zurückgreifen müssen, weil die natürlichen Vorräte an Schwefel und Schwefelkies, am steigenden Bedarf gemessen, nicht übermäßig groß sind. — In den Vereinigten Staaten von Nordamerika wird der Schwefel bei ungenügender Kiesproduktion auch zur Schwefelsäureerzeugung herangezogen.

b) Schwefelkies.

Der *Schwefelkies (Pyrit, Eisenkies)* FeS_2 ist ein sehr weitverbreitetes Mineral, das in der Erdkruste unter allen erdenkbaren Entstehungsbedingungen in kleineren oder größeren Mengen auftritt. Für die technische Gewinnung kommen fast nur die ausgedehnten, hochkonzentrierten Schwefelkieslagerstätten frühmagmatischer Herkunft (z. B. Spanien-Portugal) und sedimentärer Entstehung in Frage; sie werden besonders wertvoll dann, wenn sie, was häufig vorkommt, einen gewissen Prozentsatz von Kupfer in Form von beigemengtem Kupferkies $CuFeS_2$ enthalten.

Das größte Schwefelkiesvorkommen der Welt — die Kiese sind hier ebenfalls kupferführend — ist das *spanische* Vorkommen im *Huelva-Distrikt (Rio Tinto* usw.), das sich bei einer Erstreckung über viele Quadratkilometer noch nach *Portugal* hineinzieht. Das größtenteils im Tagbau abgebaute Vorkommen liefert bei Vorräten von etwa 1 Milliarde Tonnen auf spanischem Gebiet jährlich 3—4 Millionen Tonnen Schwefelkies, das sind ungefähr 3 Zehntel der etwa 12 Millionen Tonnen betragenden Weltjahresproduktion. Bedeutungsvoll ist noch die jährliche Schwefelkiesgewinnung *Deutschlands* in der Höhe von etwa ½ Million Tonnen aus den sedimentären Lagern von *Meggen* in *Westfalen* und den kupferhaltigen Kiesbeständen des *Rammelsberges* im *Harz.* — Ungefähr gleich hoch ist die *portugiesische* Schwefelkiesförderung. Im Laufe der letzten 15 Jahre ist die *japanische* Schwefelkiesförderung rapid auf etwa 1½ Millionen Jahrestonnen angestiegen und hat damit den zweiten Platz errungen. An dritter Stelle in der Schwefelkiesförderung steht *Norwegen* mit einer Jahresförderung von über 1 Million Tonnen; die norwegischen Lager liegen in *Mittelnorwegen* (*Röros* usw.) und sind wie die viel weniger ergiebigen schwedischen (*Falun* in Mittelschweden, *Sulitjelma* an der nordschwedisch-norwegischen Grenze) wohl frühmagmatischer Herkunft. Fast so hoch wie die norwegische Kiesförderung ist die *italienische* (Kiesstöcke von *Agordo* usw.). An fünfter Stelle in der Schwefelkiesgewinnung stehen mit etwa 600.000 Jahrestonnen aus verschiedenen sedimentären Lagerstätten im Osten die *Vereinigten Staaten* von *Nordamerika;* diese benötigen aber mindestens doppelt soviel Schwefelkies. Die *französische* Kiesgewinnung beläuft sich wie die *schwedische* und *griechische* auf jährlich etwa 200.000 Tonnen; die stark schwankende Schwefelkiesgewinnung *Cyperns*, der einzigen bedeutenden Gewinnungsstätte für Schwefelkies im Bereich des Britischen Weltreiches, liegt durchschnittlich ungefähr in der Höhe der deutschen. *Österreich* verfügt nur über kleinere Schwefelkiesvorkommen, besonders in *Steiermark* und *Salzburg,* die den Eigenbedarf nicht decken können.

Im Vergleich zum Schwefelkies stark zurücktretend ist die Förderung von sedimentärem oder metamorphem *Magnetkies* FeS, der viel seltener als der Schwefelkies ist. Solche Magnetkiese sind frei oder sehr arm an Nickel und Kupfer, welche Metalle neben den Platinmetallen die Magnetkiese magmatischer Entstehung so wertvoll machen; wo dieser Magnetkies in größeren Mengen vorkommt (z. B. *Bodenmais* im *bayrischen Wald)* wird er vor allem für die Erzeugung von Eisenvitriol und Eisenrot (Eisenoxyd als Rostschutzfarbe) verwendet.

G. Arsen.

Der relativ seltene, am Aufbau der Erdkruste nur mit etwa 0,0004% beteiligte Grundstoff *Arsen* erfährt bedeutende Anreicherungen nur in den pneumatolytischen und besonders in den hydrothermalen Restkristallisationen. Im Rahmen dieser bildet er selbständige Lagerstätten oft bedeutenden Umfanges, die häufig gewinnbare Mengen an Gold enthalten (z. B. *Boliden* in *Schweden* und *Reichenstein* in *Schlesien,* S. 81); sonst ist in diesen Vorkommen das Arsen in mannigfaltiger Weise mit Schwermetallen in Form von Schwefelarsenverbindungen derselben verbunden oder in Form von einfachen Arseniden (besonders von Nickel und Kobalt) vorhanden; von ihnen sind bei der Besprechung der Schwermetalle schon viele genannt worden. — Auch in Mineralwässern finden sich gelegentlich merkliche Mengen von Arsen *(Levico* in *Südtirol),* die dorthin wohl aus Verwitterungslösungen, die aus benachbarten Arsenkiesgängen stammen, gekommen sind.

Im Sedimentationswege kommt es nicht zur Bildung von Arsenkonzentrationen; das in die Verwitterungslösungen eintretende Arsen scheint völlig in das Meerwasser abzuwandern, welches Spuren von Arsen (einige mg im Hektoliter) enthält.

Von den Schwermetallarsenmineralien seien hier nur noch einmal die beiden für die Arsengewinnung wichtigsten, der *Arsenkies* FeAsS (mit 46% As) und der *Arsenikalkies* $FeAs_2$ (mit 73% As) genannt. Als feinkörniges, metallisch graues, aber an der Luft bald schwarz werdendes Mineral von meist schalig-kugeliger Ausbildung sei noch das *Gediegene Arsen* erwähnt, das häufig auch höhere Prozentsätze von Antimon enthält und den Namen *Scherbenkobalt* führt; es tritt vorwiegend zusammen mit Silbererzen auf.

In Lagerstätten von Arsenmineralien aller Art weit verbreitet, wenn auch nie in sehr großen Mengen auftretend, sind die beiden, sehr auffallenden Arsensulfide, das gelbe *Auripigment* As_2S_3 und der am Lichte wenig beständige, lebhaft rote *Realgar* oder das *Rauschrot* AsS.

Zahlreich sind die Sauerstoffverbindungen des Arsens in den Verwitterungszonen der Lagerstätten mit primären Arsenmineralien. Das erdige, weiße Arsentrioxyd As_2O_3 *(Arsenolith)* ist leicht löslich und daher selten. Von den zahlreichen natürlichen Arsenaten seien nur die grüne, meist erdige *Nickelblüte* $Ni_3As_2O_8 \cdot 8\,H_2O$ und die violettrote, erdige oder prismatisch kristallisierte *Kobaltblüte* $Co_3As_2O_8 \cdot 8\,H_2O$ genannt.

Das Arsen wird fast ausschließlich durch Abrösten des Arsenkieses und des Arsenikalkieses in Form von Arsenik As_2O_3 gewonnen. In allen Fällen stellt es ein fast kostenloses Nebenprodukt bei der Gewinnung von Gold (aus goldhaltigen Arsenkiesen, S. 81), Kobalt usw. dar, das in viel zu großen Mengen anfällt und dessen Beseiteschaffung wegen seiner Giftigkeit auf Schwierigkeiten stößt. Arsenik wird vor allem als Tiergift (gegen Ratten und Insekten) gebraucht[1]. ferner als Konservierungsmittel in der Gerberei und beim Ausstopfen von Bälgen; in der Gerberei dienen natürliche und künstliche Arsensulfide ferner als Enthaarungsmittel; für diesen Zweck (gelöschter Kalk mit Auripigment oder Realgar, sogenanntes „Rusma") auch in der Kosmetik, besonders dort, wo aus religiösen Gründen die Verwendung von Rasiermessern untersagt ist. Gemenge von Arsentrioxyd und Arsensulfiden liefern das weiße, gelbe und rote Arsenglas, das in der Glas- und Farbenindustrie Verwendung findet. Auch in der Feuerwerkerei werden Arsenverbindungen, welche die Flamme fahlblau färben, verwendet. Arsen ist auch ein wichtiger Bestandteil des Salvarsans und der Blaukreuzkampfstoffe.

Der Jahresbedarf an Arsenik mag sich auf etwa 40—50.000 Tonnen stellen; wie schon betont, fallen viel größere Mengen an. Im allgemeinen erzeugt jedes Land mit eigenen Hüttenbetrieben für seinen Bedarf genügend Arsenik; besonders große Mengen werden in *Schweden*, den *Vereinigten Staaten von Nordamerika, England, Kanada (Ontario, S. 44), Mexiko* und *Polen (Reichenstein* in *Schlesien)* erzeugt und in den Vereinigten Staaten von Nordamerika verbraucht. Früher ließ man die giftigen, vegetationsschädlichen Arsenikdämpfe bei der Verhüttung arsenhaltiger Schwermetallerze einfach in die Luft entweichen, heute müssen sie in fast allen Ländern in Flugstaubkammern in Form von fast reinem, festen Arsenik unschädlich gemacht werden.

H. Kohlenstoff.

Gewichtsmäßig ist der Anteil des für das Leben unentbehrlichsten Aufbaustoffes, des *Kohlenstoffes*, an der Zusammensetzung der zu-

---

[1] Besonders zur Bekämpfung des Baumwollwurmes werden recht bedeutende Mengen von Arsenik benötigt (USA).

gänglichen Teile der Erdkruste kein sehr großer; er beträgt nur 0,08% [1]. Die Erscheinungsformen, in denen er uns entgegentritt, sind aber ungeheuer mannigfaltig. Spärlich ist der Kohlenstoff in den Schmelzflußgesteinen, die fast 90% der obersten 20 km der Lithosphäre ausmachen, vorhanden; nur in den mengenmäßig doch stark zurücktretenden, hydrothermalen Restkristallisationen spielt er in Form von verschiedenen Karbonaten eine bedeutende Rolle. Ein großer Teil des im Schmelzflusse vorhandenen Kohlenstoffes geht aus dessen Restlösungen beim Austritt an die Erdoberfläche im Gefolge von vulkanischen Ausbrüchen in Form von Kohlensäureausströmungen *(Mofetten)* in die Atmosphäre und damit auf dem Umwege über die Organismen zum überwiegenden Teil in die karbonatischen Sedimente über; durch deren Berührung mit dem heißen Schmelzfluß kann wieder Kohlensäure unter Bildung von Kontaktsilikaten abgespalten und der Atmosphäre zugeführt werden.

Auch der Bestand der Atmosphäre mit etwa 3 Hundertstel Prozent Kohlensäure und des Meerwassers mit etwa 7 Tausendstel Prozent Kohlensäure an Kohlenstoff ist keineswegs groß. Und doch beherrscht er zusammen mit dem Wasser- und Sauerstoff die Biosphäre. Die Lebensprozesse gehen im allgemeinen unter Speicherung des Kohlenstoffes aus der Atmosphäre und aus dem Meerwasser vor sich, sie liefern damit im Sedimentationsbereiche umfangreiche Konzentrationen von Kohlenstoff, teils in Form der Kohlen und des Erdöls, teils durch Ansammlung von karbonatischen Skeletten in Form der Kalksteine; damit wird der Atmosphäre die aus der Erde ausströmende Kohlensäure immer wieder entzogen und in den Sedimentgesteinen gespeichert. Spektroskopische Untersuchungen der Gestirne zeigen sogar, daß der Gehalt der Uratmosphäre an Kohlensäure und anderen Kohlenstoffverbindungen ein viel höherer gewesen ist, als der der jetzigen Atmosphäre; der größte Teil davon ging im Umwege über die Organismen in die Sedimente ein.

Der Kohlenstoff ist somit ein geochemisches Kreislaufelement. Kohlensäure, welche dem Urbestand der Atmosphäre angehört, ergänzt durch die im Zusammenhang mit vulkanischen Ereignissen aus der Erdkruste entweichende Kohlensäure, wird von den Organismen als Hauptelement in die Biosphäre hereingezogen. Der Kohlenstoff gerät damit beim Absterben der Organismen mit ihren mineralischen und organischen Resten als Karbonat, dann als Hauptbestandteil der Kohlen und des Erdöls in die Sedimente. Das übereiche Pflanzenleben früherer geologischer Epochen, das zum Entstehen der unge-

---

[1] Der Kohlenstoffgehalt der Meteoriten ist von ähnlicher Größenordnung (etwa 0,1%); nur tritt er hier vornehmlich in der Form des den Gesteinen der Erdkruste fremden Eisencarbides auf.

heuren Kohlenlager führte, mochte auf einen damals noch viel größeren Kohlensäuregehalt der Atmosphäre zurückzuführen sein. Durch die Kohlensäureausatmung der Organismen und durch die Nutzung durch den Menschen gelangt der Kohlenstoff in Form der Kohlensäure teilweise wieder in die Atmosphäre und wird dort weiter durch die vulkanischen Kohlensäureausströmungen ergänzt. Zweifellos nimmt aber der gesamte Kohlensäurebestand der Atmosphäre durch zunehmende Speicherung in den karbonatischen Sedimenten ganz allmählich mehr und mehr ab.

Die Zahl der Kohlenstoffmineralien ist sehr groß:

1. *Elementarer Kohlenstoff:* Wir kennen ihn in Form des in bestimmten, sehr basischen magmatischen Gesteinen *(Kimberlite)* und damit in Verbindung stehenden Seifen auftretenden, im reinen Zustand farblos durchsichtigen und außerordentlich harten *Diamanten*, der, wenn er undurchsichtig und schwarz ist, *Carbonado* genannt wird. Die häufigste Form des natürlichen Kohlenstoffes, die dem Aufbaue nach dem Ruß entspricht, ist der schwarze, metallisch glänzende, blättrig-schuppige oder dichte *Graphit*, welcher der Masse nach im Wege der Metamorphose aus organischen Verwesungsresten entsteht und in dieser Form das Endprodukt der Metamorphose der Kohle- und Erdölgesteine darstellt. Graphit bildet sich aber auch in geringerem Umfange aus der Kohlensäure pneumatolytisch-hydrothermaler Restlösungen durch Reduktionsprozesse, ebenso wie er auch durch Reduktion von Kohlensäure, die im Wege der Kontaktmetamorphose aus karbonatischen Sedimenten abgespalten wird, entstehen kann.

Unter den Kohlen besteht der *Anthrazit* überwiegend aus feinstverteiltem Graphit, während in den übrigen Kohlen neben feinverteiltem Kohlenstoff wechselnde Mengen von Kohlenwasserstoffen wie im *Erdöl* und seinen Umwandlungsprodukten *Erdwachs* und *Asphalt* vorhanden sind.

2. *Carbide* kommen fast nur in Meteoriten vor; hier tritt der Kohlenstoff auch als Graphit und spärlich als Diamant auf.

3. *Karbonate.* Sie treten zusammen mit hydrothermalen Erzen und auch sonst in Mineralklüften der verschiedensten Gesteine auf, ferner in Form von ausgedehnten sedimentären und metamorphen Gesteinsmassen. Hier seien nur die wichtigsten natürlichen Karbonate genannt: Das Calciumkarbonat $CaCO_3$, der *Kalkspat* oder *Calcit;* in seiner durchsichtigen Abart, welche in hervorragendem Maße die Eigenschaft der Doppelbrechung erkennen läßt, führt er den Namen *Isländischer Doppelspat.* Er bildet den Hauptbestandteil der dichten, feinkörnigen oder grobspätigen *Kalksteine* und *Marmore.* — Viel seltener ist der aus warmen Quellen sich abscheidende *Aragonit* von der-

selben Zusammensetzung. — Das Doppelkarbonat *Dolomit* CaMg $(CO_3)_2$ in hydrothermalen Klüften und als Bestandteil der weltverbreiteten sedimentären Dolomitgesteine. — Das Magnesiumkarbonat *Magnesit* $MgCO_3$ in der Form des Gelmagnesites und Spatmagnesites hydrothermaler Entstehung oder metasomatisch aus Kalkstein gebildet (S. 71). — Das Eisenkarbonat *Siderit* oder *Spateisenstein* $FeCO_3$ hydrothermaler oder ebenfalls metasomatischer Entstehung ist ein wichtiges Eisenerz (S. 30). — Das Strontiumkarbonat *Strontianit* $SrCO_3$ ist nur untergeordnet hydrothermaler, meist sedimentärer Entstehung; dasselbe gilt vom Bariumkarbonat *Witherit* $BaCO_3$. — Das Bleikarbonat $PbCO_3$ ist wie das Zinkkarbonat $ZnCO_3$ als Umwandlungsprodukt primärer Blei- und Zinkmineralien in der Verwitterungszone der Bleizinklagerstätten sehr verbreitet; es handelt sich da um wichtige Schwermetallerze (S. 54). — Seltener sind der *Kobaltspat* $CoCO_3$ und der *Manganspat* $MnCO_3$ auf hydrothermalen Lagerstätten; beide sind von roter Farbe.

a) Diamant.

Der *Diamant* ist nicht nur wegen seiner Härte, seiner hohen Lichtbrechung und Lichtzerstreuung ein sehr gesuchter Edelstein, sondern auch für die Industrie als härtester Körper unentbehrlich. Seine Synthese ist bisher noch nicht mit Sicherheit gelungen. Er wird verwendet zum Besatz von Kreis- und Bandsägen für Zwecke des Gesteins- und Metallschnittes, für Glasschneidezwecke, als Bohrspitzmaterial, in der Metalldrahtzieherei usw. Bei der Verschleifung von Diamanten anfallendes Diamantabfallpulver dient als Schleifmittel in der Metall- und Steinindustrie, vor allem auch für Diamanten selbst und für andere harte Edelsteine in den Edelsteinschleifwerkstätten. Die Diamantproduktion wird im allgemeinen in Karat angegeben [1]. Der Wert der aus den Diamanten geschliffenen *Brillanten* (Rosetten und Tropfen sind etwas billiger) beläuft sich auf etwa 600 Dollar für einen Einkaratstein sehr guter Qualität; der Preis steigt dann mehr als linear mit dem Gewicht an, sodaß ein Brillant von 2 Karat ungefähr 1500 Dollar, ein solcher von 3 Karat 2500 Dollar usw, kostet; ein Brillant im Gewicht von $^1/_{10}$ Karat kostet dagegen etwa 15 Dollar. Die als Edelsteine verwendeten Diamanten sind meist farblos, seltener gelblich, grünlich oder bläulich. — Technische Verwendung finden die Schleifabfälle und unschönen, schadhaften Steine; sie werden als *Bort (Diamantbort)* bezeichnet; dazu zählen die schwarzen, körnigen Diamanten aus *Brasilien*, die *Carbonados* genannt werden. Auch die Industriediamanten haben hohe

---

[1] 1 Karat = 0,205 g; auf 1 kg gehen somit 4878 Karat.

Preise; je nach Größe und Eignung schwanken diese zwischen 2 und 100 Dollar pro Karat.

Die Diamanten werden mit Ausnahme von Südafrika nur aus Seifen gewonnen, da sie in den die Seifen liefernden Kimberlitgesteinen zu spärlich vertreten sind; die Kimberlitgesteine führen außer den Diamanten als Halbedelsteine noch die blutroten, zu den Granaten zu zählenden *Pyrope (Kaprubine)* $Mg_3Al_2[SiO_4]_3$ (S. 166).

Die durch Kartellbindungen beschränkte und preisbestimmte Gesamtgewinnung an Diamanten belief sich im Jahre 1937 auf etwa 2000 kg, im Jahre 1940 auf 2800 kg, im Jahre 1941 auf 3200 kg (über 15 Millionen Karat im Rohwerte von etwa 100 Millionen Dollar) und ist von da ab wegen Inanspruchnahme der Arbeitskräfte für kriegswirtschaftlich wichtigere Zwecke gesunken [1]. Das älteste Diamantland ist *Indien*, aus dem die meisten berühmten großen Diamanten stammen; in der zweiten Hälfte des vergangenen Jahrhunderts wurde Indien in der Diamantenproduktion von *Brasilien (Diamantina)* überflügelt, dieses wieder im Jahre 1880 durch *Transvaal (Kimberley)*; auch die Produktion in *Deutschsüdwestafrika* schaltete sich bald darauf ein und seit einer Reihe von Jahren hat der *Belgische Kongo (Kassai-Gebiet)* die Führung in der Diamantengewinnung übernommen. Gegenwärtig bestreitet Belgisch-Kongo ungefähr drei Viertel des Weltbedarfes an Diamanten, liefert aber überwiegend Industriediamanten [2]. Die südafrikanische Produktion war schon im Jahre 1940 auf 4% der Weltproduktion gesunken und hielt sich damit mit der Produktion von *Angola, Goldküste* und *Löwenküste* auf gleicher Höhe. Brasilien ist an der Weltproduktion noch mit etwa 3% beteiligt; die Produktion in Südwestafrika und in *Ostafrika* wurde künstlich und durch die Ungunst der Arbeitsbedingungen gedrosselt; sie beträgt gegenwärtig nur mehr wenige Kilogramm im Jahre (in der Blütezeit um das Jahr 1913 lieferte Südwestafrika jährlich ungefähr 300 kg); die indische und sonstige asiatische Produktion (z. B. *Sumatra*) ist gewichtsmäßig bedeutungslos, wenn auch von dort laufend Steine von bester Qualität dem Weltmarkte zugeführt werden. Ohne Bedeutung sind vorläufig noch die neueren Funde im *Mittelural, Gabun, Australien* (hier in Gold- und Zinnsteinseifen) und *USA (Arkansas)*.

Die Hauptverarbeitungsstelle für Schmuckdiamanten ist *Antwerpen*, wo 20.000 Arbeiter in den Edelsteinschleifereien tätig sind; das sind ungefähr $^2/_3$ der Diamantschleifer überhaupt.

---

[1] 1945 betug sie über 2800 kg, ohne daß damit die industriellen Bedürfnisse voll hätten befriedigt werden können.

[2] Daher beträgt wertmäßig die Beteiligung des Belgischen Kongo an der Diamantenproduktion kaum 15%.

b) Graphit.

Das wertvolle Mineral *Graphit* besteht wie der Diamant aus reinem Kohlenstoff. Es werden von ihm jährlich etwa 200.000 Tonnen gewonnen; davon werden etwa ein Drittel für die Schmelztiegelherstellung (grobschuppige „Tiegelgraphite" von Ceylon, Madagaskar und Bayern) verwendet, ein anderes Drittel findet in den Gießereien und für die Herstellung rostschützender Anstrichfarben für Öfen Verwendung; etwa 20% werden als technisches, gutleitendes Schmiermittel verwendet, etwa 10% dienen der Herstellung von schwarzen Erdfarben; die Bleistiftminenfabrikation nimmt etwa 5% der jährlichen Graphitproduktion auf; zur Herstellung der Bleistiftminen werden 50—60% Graphit benötigt, zur Erhöhung der Farbkraft werden etwa 20% Antimonit (S. 62) beigemengt; den Rest der Minenmasse bildet Ton, durch dessen wechselnden Zusatz die Härte reguliert wird. Für bestimmte Zwecke ist der dichte, feinstschuppige Graphit besonders geschätzt, weil sich der grobblättrige Graphit gar nicht leicht durch Vermahlen auf die erforderliche geringe Teilchengröße bringen läßt. — In der Elektrotechnik wird Graphit für die Herstellung von Elektroden, Dynamobürsten und Trockenbatterien verwendet; in der Galvanoplastik wegen des fettigen Anhaftens und der guten Leitfähigkeit als Überzugsmaterial für nachzubildende Gegenstände.

Über ein Drittel der gesamten Graphitgewinnung stammt aus Mitteleuropa: *Österreich (Steiermark,* auch *Niederösterreich),* die *Tschechoslowakei (Böhmen,* auch *Mähren)* und *Ostbayern* fördern jährlich je 20.000—30.000 Tonnen, das sind je über 10% der Weltproduktion; in ungefähr derselben Höhe liegt die Graphitförderung von *Ceylon* und *Madagaskar;* diese Graphite, von denen der ceylonische in sehr reiner Form gangförmig auftritt, sind als Tiegelgraphite hoher Qualität besonders geschätzt. Die *Vereinigten Staaten* von *Nordamerika* fördern aus kleineren Vorkommen jährlich nur wenige tausend Tonnen Graphit, dagegen *Mexiko* und *Italien* je an die 10.000 Tonnen hochwertigen Graphites. Bedeutend ist auch die *russische* Graphitförderung aus großen Lagern in *Sibirien* (Unterlauf des *Jenissei*); sie dürfte sich auf $^1/_3$ der Weltproduktion belaufen.

Bedeutende Mengen von Graphit werden unter Ausnützung billigen elektrischen Stromes im elektrischen Ofen aus Anthrazit und aus Petrolkoks besonders in den *Vereinigten Staaten* von *Nordamerika* künstlich hergestellt.

c) Kohle.

Die Kohlen sind metamorphe Sedimente organogener Entstehung, d. h. sie gehen auf Ansammlungen von organischen Resten zurück und zwar von pflanzlichen in der Form von Kohlehydraten (Zellulose,

Lignin usw.). Die Entstehung der Kohlen beginnt mit dem *Torf*, der durchschnittlich 65% Kohlenstoff, daneben 44% Sauerstoff und 6% Wasserstoff enthält. Im Wege der Metamorphose (man spricht auch vom fortschreitenden Inkohlungsprozeß) geht der Torf in die *Braunkohle* (mit 74% C, 5% H und 21% O), die *Steinkohle* (mit durchschnittlich 90% C, 5% O und 5% H) und schließlich den *Anthrazit* (mit mindestens 96% C) und den reinen Kohlenstoff in der Form des *Graphites* über. Im allgemeinen geht die Steigerung des Kohlenstoffgehaltes mit dem geologischen Alter parallel. Braunkohlen sind meist geologisch jung (tertiär oder mesozoisch), Steinkohlen und Anthrazit wie der rein regionalmetamorphe Graphit geologisch alt. Für die Steinkohlen- und Anthrazitbildung scheint aber nicht nur lange Zeit, sondern vor allem auch starke Überlastung mit jüngeren Sedimenten, welche bedeutende Druckwirkungen zur Folge hat, notwendig zu sein; wo dieses Moment fehlt, verbleiben auch geologisch alte Kohlen auf dem Stadium der Braunkohle. Mit der Zunahme des Inkohlungsprozesses steigt der Heizwert der Kohle an.

Auf die Bedeutung der Kohle nicht nur als Mittel zur Energieerzeugung, sondern auch als Reduktionsmittel in der Hüttenindustrie und als Rohstoff einer riesigen chemischen Industrie (Teerfarben und andere Teerpräparate, synthetische Treibstoffe usw.) kann nur kurz verwiesen werden. Kohle ist neben Erdöl und Wasserkräften das unentbehrliche Grundelement der modernen Großindustrie und des Großverkehres.

Die Weltkohlengewinnung überschreitet gegenwärtig die Jahresmenge von 1½ Milliarden Tonnen sehr beträchtlich. Davon sind etwa 15% Braunkohle und 85% Steinkohle [1] (die statistisch schwer erfaßbare Torfgewinnung hat im allgemeinen nur lokale Bedeutung, ist aber für kohlenarme Gebiete nicht unwichtig); die Weltvorräte an Kohlen können vorsichtig auf 10 Billionen Tonnen veranschlagt werden, von denen etwa 1 Drittel auf die *Vereinigten Staaten* von *Nordamerika* entfallen. Die Vereinigten Staaten sind auch mit jährlich etwa 500 Millionen Tonnen [2] (meist Steinkohle oder der Steinkohle an Heizwert wenig nachstehender Glanzbraunkohle) an der Weltproduktion beteiligt; die Kohlenvorkommen sind über die Vereinigten Staaten weit verstreut: die bedeutendsten Grubengebiete liegen in *Pennsylvanien*, *Westvirginien* und *Illinois*, während zwei Drittel der auf 3 bis 4 Billionen Tonnen anzusetzenden Vorräte der Vereinigten Staaten bei einer Jahresförderung von nur etwa 20 Millionen Tonnen

---

[1] Bei den bestehenden Übergängen läßt sich zwischen Braun- und Steinkohle nicht immer scharf trennen, ebensowenig wie etwa zwischen Steinkohle und Anthrazit.

[2] Im Jahre 1942 fast 600 Millionen Tonnen.

im Gebiete der *Rocky Mountains* liegen. In der Steinkohlenproduktion folgt auf die Vereinigten Staaten von Nordamerika *Großbritannien* mit gegen 300 Millionen Tonnen jährlicher Steinkohlenförderung. — Die noch bestehende *deutsche* Förderkapazität (nach Abzug der an Polen verlorenen Gebiete) beläuft sich insgesamt auch auf etwa 300 Millionen Jahrestonnen; sie verteilt sich zu gleichen Teilen auf Stein- und Braunkohle; in der Braunkohlenförderung steht Deutschland aus seinen mitteldeutschen Vorkommen weitaus an der Spitze der Welt-förderung. Die englischen wie die deutschen Kohlenvorräte belaufen sich je auf mehrere 100 Milliarden Tonnen. — *Rußland* fördert jähr-lich gegen 200 Millionen Tonnen Kohle, überwiegend Steinkohle; nahe-zu die Hälfte stammt aus dem *Donez*gebiet in der *Ukraine*, während 90% der auf 3 Billionen Tonnen anzusetzenden Vorräte Rußlands (vor-nehmlich Steinkohle) im asiatischen Teil der Sowjetunion lagern *(Ost-ural, Altai, Irkutsk, Sachalin, Wladiwostok).* — Dann folgt das ver-größerte *Polen* mit einer Jahresproduktion von etwa 70 Millionen Ton-nen an Steinkohle und einer im ostelbischen Gebiet neu erworbenen Braunkohlenförderungskapazität von etwa 20 Millionen Tonnen. — Die *französische* Steinkohlenproduktion liegt wie die *japanische* bei etwa 50 Millionen jährlich, die *chinesische* (einschließlich *Mand-schurei)* bei etwa 40 Millionen Tonnen (die chinesischen Vorräte be-laufen sich ebenfalls auf mehrere hundert Milliarden Tonnen). — *Belgien* und *Britisch-Indien* fördern jährlich je etwa 30 Millionen Tonnen, die *Niederlande* und *Australien* etwa 15 Millionen Tonnen Steinkohle; gleich hoch ist die *tschechoslowakische* Steinkohlenförde-rung, wozu aber noch 20 Millionen Tonnen hochwertiger Braunkohle aus den *nordböhmischen* Revieren kommen. — Die *kanadische* Förde-rung beläuft sich auf etwa 15 Millionen Tonnen Steinkohle und 5 Millionen Tonnen Braunkohle; Kanada ist aber eines der kohlen-reichsten Gebiete, besonders steht es in den Braunkohlenvorräten an der Spitze; die Vorräte Kanadas sind auf mehrere 100 Milliarden Tonnen Steinkohle und nahezu 1 Billion Tonnen Braunkohle anzu-setzen; die Lager liegen aber verkehrsmäßig ungünstig im Gebiete der *Rocky Mountains.* — Kerneuropa verfügt hauptsächlich über Braun-kohlen: *Ungarn* vermag jährlich über 10 Millionen Tonnen, *Jugo-slawien* 7 Millionen Tonnen und *Österreich* (besonders *Steiermark,* auch *Niederösterreich)* 3—4 Millionen Tonnen Braunkohle[1] zu för-dern; die Steinkohlenproduktion der drei Gebiete zusammen genommen erreicht jährlich unter Vormacht Ungarns kaum die Höhe von 2 Mil-lionen Tonnen.

---

[1] Die österreichischen Braunkohlenvorräte sind auf etwa 300 Millionen Tonnen einzuschätzen.

Jedenfalls kann die Weltversorgung mit Kohle auf Grund der bisher bekannten Vorräte auf viele hundert Jahre hinaus als gesichert gelten; und bis dahin wird der menschliche Geist andere Energiequellen erschlossen haben und auch zum Nutzen der Menschheit anwenden können, welche die in den Kohlen gespeicherte Sonnenenergie reichlichst ersetzen.

Gewisse erdige Sorten von *Braunkohle* werden unter dem Namen *Kölnische Umbra, Kasseler Braun* oder *Kohlebraun* in der Farbindustrie in Mengen von einigen tausend Tonnen verwendet.

Gagat (Jet, Schwarzer Bernstein) ist eine tiefschwarze, kompakte Kohle mit muscheligem Bruch, die sich mit Messer und Feile leicht bearbeiten läßt. Sie findet sich in gewissen kalkig-tonigen Sedimenten in geringen Mengen eingelagert *(Ostengland, Asturien, Aragonien, Südfrankreich, Schwäbische Alp, Colorado* usw.). Der Gagat wird als Trauerschmuckstein und für kunstgewerbliche Gegenstände verwendet. Die Jahresgewinnung beläuft sich auf einige Tonnen. — Für ähnliche Zwecke wird in *Nordamerika* auf besondere *Anthrazit*sorten zurückgegriffen.

Wegen der geringeren Heizkraft des Torfes und der vergleichsweise geringen Vorratsführung der an sich weit verbreiteten Lager haben diese keine weltwirtschaftliche Bedeutung. Der Torf kann aber durch einen besonderen Verkohlungsprozeß in die Torfkohle mit einem an die Steinkohle heranreichenden Heizwert künstlich umgewandelt werden; in Frage kommt dies nur für ausgesprochen kohlearme Gebiete, z. B. für *Österreich* mit seinen über viele Alpentäler verstreuten (besonders *Steiermark* und *Salzburg*) Torflagern, deren Inhalt auf 50 Millionen Tonnen zu veranschlagen ist; gleichzeitig kann durch die Enttorfung der Boden in guten Kulturboden umgewandelt werden. *Dänemark* kann in Notzeiten fast seinen ganzen Brennstoffbedarf durch die Förderung von jährlich 5 Millionen Tonnen Trockentorf decken; es hat erst während des letzten Krieges eine gewisse Braunkohlenförderung aus unbedeutenden Vorkommen (besonders *Jütland*) erreicht. Auch für die äußerst kohlearme *Schweiz* sind die zahlreichen kleineren Vorkommen in den Alpentälern in Krisenzeiten von Bedeutung.

d) Erdöl und Erdgas, Erdwachs und Asphalt.

Während die Kohlen ihre Herkunft im wesentlichen von pflanzlichen Organismen herleiten, deren Strukturen in den jüngeren Kohlen (z. B. in den Ligniten) vielfach noch deutlich zu erkennen sind, handelt es sich bei den *Erdölen* und bei den aus ihnen entstehenden Produkten *Erdgas, Erdwachs (Ozokerit)* und *Asphalt* überwiegend um Abkömmlinge aus tierischen Verwesungsresten; Ausgangsprodukte sind Fette und Eiweißstoffe. In derartigen an tierischen Resten reichen Sedimentschichten *(bituminöse* Schichten, die wir auch noch in den teilweise wertvollen, brennbaren *Ölschiefern* [1] stellenweise in großen Mengen antreffen) bildet sich das Erdöl und aus ihnen wandert es in flüssiger Form ab, trennt sich von dem begleitenden Wasser und strebt wegen seines geringeren Gewichtes (Erdöl ist leichter als Wasser!) nach oben. Unter undurchlässigen Oberflächenschichten, die einen Austritt des fein verteilt aufsteigenden Erdöls verhindern, sammelt es sich zu Erdöllagern in porösen Sandsteinen *(Ölsande)* besonders in den Schichtkuppen an, während das schwerere Wasser in den Schichtmulden tiefer darunter bleibt (Abb. 6). Häufig findet sich das Erdöl auch an den Flanken von ebenfalls undurchlässigen Salzstökken. In den obersten Teilen der Ölkuppen sammelt sich das noch leichtere Erdgas an. Da es unter hohem Druck steht, entweicht es beim Anbohren der Kuppen mit großer Gewalt und treibt auch das Erdöl gewaltsam aus dem Bohrloch heraus; aber auch aus gasfreien Kuppen wird beim Anbohren das Erdöl an die Oberfläche hinausgepreßt und zwar durch das unter hohem Druck stehende, darunter liegende Wasser.

Wo das Erdöl natürlich am Ausstrich poröser Schichten an die Oberfläche heraustritt, wird es an der Oberfläche durch teilweise Oxydation in das braune Erdwachs und schließlich in den schwarzen Asphalt umgewandelt; Asphaltbildung tritt auch überall da ein, wo austretendes Erdöl in Klüften mit sauerstoffreichen Oberflächenwässern in Berührung kommt. — Wichtig ist noch, daß in Verbindung mit Erdöllagerstätten nicht selten jodreiche Mineralquellen zutage treten, aus welchen Jodsalze gewonnen werden können *(Niederländisch Indien;* das *Jod* stammt zweifellos aus dem Erdöl und wird in Salzform von den begleitenden Wässern ausgewaschen).

Die Verwendung des Erdöles, des Erdgases, des Erdwachses und des Asphaltes besonders zu behandeln, erübrigt sich, denn der Wert dieser in vielen Jahrmillionen angesammelten Geschenke der Natur ist allgemein bekannt; ebenso ist bekannt, wie weit über die unmittelbaren Interessen der Wirtschaft hinausgreifende Einflüsse diese Naturprodukte auf die Ereignisse der Weltgeschichte haben und haben werden, solange man sich nicht zu einer vernünftigen Verteilung der

---

[1] Die Ölschiefergewinnung (besonders *Nordrußland,* und zwar *Estland* und die Gegend um *Leningrad,* mit jährlich 2 Millionen Tonnen, *Frankreich, Mandschurei, Süddeutschland, Nordtirol)* hat im allgemeinen nur örtliche Bedeutung. Teilweise werden die Ölschiefer unmittelbar bei Bitumengehalten von 20—40% als Heizmaterial verwendet, teilweise wird das Öl aus ihnen ausdestilliert und wie Rohöl weiterverarbeitet. Die Schieferöle dienen auch pharmazeutischen Zwecken (Ichthyol usw.).

Güter der Erde entschließen zu können glaubt; heute ist es jedenfalls so, daß Erdölvorkommen mehr als die anderen Rohstoffvorkommen im Blickpunkt des politischen Interesses stehen, obwohl auch auf diesem Gebiete die Wissenschaft in Verbindung mit der Technik durch die Massenerzeugung synthetischer Produkte, welche die Naturprodukte vollwertig ersetzen, eine fühlbare Entlastung geschaffen hat.

Jedenfalls hat man sogar in wirtschaftspolitischen Kreisen allgemein erkannt, daß die Erdölfrage versorgungstechnisch anderer Art ist als etwa die Frage nach der Versorgung mit Eisenerzen, Kohlen und Bauxit. Denn während wir z. B. bezüglich der Kohlenversorgung auf lange Sicht hinaus beruhigt sein können, ist das beim Erdöl nicht der Fall. Hier muß der vorsichtige und verantwortungsbewußte For-

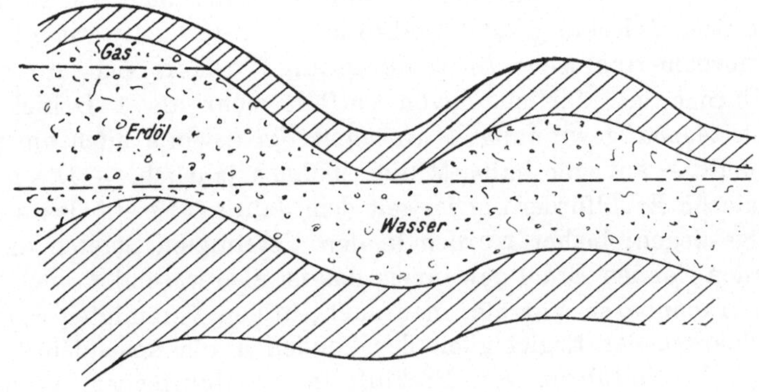

Abb. 6. Schematisches Bild über die Lagerung der Erdöl- und Erdgashorizonte.
(schraffiert undurchlässige Schichten; gepunktet durchlässige, poröse Sandschichten).

scher warnen; die bisher bekannten Erdölvorräte reichen an der heutigen Beanspruchung gemessen, noch etwa 3 Jahrzehnte aus. Der Wissenschafter wird keineswegs leugnen, daß begründete Aussicht besteht, daß sich die Vorräte noch wesentlich erhöhen werden; aber dem steht die Tatsache gegenüber, daß die Erdölgewinnung und der Erdölverbrauch (siehe Tab. am Schlusse dieses Abschnittes) in den letzten Jahrzehnten derart zugenommen haben, daß die Erschließung neuer Vorkommen die Bedarfssteigerung nicht mehr auszugleichen vermag, das heißt, daß selbst die vorsichtig zu erwartenden Vorräte in deutlicher Abnahme begriffen sind.

Als Einheit für die Erdölförderung und den Erdölhandel gilt im allgemeinen in der Wirtschaft nicht die Tonne, sondern das Faß (Barrel); 1 Barrel sind 159 lt.; 1 Tonne Rohöl entspricht ungefähr 7 Barrels.

Der Weltverbrauch an Erdöl (Rohöl) beläuft sich auf jährlich ungefähr 2 Milliarden Barrels (ca. 300 Millionen Tonnen); die bekannten Weltvorräte außerhalb der Sowjetunion können auf 5 Milliarden Tonnen veranschlagt werden. Sowohl in der Förderung wie auch im Verbrauch stehen die *Vereinigten Staaten* von *Nordamerika* mit fast 2 Drittel (fast 200 Millionen Tonnen)[1] weitaus an der Spitze. Die amerikanischen Erdölvorkommen sind über zahlreiche Staaten verstreut; die Hauptgebiete liegen in *Texas* (1 Drittel der nordamerikanischen Förderung), *Südkalifornien, Illinois, Louisiana, Kansas* und *Oklahoma;* daneben tritt die Erdölgewinnung in *Pennsylvanien*, jenem Staat, in welchem zuerst auf der Erde in großem Umfange Erdöl gefördert wurde, mit einer gegenwärtigen Jahresförderung von 3 Millionen Tonnen schon stark in den Hintergrund. Die amerikanischen Erdölvorräte werden auf 3 Milliarden Tonnen veranschlagt, sodaß noch mit einer Bedarfsdeckung auf 15 Jahre hinaus gerechnet werden kann. — Die nordamerikanische *Erdgas*förderung[2] beläuft sich auf etwa 100 Milliarden m³ jährlich, davon entfällt mehr als 1 Drittel auf *Texas*, die *Asphalt*gewinnung — *Nordamerika* gewinnt auch am meisten Asphalt — auf eine halbe Million Tonnen jährlich. — Die nordamerikanische Erdölförderung ist seit dem Jahre 1913 auf das sechsfache angestiegen; bisher wurden in den Vereinigten Staaten an die 5 Milliarden Tonnen Erdöl gewonnen, das ist also wesentlich mehr als die noch erkennbaren Vorräte; man sucht in den Vereinigten Staaten dem Nachlassen der Ergiebigkeit der Sonden durch kostspielige Methoden (z. B. Einführen von Preßluft in die Bohrlöcher) vorübergehend zu begegnen.

An zweiter Stelle in der Erdöljahresproduktion, aber mit unvergleichlich größeren Vorräten steht *Rußland*. Gegenwärtig liegt die russische Jahresförderung zwischen 30 und 40 Millionen Tonnen; trotz ihrer Steigerung wurde die Ausfuhr seit einer Reihe von Jahren völlig eingestellt; die russischen Vorräte werden auf annähernd 10 Milliarden Tonnen geschätzt (?) oder besser gesagt „erhofft"; davon sollen 4 Milliarden Tonnen auf die Gebiete südlich und nördlich des *Kaukasus* (vor allem auf das Gebiet von *Baku*) entfallen; das Kaukasusgebiet ist an der gegenwärtigen russischen Förderung mit 3 Vierteln beteiligt. — Ein weiteres bedeutendes russisches Erdölgebiet ist das jüngst erschlossene *Ural-Wolga*-Revier mit 3 Milliarden Tonnen Vorräten und einer augenblicken Jahresförderung von etwa 7 Millionen Tonnen; bedeutend (über 1 Milliarde Tonnen) sind noch die Vorräte

---

[1] In den späteren Kriegsjahren auf 250 Millionen Tonnen gesteigert. Die nordamerikanische Jahresproduktion entspricht einer Garnitur von Kesselwagen, die 3—4mal um den Äquator reichen würde.

[2] Über den Heliumgehalt der Erdgase vgl. S. 167.

im *Emba*-Gebiet nordöstlich des kaspischen Meeres und östlich des Uralflusses; eine ähnliche Bedeutung haben die bisher erforschten *sibirischen* Erdölgebiete. — Die ostgalizische Produktion ist stark im Sinken begriffen und dürfte gegenwärtig bei 1 Million Jahrestonnen liegen.

An dritter Stelle steht in der Jahresförderung mit 30 Millionen Tonnen *Venezuela;* die Vorräte dieses Staates werden auf ungefähr eine halbe Milliarde Tonnen eingeschätzt; dann folgt an vierter Stelle *Iran* mit einer stark ansteigenden Jahresförderung von gegenwärtig 12 Millionen Tonnen; die *iranischen* Vorkommen liegen nördlich des persischen Golfes und in *persisch Aserbeidschan.*

Niederländisch Indien fördert jährlich etwa 8 Millionen Tonnen Erdöl aus weit über die Inseln verstreuten Revieren; etwa 2 Drittel davon liefern die Vorkommen auf *Sumatra.* Die Vorräte belaufen sich auf etwa 200 Millionen Tonnen; die Erdgasförderung Niederländisch Indiens, die teilweise zu Benzin verarbeitet wird, ist mit jährlich mehreren Milliarden m³ sehr bedeutend[1]. — Etwas höher ist die Erdölförderung im Bereich des erdölarmen *britischen* Weltreiches (ebenso wie auch das *französische* Kolonialgebiet sehr arm an Erdöl ist!); davon entfällt etwa 1 Drittel auf die westindische Insel *Trinidad,* je 1 Sechstel auf die im persischen Golf gelegenen *Bahreininseln* und auf *Birma* und je 1 Achtel auf *Britisch Borneo* und das erdölarme *Kanada.*

In der Erdölförderung stand noch von 20 Jahren *Mexiko* mit jährlich 30 Millionen Tonnen an zweiter Stelle; die Förderung ist hier stark im Absteigen begriffen und steht jetzt bei etwa 6 Millionen Jahrestonnen; das Absinken ist durch Erschöpfung der Lager, durch Salzwassereinbrüche und auch durch künstliche Drosselung bedingt.

Die ansteigende Erdölproduktion im *Irak* beträgt jetzt jährlich etwa 5 Millionen Tonnen. — Stark absinkend wegen Erschöpfung der Lager ist die *rumänische* Erdölförderung, die gegenwärtig bei etwa 4 Millionen Jahrestonnen stehen dürfte[2]; die rumänischen Vorräte im *Karpathenvorland* werden noch auf etwa 50 Millionen Tonnen eingeschätzt. — Die *kolumbianische* und *argentinische* Erdölproduktion mit je etwa 3 Millionen Tonnen jährlich sind im Ansteigen begriffen, ebenso die *peruanische* mit gegenwärtig 2 Millionen

---

[1] Aus den die Niederländisch-indischen Erdölvorkommen begleitenden Mineralquellen werden soviel Jodsalze gewonnen, daß Niederländisch-Indien in der Weltjodgewinnung mit 10% an dritter Stelle hinter Chile und Japan steht; das Jod wird aus den Quellen, die bei *Soerabaja* auf *Java* 0,15 g Jod im Liter enthalten, mit Hilfe von Kupfer ausgezogen.

[2] Sie ist damit auf weniger als die Hälfte der seinerzeitigen Höchstproduktion gesunken.

Jahrestonnen. — Die Erdölvorkommen in *Saudi-Arabien*, die recht aussichtsreich sind, befinden sich im Stadium der Erschließung. — In *Europa* sind noch die im Ansteigen begriffene *österreichische* und *deutsche* Produktion mit je knapp 1 Million Jahrestonnen zu erwähnen; die Verhältnisse für die Erschließung weiterer Erdölquellen im nordöstlichen *Österreich* liegen nicht ungünstig, dasselbe gilt für das westliche *Polen*, *Albanien* und *Italien*.

Folgende kleine Tab. 9 gibt eine Übersicht über die gewaltige Steigerung des Jahresverbrauches an Erdöl im Laufe der letzten 80 Jahre:

Tab. 9. Die Entwicklung der Erdölförderung.

1860	70.000	Tonnen
1890	5,000.000	„
1900	20,000.000	„
1920	100,000.000	„
1938	280,000.000	„
1939	über 300,000.000	„

Das nicht sehr häufige *Erdwachs* mit 85% Kohlenstoff wird hauptsächlich zur Herstellung des paraffinreichen Ceresins verwendet, welches das teurere Bienenwachs weitgehend ersetzen kann; in geringerem Umfange wird es zu Paraffin selbst verarbeitet. Rohes Erdwachs wird wegen seiner Isolierfähigkeit mit oder ohne Asphalt für Kabelhüllen verwendet, ferner auch als Imprägnationsmittel für Stoffe und Holz und als technisches Schmiermittel; auch Vaseline wird daraus hergestellt.

Das Hauptgewinnungsgebiet für Erdwachs ist *Galizien*, wo es besonders bei *Boryslav* und *Stanislau* in Salztone eingelagert vorkommt. Auch in den *Kaukasus*-Ölgebieten finden sich größere Mengen von Erdwachs. In den *Vereinigten Staaten* von *Nordamerika* wird Erdwachs besonders in *Colorado*, *Neumexiko* und *Arizona* gewonnen. Die Jahresgewinnung an Erdwachs, das einen Preis von mehreren hundert Dollar pro Tonne erzielt, beläuft sich auf etwa 2000 Tonnen; die *ostgalizische* (jetzt *russische*) Gewinnung ist von ihrer Gipfelhöhe im Jahre 1904 (über 3000 Tonnen) auf weniger als 1 Drittel gesunken.

Die Weltgewinnung an *Asphalt* beträgt rund 1½ Millionen Tonnen jährlich. Davon entfallen 30% auf die *Vereinigten Staaten* von *Nordamerika*, je 15% auf *Italien*, *Frankreich* und *Trinidad*, 10% auf *Deutschland* und 5% auf *Venezuela*. Verwendet wird der Asphalt vor allem als Straßenbaumaterial, für Fußbodenbeläge, als Isolierschichtmaterial gegen Grundwasser, für die Herstellung des Stampfasphaltes, zur Umhüllung von Kabeln, ferner zur Herstellung von Firnissen, Lacken und Farben.

e) Bernstein.

Der *Bernstein* ist ein fossiles Harz, das bei einem Kohlenstoffgehalt von fast 80% etwa 7% Bernsteinsäure enthält. Er ist gelblich bis hyazinthrot, gelegentlich auch wasserhell, violett oder grün, dabei durchsichtig oder auch milchig trüb; häufig enthält er wohl konserviert Organismenreste, z. B. Insekten. Beim Verbrennen riecht er angenehm aromatisch, beim Reiben wird er negativ elektrisch. Die damit verbundene Eigenschaft, leichte Fremdteilchen anzuziehen, war schon im Altertum bekannt, weshalb die griechischen Naturphilosophen dem Bernstein eine Seele zuschrieben; Aristoteles nannte ihn Elektron, woher dann die Elektrizität ihren Namen erhalten hat. Man nahm schon im Altertum wie auch heute noch in vielen Gegenden an, daß er Krankheitsstoffe an sich reiße, und trug und trägt ihn daher vielfach als Vorbeugungsmittel gegen Krankheiten.

Der Bernstein findet sich vor allem über ein mehrere 100 km² großes Gebiet hin verstreut in *Ostpreußen* in der sogenannten „Blauen Erde", einem in Wirklichkeit grünen, glimmerhaltigen, tonig-sandigen Sediment. Dorthin ist er aus dem Boden des Bernsteinurwaldes, wo er sich ursprünglich als reichlich ausgeschiedenes Harz der Bernsteinkiefer angesammelt hat, eingeschwemmt worden. Auch sonst findet er sich in geringen Mengen an vielen Orten in jüngeren Sedimenten in Norddeutschland [1] und anderen Ländern, auch in Polen, West- und Südrußland; außerhalb Ostpreußens handelt es sich aber nirgends um gewinnfähige Mengen. In Ostpreußen wird er durch Aufsammeln am Strand, durch Fischen vom Meeresgrund, jetzt aber vorwiegend im Tag- und Tiefbau gewonnen; die geförderte Blaue Erde wird aber zusehends ärmer an Bernstein.

Vielerorts wurde der Bernstein schon in vorgeschichtlicher Zeit als Schmuck- oder Amulettstein verwendet. Alt ist auch seine Verwendung als Räucherpulver und seine Verarbeitung zu den verschiedensten kleinen kunstgewerblichen Gegenständen und Schmuckstücken. Heute wird er außerdem in großem Umfange zur Fabrikation von Rauchrequisiten (Zigarren- und Zigarettenspitzen, Pfeifenmundstükken usw.) verwendet. In der Technik dient er als Isoliermittel für feine elektrische Apparate; Abfallbernstein wird zur Herstellung des Bernsteinlackes, des Bernsteinöles und der Bernsteinsäure benutzt.

Der Weltmarkt wird fast ausschließlich aus *Ostpreußen,* dessen Jahresproduktion einen Wert von ungefähr 1 Million Dollar repräsentiert, beliefert. Der Preis für den Rohbernstein schwankt zwischen 1 und 100 Dollar pro Kilo, die Jahresgewinnung beläuft sich auf durchschnittlich 500 Tonnen.

f) Karbonate.
1. Calcit und Kalkstein.

Das vorherrschende Mineral der Kalksteine ist der *Kalkspat* oder *Calcit* $CaCO_3$, der in den verschiedensten Gesteinsklüften und Hohl-

---

[1] Hieher aus Ostpreußen verlagert.

räumen in schön entwickelten, farblosen, gelblichen oder rötlichen
Kristallen, die manchmal Längen von mehreren Dezimetern erreichen,
auftritt. Wie auch sonst rührt die Zusatzbezeichnung —spat
daher, daß dieses Mineral im kristallisierten Zustande sich
nach bestimmten Flächen ausgezeichnet trennen läßt (vergleiche auch
Feldspat, Schwerspat, Eisenspat usw.). Die *Kalksteine* sind fast ausschließlich sedimentärer Herkunft; sie sind ursprünglich bei der Ab-
lagerung sehr feinkörnig, enthalten aber vielfach in großem Umfange
Kalkskelette tierischer und pflanzlicher Organismen; mit zunehmendem Alter werden die Kalksteine grobkristallin und die Metamorphose
führt sie unter Kornvergrößerung häufig in grobspätige Formen über.
Reine Kalksteine sind weiß, infolge eines wechselnden Gehaltes an
organischen Resten sind die Kalksteine aber häufig dunkel gefärbt,
Beimengung von Eisenoxydhydraten gibt ihnen eine rote Färbung
usw., oft sind sie gebändert oder sonst bunt gezeichnet. Die weißen
wie auch die schönfarbigen und gut gezeichneten Abarten, ob dicht
oder grobkristallin, führen den Namen *Marmor*. Oft enthalten die
Kalksteine auch Kieselsäure oder toniges Material in wechselnden
Mengen, sodaß sie durch alle Übergänge über die kalkigen Sandsteine mit den reinen Sandsteinen und über die tonreichen *Mergel* mit
den Schiefertonen verbunden sind. Für viele Zwecke der Technik werden
reine Kalksteine, für andere Zwecke wieder tonsilikathaltige bevorzugt. Die Kalksteine sind an den Sedimentgesteinen mit etwa 5%,
am Gesamtaufbau der zugänglichen Teile der festen Erdkruste mit
0,2% beteiligt. *Dolomitische* Kalksteine enthalten viel Magnesiumkarbonat beigemengt.

Besondere Formen der sedimentären Kalksteine sind:

Die *Kreide*; es sind dies ursprünglich lockere Anhäufungen von
mikroskopisch kleinen Kalkgehäusen; sie sind besonders in den Kü-
stengebieten der Nord- und Ostsee, weit in das Landinnere hinein-
reichend, verbreitet.

Plattenkalksteine, vor allem der „*Lithographische*" Kalkstein; sie
zeigen sehr feines und gleichmäßiges Korn bei graubrauner Farbe
und lassen sich leicht nach einer Richtung zu Platten spalten. Besonders der Lithographenkalk aus dem Jura von *Solnhofen* in *West-
bayern* stellt ein für lithographische Zwecke einzig dastehendes, vollkommen fugenloses Material dar. Wegen der plattigen Ausbildung
finden die Plattenkalke für Bauzwecke Sonderverwendung.

Travertin heißen löcherige oder poröse Kalkmassen, die sich an
Quellenaustritten aus Verwitterungslösungen absetzen; infolge ihrer
Porosität haben sie ein niedriges Gewicht.

Über die Gewinnung des allerorts reichlich vorhandenen Kalksteines gibt es keine Statistik; als Maß für den ungeheuren Verbrauch kann die Feststellung dienen, daß jährlich um 100 Millionen Tonnen Kalkstein in der Eisenhüttenindustrie, ebenso viel etwa in der Zementindustrie gebraucht werden. Der größere Teil des Kalksteines findet in der Bauindustrie Verwendung. Soweit die Kalksteine und Marmore nicht unmittelbar als Bausteine Verwendung finden, werden sie in der Regel durch Brennen von der Kohlensäure befreit und damit in den Ätzkalk übergeführt; dieser findet als Mörtelmaterial Verwendung oder es werden aus ihm zusammen mit Sand Kalksandsteinziegel hergestellt. Die Zementmischungen [1] in ihren verschiedenen Qualitäten enthalten 50—70% Ätzkalk, daneben Ton und Sand; unreine Kalksteine (Mergel) mit etwa 60% Calciumkarbonat und sonstigen günstigen Beimengungen können unmittelbar ohne Zuschlag zu Zement gebrannt werden. Überhaupt wählt man für die Zementindustrie, um Zuschläge zu sparen, gerne von Vorneherein tonige oder sandige Kalksteine aus, die arm an Magnesium und Eisen sind. Nach einem in der Gegend von *Portland* in England gefundenen Kalkstein günstiger Zusammensetzung für die Zementherstellung hat der „Portlandzement" seinen Namen. — Auch für die Herstellung von Schlakkenmauersteinen, feuerfesten Silicasteinen usw. wird viel Kalkstein verwendet.

Viel Kalkstein benötigt ferner die Hüttenindustrie, besonders die Eisenhüttenindustrie, als schlackenbildenden Zuschlag; naturgemäß verwendet man in der Eisenindustrie gerne eisenreiche Kalksteine. — Als Düngekalk (sowohl gemahlener Kalkstein als auch Ätzkalk) für kalkarme Böden und zum Zwecke von deren Auflockerung verwendet man vorzugsweise natürliche phosphathaltige Kalksteine. — Mit Bauxit zusammen wird der gebrannte Kalk zu Elektrozement (S. 68) verarbeitet.

Sehr wichtig ist auch die Verwendung des Kalksteines für die Herstellung der in der Papierindustrie unentbehrlichen Sulfitlaugen.

Die chemische Industrie (auch Zuckerindustrie), Glasindustrie und Porzellanindustrie stellen hohe Anforderungen an den Reinheitsgrad der Kalksteine. In der chemischen Industrie wird sehr reiner Kalkstein in großem Umfange bei der Sodaherstellung verwendet, ferner zur Gewinnung von Kohlensäure, zur Herstellung von Calciumcarbid, Kalkstickstoff, von Chlorkalk usw.; für die Glasindustrie muß der Kalk insbesondere frei von Eisen und Mangan sein, ebenso für die

---

[1] Die Entwicklung der Zementherstellung, dieses für die Bauindustrie neben Stahl wichtigsten Stoffes, spielte sich erst im 19. Jahrhundert ab und ist heute theoretisch und praktisch noch nicht abgeschlossen.

Porzellanindustrie; in der Zuckerindustrie wird sehr reiner Kalkstein teilweise an Stelle oder neben Strontiumkarbonat verwendet. — Auch als zusätzliches Nährmittel von Vieh und zum Aufschließen von Futterstroh wird Kalkstein, bzw. Ätzkalk verwendet.

Der Travertin stellt einen geschätzten Baustein dar.

Die Kreidekalke können genau so verwendet werden wie die übrigen Kalksteine. Sie dienen aber vielfach Sonderzwecken. Infolge der Möglichkeit, sie leicht mit Wasser aufschlemmen zu können, werden sie zur Herstellung der Schlemmkreide verwendet, die dann wieder weiter z. B. als mildes Poliermittel, als weiße Mineralfarbe, als Bestandteil der Schreibkreide (mit Gips) und von Kitten, als Zahnputzmittel usw. Verwendung findet; auch für die Chlorkalkherstellung bevorzugt man die feinporösen Kreidekalke.

Eine besondere Verwendung finden die völlig farblosen und sprunglosen, großen Kalkspatkristalle für die Herstellung wichtiger Hilfsmittel für optische Untersuchungen, nämlich der sogenannten Nicolschen Prismen, welche einwandfreies, farbloses, polarisiertes Licht liefern. Trotz der Häufigkeit großer Kalkspatkristalle sind für diesen Zweck geeignete Kristalle außerordentlich selten. Ihr Fundort liegen auf *Island*, daher wird diese Form des Kalkspates als *Isländischer Doppelspat* bezeichnet; er stellt ein sehr kostbares Material dar, von welchem jährlich nur wenige hundert Kilogramm gewonnen werden. Außerhalb Islands wird Kalkspat solcher Qualität nur ausnahmsweise in Klüften von Sedimentgesteinen und metamorphen Gesteinen gefunden (z. B. in Westdeutschland und auf der Krim).

Für die Bildhauerei und für kunstgewerbliche Gegenstände werden vor allem die reinweißen, gleichmäßig feinkörnigen Marmore, wie sie in *Italien* in der Gegend von *Carrara* und von *Laas* und *Sterzing (Südtirol)* und vor allem in *Griechenland* auf verschiedenen Inseln (*Parischer* Marmor von der Insel *Paros*, *Naxischer* Marmor, *Attischer* Marmor usw.) vorkommen, verwendet.

Der gleich zusammengesetzte, aber viel seltenere *Aragonit* findet als gebändertes Gestein bei schöner, ansprechender Zeichnung ebenfalls für kunstgewerbliche Steinarbeiten Verwendung; eine rein weiße, baumartig verästelte Abart des Aragonits, welche in Klüften des Spateisensteinlagers vom *Erzberg* in Steiermark angetroffen wird und welcher die Bergleute den Namen *Eisenblüte* gegeben haben, wirkt auch unverarbeitet recht dekorativ. — Der Aragonit scheidet sich aus magnesiumhaltigen Thermalwässern ab.

2. Dolomit.

Das dem Calcit sehr verwandte Doppelkarbonat *Dolomit* $MgCa(CO_3)_2$, das wie der Calcit auch als hydrothermale Bildung zu-

sammen mit verschiedenen Erzmineralien in Gängen auftritt, wird
nicht unmittelbar in dieser Form aus dem Meerwasser ausgeschieden,
sondern er geht erst allmählich aus dem sedimentären, manchmal
magnesiumhaltigen Kalkstein im Umwege über die dolomitischen Kalksteine durch zunehmende Verdrängung des Calciumkarbonates durch
das weniger lösliche Magnesiumkarbonat hervor; vielfach bildet er
sich wie der Magnesit als Zwischenstufe auf metasomatischem Wege.
Auch der Dolomit tritt in großen Mengen gebirgsbildend auf, ist aber
doch viel seltener als der Kalkstein. Auch über die Jahresgewinnung
an Dolomit lassen sich keine festen Angaben machen; gegenüber dem
Kalkstein tritt er an praktischer Bedeutung stark zurück.

Auch er wird teilweise als Baustein verwendet, was besonders
von den Dolomitmarmoren gilt. In größerem Umfange findet er ferner
als Reaktionsfutter in den Siemens-Martinöfen der Stahlindustrie, ferner in gepulvertem Zustande als Düngemittel Verwendung. — Aus
Dolomit hergestellte Mörtel binden besonders fest ab, man verwendet
sie daher für die Herstellung von Edelputz. — Wo der Magnesit oder
sonstige Magnesiumsalze für die Herstellung des metallischen Magnesiums fehlen, verwendet man aushilfsweise Dolomit für diesen Zweck
(S. 72).

Die Vorräte an Dolomitgestein können wie die an Kalksteinen aller
Nutzungsqualitäten als unerschöpflich bezeichnet werden.

3. Magnesit.

Die verschiedenen Arten der Bildung des *Magnesites* $MgCO_3$ wurden auf S. 71 bei der Behandlung des Magnesiums besprochen. Der
Magnesit ist im Vergleich zum Kalkstein und auch zum Dolomit sehr
viel seltener und stellt ein gesuchtes Naturprodukt dar.

Ähnlich wie der Dolomit kann der Magnesit durch Brennen unter
Abspaltung der Kohlensäure zur Gewinnung derselben verwendet
werden; jedoch spielt diese Verwendung eine geringe Rolle. Auch für
die Erzeugung des metallischen Magnesiums werden nur verhältnismäßig geringe Magnesitmengen eingesetzt und zwar dort, wo die
dafür günstigeren Magnesiumverbindungen der Salzlagerstätten fehlen (Kärnten, USA.). Hauptsächlich wird der Magnesit zur Herstellung von Hochofenauskleidungsziegeln aller Art, deren Schmelzpunkt
über dem Schmelzpunkt des Platins liegt, und für die Herstellung von
Bausteinen eingesetzt. Zur Verwendung kommt dabei sowohl der
Gelmagnesit wie auch der Spatmagnesit (S. 71).

Für diese Zwecke wird der Magnesit entweder bei 900^0 zu *kau-
stischem* Magnesit gebrannt[1]. Bei diesem Brennprozeß entweicht der
größte Teil der Kohlensäure und es bleibt feinverteiltes, als Bindemittel

---

[1] Siehe auch Fußnote auf S. 72.

wichtiges Magnesiumoxyd übrig. Aus dem kaustischen Magnesit werden vor allem mit Chlormagnesium, Holzwolle und Holzspänen leichte, harte, gut isolierende Steinholzplatten (Xylolith) hergestellt, ferner fugenlose Fußbodenbeläge und ähnliches; weiters wird er zusammen mit Magnesiumchloridlaugen und Füllstoffen zur Erzeugung des Sorelzementes verwendet; Magnesiumoxyd in feinster Verteilung findet als Magnesia usta (gebrannte Magnesia) als Poliermittel in der Stein- und Metallindustrie Verwendung, ebenso als Bindemittel künstlicher Schleifplatten und Schleifsteine; auch werden daraus verschiedene schwer schmelzende Laboratoriumsgeräte hergestellt.

Im anderen Falle wird der Magnesit bei über 1500⁰ „totgebrannt"; dabei kommt das beim Brennen übrig bleibende Magnesiumoxyd zusammen mit den allenfalls vorhandenen Eisenoxyden zur Kristallisation; es entsteht auf diese Weise der *Sintermagnesit*, der mit Wasser angemacht, zu Ziegeln verschiedenster Gestalt geformt und erneut gebrannt wird. Solche Ziegel sind als Ofenauskleidungsmaterial in der Eisenindustrie unentbehrlich, werden aber auch für Zement- und Kalkbrennöfen viel verwendet. Ein Eisengehalt im Magnesit von einigen Prozent ist für diese Zwecke meist recht günstig; gerade die ostalpinen Magnesite weisen diesen von Natur aus in der Regel im richtigen Ausmaße auf, während anderwärts das notwendige Eisen beim Brennen erst in Form von Eisenoxyd beigemengt werden muß. In neuester Zeit werden für Hochöfen durch Zusatz von Chromit (S. 40) noch bessere Chromitmagnesiaziegel hergestellt.

In der Weltmagnesitförderung hatte *Österreich* bis 1914 eine starke Monopolstellung mit 4 Fünftel der Weltproduktion inne; der Magnesit wurde und wird im Lande selbst verarbeitet. Die Jahresmengen der Magnesitgewinnung hängen sehr stark von der Höhe der Eisenerzverhüttung ab und wechseln daher stark mit dieser. Im Jahre 1914 betrug die Weltmagnesitproduktion über eine halbe Million Tonnen, sie sank dann aber in den Krisenzeiten, welche auch die Eisenindustrie erfaßten, auf nicht sehr viel mehr als die Hälfte herab. Seit damals ist sie wieder im starken Ansteigen begriffen, weil vor allem auch die Verwendung des Magnesites in der Bauindustrie größeren Umfang angenommen hat.

Dichte Magnesite finden sich besonders reichlich in *Griechenland* auf der Insel *Euböa*, ferner im *Ural*, *Mazedonien*, *Kalifornien* und *Österreich* (*Kraubath* in *Steiermark*); Spatmagnesite haben die größte Verbreitung in den *Ostalpen* mit Ausläufern in das *slowakische* Karpathengebiet. Die bedeutendsten österreichischen Vorkommen sind die von *Veitsch*, *Sunk* bei *Trieben* und *St. Erhardt* bei *Mixnitz* in *Steiermark*, *Radenthein* in *Kärnten*, *Eichberg* in *Niederösterreich*, *Hintertux* in *Tirol* und *Dienten* in *Salzburg*. Die in einigen dieser Vorkommen auftretenden, sogenannten Pinolitmagnesite haben ihren Namen daher, daß zentimetergroße, abgeflachte, weiße Kristalle in ein Netzwerk von durch graphitisierte organische Reste schwarz gefärbtem Tonmaterial eingebettet sind; in geschliffenen Platten wirken sie dekorativ. Gegenüber den österreichischen Vorkommen sind jene der Slowakei von geringerem Umfange und Bedeutung; über sehr große Vorkommen von Spatmagnesit guter Qualität verfügt auch das *Europäische Rußland* in seinen östlichen Teilen; kleinere Spatmagnesitvorkommen besitzt auch *Schweden (Norbotten)* und *Norwegen (Snarum)*; bedeutend sind die Spatmagnesitvorkommen der *Vereinigten Staaten* von *Nordamerika (Washington)*, von *Kanada (Quebec)* und in der *Mandschurei*.

Gegenwärtig beläuft sich die Weltmagnesitförderung auf rund 2 Millionen Tonnen; daran ist *Rußland* heute mit wenigstens 1 Drittel beteiligt; an zweiter Stelle liegt die durchaus steigerungsfähige Produktion *Österreichs* mit etwa 1 Viertel, dann folgt die USA-Produktion, die während des letzten Krieges stark gesteigert wurde und mit mindestens 1 Sechstel der Weltproduktion anzusetzen ist; die *griechische* Magnesitförderung ist stark weltpolitisch bedingten Schwankungen unterworfen; die Produktionskapazität kann mit 200.000 Jahrestonnen veranschlagt werden. Die *Tschechoslowakei* und *Jugoslawien* fördern jährlich je etwa 50.000 Tonnen Magnesit.

Die Weltvorräte an Magnesit können auf mehrere hundert Millionen Tonnen veranschlagt werden, die österreichischen auf 100 Millionen Tonnen. Wahrscheinlich werden die österreichischen Vorräte von den russischen, über deren Ausmaß wenig bekannt ist, und die erst nach dem Jahre 1918 erschlossen worden sind, übertroffen. Jedenfalls kann die Versorgung der Industrie mit Magnesit auf etwa 100 Jahre hinaus als gesichert gelten, wenn auch die Inanspruchnahme der Vorräte an diesem wertvollen Rohstoff infolge der Erweiterung der Anwendungsgebiete stark ansteigt.

Witherit $BaCO_3$ und *Strontianit* $SrCO_3$ werden bei den sulfatischen Barium- und Strontiumverbindungen behandelt werden, da Vorkommen und Verwendung weitgehend mit denen dieser häufigeren Mineralien identisch sind.

I. Phosphor.

Am Aufbau der zugänglichen Teile des Erdballes ist der auch im Leben der Organismen eine bedeutende Rolle spielende *Phosphor* mit 0,12% beteiligt. Er ist also gewichtsmäßig häufiger als der Kohlenstoff, während der Atomzahl nach der Kohlenstoff stark überwiegt (Atomverhältnis C:P ungefähr 7:4). In den Eisenmeteoriten ist der

Phosphor doppelt so häufig, er tritt hier in Form von in der Erdkruste fehlenden Eisenphosphiden auf; es dürften somit bedeutende Mengen von diesem Element in den Nickeleisenkern des Erdballes abgewandert sein. In den Glutflußgesteinen ist der Phosphor allgemein in Mengen von einigen Zehntel Prozent in Form des Minerals *Apatit* vorhanden, reichlicher in den basischen Typen als in den sauren; es gibt sogar einige seltene basische Glutflußgesteine, die einen hohen Prozentgehalt an Apatit aufweisen. Sicherlich stecken mindestens 95% des in der Erdkruste vorhandenen Phosphors so in verstreuter Form in den Glutflußgesteinen. Phosphor erscheint auch, wieder in der Form des Apatits, manchmal bedeutend angereichert und zwar in gewinnbaren Mengen in mit basischen Gesteinen zusammenhängenden Pegmatiten (Apatit vergesellschaftet mit Ilmenit und dem Silikat Hornblende, oder mit dem Silikat Nephelin); spärlicher ist er in den sauren Granitpegmatiten; hier tritt aber der Phosphor auch gelegentlich als Hauptbestandteil des Seltenen Erdenphosphates *Monazit* (S. 92) auf, ebenso in Form von verschiedenen Eisenmanganphosphaten und Aluminiumphosphaten (z. B. *Amblygonit*, S. 75). — In den hydrothermalen Kluftkristallisationen, oft zusammen mit Erzmineralien, tritt der Apatit ebenfalls auf, ebenso wie zusammen mit frühmagmatisch abgespalteten oxydischen Eisenerzen. Der Apatit ist also ein überall anzutreffendes Mineral.

Der Phosphor tritt in Form des Phosphations in die Verwitterungslösungen ein und wird aus diesen teilweise im Bereiche der Verwitterungszonen der Schwermetallagerstätten in Form von sehr verschiedenen Schwermetallphosphaten wieder ausgefällt; solche Phosphate gibt es vom Blei (Buntbleierz, S. 54), Kupfer (verschiedene blaue und grüne Kupferphosphate), Zink, Eisen usw.; unter den sekundären Eisenphosphaten besonders auffallend ist der *Vivianit* $Fe_3P_2O_8 . 8 H_2O$ mit seinen schwarzblauen Kristallen, der aber häufig in tonigen Sedimenten erdige, lebhaft blaue Knollen bildet und in dieser Form den Namen *Blaueisenerde* führt. Wo diese in größeren Mengen auftritt, wird sie örtlich als Phosphordüngemittel oder auch als blaue Erdfarbe benützt, von größerer wirtschaftlicher Bedeutung ist sie aber nicht; im sedimentären Brauneisenstein (S. 30) trifft man nicht selten den gelbbraunen, strahligen *Kakoxen* $(OH)_3Fe_2PO_4 . 4 H_2O$; dieser Name bedeutet soviel wie „schlechter Gast“; in früheren Zeiten waren nämlich phosphorhaltige Brauneisensteine sehr unbeliebt; denn man lernte sie erst mit der Einführung des Thomasverfahrens verwerten; beim Kakoxen handelt es sich um ein ausgesprochenes, zusammen mit dem Brauneisenstein entstandenes Sedimentmineral. — Wo aluminiumhaltige Verwitterungslösungen mit phosphorhaltigen zusammenstoßen, bilden sich verschiedene Aluminiumphosphate; unter ihnen ist besonders der blaugrüne bis blaue, ziemlich harte, in rundgeschliffenen Formen als Halbedelstein verwendete, undurchsichtige *Türkis* zu nennen; er ist ein kupfer- und wasserhaltiges Aluminiumphosphat und wird vor allem in *Iran*, auf der *Sinaihalbinsel*, und *USA (Neumexiko)* gewonnen.

Da außerdem die Organismen den Verwitterungslösungen ebenfalls Phosphor entziehen, ist es nicht verwunderlich, daß der Phosphorgehalt des Meerwassers nur ein sehr geringer ist (weniger als 0,0001%).

Nach dem Gesagten ist die Zahl der Phosphatmineralien sehr groß. Weitaus das wichtigste und verbreitetste ist aber der nun schon wiederholt genannte Apatit, ein Calciumphosphat von der Zusammensetzung $Ca_5[PO_4]_3$ (F, Cl, OH). In Form von ähnlichen Calciumphosphaten tritt der Phosphor auch in den Knochen und Zähnen der Wirbeltiere auf, und zwar bestehen diese zu 60, bezw. die Zähne zu 90% aus apatitähnlichem Calciumphosphat; in anderer Form gebunden enthalten auch die tierischen Hornsubstanzen und Haare, das Blut und die Milch, ebenso die Nervensubstanz und die Exkremente viel Phosphor; auch in den pflanzlichen Eiweißstoffen ist reichlich Phosphor vorhanden, vor allem in den Samen. Die Schalen von niederen Tieren (Krebse, Schnecken usw.) sind teilweise recht reich an Calciumphosphat.

Die nutzbaren Phosphatlagerstätten werden nur zum geringen Teil durch primäre Anreicherungen von Apatit in pegmatitischen und syenitischen Gesteinen dargestellt. Der großen Masse nach sind sie organogene Sedimente. Dabei handelt es sich teilweise um Ansammlungen von Knochenresten von Wirbeltieren, wie sie nicht selten in Höhlen in Kalkgebirgen in recht beträchtlichem Umfange, der allerdings nie mehr als örtliche Bedeutung besitzt, auftreten. Solche Höhlen wurden und werden von den Tieren als Zufluchtsstätten benutzt; im Laufe langer Zeiten sammeln sich an ihrem Grund bedeutende Mengen von tierischen Phosphatgerüsten an; dazu kommt noch die Phosphatbildung aus den Exkrementen und den eiweißhaltigen Verwesungsresten im Umwege über das zuerst entstehende, lösliche Ammoniumphosphat, welches auf das Calciumkarbonat des unterliegenden Gesteines unter Bildung von schwerlöslichen, apatitähnlichen Calciumphosphaten einwirkt. — Andrerseits entstehen sedimentäre Phosphatanreicherungen großen Umfanges aus den Schalen niederer Tiere in Verbindung mit Calciumphosphat, das aus dem Phosphorgehalt der Weichteile in Wechselwirkung mit dem Calciumkarbonatanteil solcher Schalen sich bildet; dies erfolgt auch am Grunde des Meeres, besonders an solchen Stellen, wo infolge des Zusammentreffens von kalten und warmen Strömungen ein Tiersterben in größerem Umfange stattfindet. — Wichtig sind auch die Ansammlungen von tierischen Exkrementen auf Kalksteininseln, z. B. auf den Koralleninseln der Südsee (Vogelinseln); auf solchen Inseln finden sich ein und nisten in ungeheurer Anzahl Wasservögel und hinterlassen hier ihre Ausscheidungen; diese führen zur Bildung des sogenannten *Guanophosphates*; auch hier setzt sich das zuerst sich bildende, leicht lösliche Ammoniumphosphat mit den unterliegenden Kalksteinen zu schwerlöslichen Calciumphosphaten von apatitähnlicher Zusammensetzung über verschiedene Zwischenstufen um. Auf den genannten Südseeinseln erfolgen diese Guanophosphatbildungen fortlaufend; die fossilen Exkremente von Sauriern der Vorzeit (Koprolithen) enthalten oft 60% Calciumphosphat mit einigen Prozenten Magnesiumphosphat; wenn das aus organischen Resten gebildete Ammoniumphosphat auf Tonschichten oder tonig verunreinigte Kalksteine zur Einwirkung kommt, können sich in solchen Lagerstätten auch schwer lösliche Aluminiumphosphate bilden, z. B. der *Variszit* $Al_2P_2O_8 . 4 H_2O$; auch bei Höhlenphosphaten (z. B. in der *Drachenhöhle* bei *Mixnitz* in *Steiermark*) kam es zur untergeordneten Bildung von Aluminiumphosphaten neben den vorwiegenden Calciumphosphaten. Gut gefärbte hell- bis bläulichgrüne Variszite werden besonders in *Utah* und *Nevada* als billige Schmucksteine *Utahlith)* gewonnen (jährlich einige Tonnen zum Preis von 20 Cents für 1 g Rohstein).

Alle apatitähnlichen Calciumphosphate organischer Entstehung faßt man unter dem Namen *Phosphoritgesteine* zusammen. Je nach dem Alter und dem Grade der Verunreinigungen haben sie wechselndes Aussehen. Teilweise sind die tierischen Skelettreste noch deutlich zu erkennen, teilweise bilden sie geschichtete, lockere Phosphatanhäufungen; gar nicht selten sind sie auch in Form von braunen oder schwarzen, knolligen, strahlig aufgebauten Konkretionen mehr oder weniger dicht in andersartigen Sedimenten verstreut ausgebildet; solche Phosphoritknollen bilden sich besonders leicht in Sedimenten an solchen Stellen, wo reichlich organische Reste bei der Sedimentation eingeschlossen worden sind; in der späteren Geschichte dieser Sedimente werden derartige Knollenbildungen noch im Wege der Sammelkristallisation gefördert, sodaß auch aus solchen, an sich nicht allzu phosphatreichen Sedimenten die oft großen Phosphoritknollen leicht ausgelesen und der Verwertung zugeführt werden können.

Die natürlichen Phosphorite sind schwer löslich; die Pflanzen aber benötigen im Boden lösliche, gut verwertbare Phosphorsäure; daher müssen die natürlichen Phosphorite erst mit Schwefelsäure aufgeschlossen und damit in leicht lösliche „Superphosphate" übergeführt werden. Andererseits wird der Phosphorit auch direkt mit Kalisalzen, ja selbst mit kalireichen silikatischen Substanzen, zusammen zu einem einheitlichen Düngemittel verarbeitet (Rhenaniaphosphat), ebenso mit synthetischen Stickstoffverbindungen (Nitrophoska). Eine weitere wertvolle Quelle für die Phosphordüngung ist das *Thomasmehl*, das bei der Gewinnung des Stahles aus phosphorreichen Eisenerzen (das sind unter anderem manche sedimentäre Brauneisensteine, aber auch Eisenoxyderze frühmagmatischer Herkunft, z. B. die lappländischen Eisenerze) nach dem Thomasverfahren, das überhaupt die Verwendung phosphorreicher Eisenerze erst ermöglichte, in Form einer phosphatreichen Schlacke anfällt. Bei diesem Verfahren wird der Phosphorgehalt des Erzes durch die als Ofenfutter verwendeten Kalksteine oder Dolomite aufgenommen und bildet mit dem Calcium Calciumphosphate; in gemahlenem Zustand stellen diese das als Düngemittel so wertvolle Thomasmehl dar. — Auch das aus entleimten und entfetteten Knochen hergestellte *Knochenmehl* spielt als Phosphatdüngemittel eine ziemlich bedeutende Rolle, es wird in an Rohphosphat armen Ländern vielfach zu wenig geachtet.

Die chemische Industrie verwertet Phosphorite für die Herstellung von elementarem Phosphor selbst, der unter anderem für die Zündholzindustrie sehr wichtig ist; vergleichsweise wird aber für diesen Zweck und für die Herstellung anderer Phosphorpräparate nur verhältnismäßig wenig Phosphorit benötigt; in der Hüttenindustrie wird Ferrophosphor mit Eisen, ferner Phosphorbronze mit Kupfer und Zinn hergestellt; fast die gesamte jährliche Phosphoritgewinnung fällt wie das Thomasmehl der Düngemittelindustrie zu. Für die Versorgung der Landwirtschaft mit Phosphatdüngemitteln spielen Apatitvorkommen pegmatitischer und kontaktmetamorpher Herkunft nur eine verhältnismäßig geringe Rolle; die bedeutendsten Vorkommen dieser Art liegen auf der Halbinsel *Kola* in *Nordrußland* (umfangreiche Apatit-Nephelinansammlungen in Nephelinsyeniten, wobei der Nephelin als Nebenprodukt für die Tonerdegewinnung mitverwertet wird; S. 68), in *Kanada* (Kontaktkalke) und in geringerem Umfange in *Südnorwegen* (Gabbropegmatite). Die russische Förderung aus den oben genannten Vorkommen ist sehr bedeutend und gibt beträchtliche Ausfuhrmengen frei; sie beträgt jährlich ungefähr 2 Millionen Tonnen; die Erze sind aber verhältnismäßig arm an Phosphor.

Die Phosphoritansammlungen von weltwirtschaftlicher Bedeutung sind organogene Sedimente der früher geschilderten Art. Von den kleinen und unbedeutenden Vorkommen in Mitteleuropa abgesehen *(Österreich, Polen, Rußland, Mitteldeutschland)* liegen diese in drei Gebieten:

1. *Vereinigte Staaten* von *Nordamerika (Florida, Tennessee, Karolina, Idaho);* die amerikanischen Vorräte belaufen sich auf über

10 Milliarden Tonnen hochwertigen Phosphorites bei etwa 3 Millionen Tonnen Jahresförderung.

2. *Französich-Nordafrika,* sowohl *Tunis* wie *Algier* und *Marokko;* diese Gebiete sind an der Weltjahresförderung von etwa 12 Millionen Tonnen mit fast der Hälfte beteiligt; die Vorräte belaufen sich hier auf mehrere Milliarden Tonnen.

3. Die Inselphosphate (junge Guanophosphate) im *Indischen* und *Stillen Ozean;* hier ist besonders die früher zum deutschen Kolonialbesitz gehörige Gilbertinsel *Nauru* zu nennen, die allein Guanophosphate in mächtigen, leicht abbaubaren Schichten in einer Höhe von 100 Millionen Tonnen aufweist; ähnlich hoch sind die noch kaum erschlossenen Vorräte *Neuseelands;* an der Weltjahresproduktion sind die Inselphosphate gegenwärtig mit etwa 8% beteiligt.

Österreich kann seinen Phosphatbedarf aus kleineren, sedimentären relativ phosphatarmen Vorkommen entlang des Nordrandes der Alpen, vor allem bei *Prambachkirchen* in *Oberösterreich,* nur zum geringsten Teile decken; auch die Bestände an Höhlenphosphaten sind weitgehend erschöpft, die Gesamtförderung beläuft sich jährlich auf ungefähr 10.000 Tonnen, die Vorräte sind gering.

Wenn auch die Weltvorräte an natürlichen Rohphosphaten auf wenige Punkte der Erdoberfläche konzentriert sind, reichen sie doch für viele Jahrhunderte hinaus aus.

K. Salzlagerstätten.

Die großen Mengen der Leichtmetalle Kalium, Natrium, Calcium und Magnesium, welche in Ionenform in die Verwitterungslösungen geraten, werden aus diesen auf rein anorganischem Wege in Form sehr verschiedener Salze (Sulfate, Chloride, Karbonate, Borate, Nitrate usw.) ausgeschieden. Die Ausscheidung erfolgt durch die Verdunstung des Lösungswassers und zwar auf dem Festlande im Bereiche von Trockengebieten in abflußlosen Seen oder auch einfach in Form von Ausblühungen aus dem an die Oberfläche austretenden Grundwasser; in größerem Umfange erfolgt diese Ausscheidung aber im Bereiche von Meeresteilen, in denen die Verdunstung über die Süßwasserzufuhr unter stetiger Zunahme des Salzgehaltes überwiegt. Im Durchschnitt beträgt der Salzgehalt des Meerwassers 3,5%; damit ist das Meerwasser an Salzbestandteilen noch längst nicht gesättigt; es müssen schon besondere Umstände obwalten (Abschließung größerer oder kleinerer, zuflußarmer Teilbecken von den großen Ozeanen), um die nötige Ausscheidungskonzentration der Salze zu erreichen; gegenwärtig weist einen besonders hohen Salzgehalt von 25% das *Tote Meer* und einen solchen von 28% die *Karabugasbucht* in der sonst ziemlich salzarmen (1½% Salz) *Kaspissee* auf. Meeresteile mit darüber noch hinausgehendem Salzgehalt bis zur völligen Eintrocknung gab es häufig in den verschiedensten geologischen Epochen; aus ihnen entstanden dann die oft sehr ausgedehnten *ozeanischen* Salzlagerstätten.

Wenn man davon absieht, daß die Salzausscheidung verschieden weit fortgeschritten sein kann, ist der Salzbestand der ozeanischen Salzlagerstätten ziemlich einheitlich, weil die Ozeane ja auch einen sehr ausgeglichenen Salzgehalt aufweisen; sie werden ja von Flüssen und Strömen aus den verschiedensten Einzugsgebieten, welche die mannigfaltigsten Verwitterungslösungen heranbringen, gemeinsam gespeist; ferner stehen sie untereinander weitgehend in Verbindung, wodurch etwaige, örtlich bestehende Verschiedenheiten durch Salzaustausch ausgeglichen werden können.

Ganz anders ist es bei den Salzausscheidungen auf dem Festland in abflußlosen Trockengebieten. Hier stammen die Verwitterungslösungen in der Regel aus engbegrenzten Bereichen; sie haben daher oft eine sehr charakteristische Zusammensetzung je nach der Zusammensetzung der Erdkruste in den betreffenden Einzugsgebieten; eine Ausgleichsmöglichkeit im Wege des Austausches besteht nicht. Unter den am Festland gebildeten *(terrestrischen)* Salzablagerungen, die in der Regel geringere Ausmaße wie die ozeanischen haben, kann man daher je nach den charakteristischen Salzbeständen recht verschiedene Typen unterscheiden, von denen die wichtigsten in der Folge behandelt werden sollen. Für manche dieser Ablagerungen sind z. B. Natriumkarbonate kennzeichnend und vorherrschend *(Natronseen)*, für andere Nitrate *(Salpeterseen)*, für wieder andere Borate *(Boratseen)* oder Sulfate *(Sulfatseen)*. Von besonderer Bedeutung sind als Rohstoffquellen die aus solchen Seen entstehenden Borat- und Nitratablagerungen.

Als Beimengungen zu den typischen Salzen der terrestrischen Salzablagerungen treten regelmäßig in größeren oder kleineren Mengen noch Steinsalz NaCl und Gips $CaSO_4 \cdot 2\,H_2O$ auf.

a) Boratlagerstätten.

Der leichte Grundstoff *Bor* ist am Aufbau der zugänglichen Teile der Erdkruste mit knapp 1 Tausendstel Prozent beteiligt. Er tritt primär nur in den pneumatolytischen Restkristallisationen, besonders in den Pegmatiten, auf, ferner im Zusammenhang mit vulkanischen Ereignissen in Form von Boratbildungen und Ausströmungen der sehr flüchtigen Borsäure *(Soffionen* in *Italien, Kalifornien, Kaukasus* usw.) und schließlich sekundär als sedimentäre Ausscheidung aus den Boratseen merklich in Erscheinung. In den sonstigen Sedimenten wie in den magmatischen und metamorphen Gesteinen spielt Bor nur eine sehr geringe Rolle; auch unter dem Salzbestand des Meerwassers treten die Borate stark in den Hintergrund. Bei den Ausscheidungen aus den Boratseen handelt es sich keineswegs um die üblichen Verwitterungslösungen, sondern diese liegen überall im Bereich von fossilen oder auch rezenten Vulkangebieten, in denen mit Hilfe der ausströmenden Borsäure erst mehr verstreut Borate gebildet wurden; diese wiederum werden im Verwitterungswege gelöst, den Trockengebieten zugeführt und dort ausgeschieden; borsäurereiche Mineralquellen sind nicht selten.

Die wichtigsten Bormineralien sind: Das Natriumborat *Borax (Tinkal)* $Na_2B_4O_7 . 10\,H_2O$; es tritt meist in Krustenform auf; der *Natroborocalcit*, ein wasserhaltiges Natriumcalciumborat; er ist in der Regel in Form von lockeren, leichten, weißen, faserigen Knollen („Cotton balls" gleich „Baumwollbälle") entwickelt; der *Colemanit*, ein Calciumborat von der Zusammensetzung $Ca_2B_6O_{11} . 5\,H_2O$; der Colemanit wurde meist im Zusammenhang mit tertiären Basaltausbrüchen gebildet; aus derartigen Colemanitlagern wird vielfach den jungen Boratseen der Borgehalt zugeführt; der *Kernit*, ein wasserarmes Natriumborat von der Zusammensetzung $Na_2B_4O_7 . 4\,H_2O$; er wurde erst vor wenigen Jahren in Kalifornien entdeckt, aber da gleich in derartig großen Massen, daß heute ein großer Teil des Weltbedarfes an Borsalzen aus diesen nach Millionen Tonnen zählenden Beständen gedeckt werden kann; er bildet weiche, glasartige, säulige, oft meterlange Kristalle.

In den ozeanischen Salzlagerstätten tritt in Form von schönen, durchscheinenden Einzelkristallen oder im Bereich der Kalisalze in oft sehr großen Knollen das chlorhaltige Magnesiumborat *Borazit* $Mg_7Cl_2B_{16}O_{30}$ auf; in den Kalisalzen ist zwar das Bor nur etwa in einer Menge von 1 Zehntel Prozent enthalten, bei natürlichen Umkristallisationen innerhalb der Salzablagerungen sammelt es sich aber in Form der eben genannten Borazitknollen an, die beim Abbau der Kalisalze leicht ausgelesen werden können; gewinnbare Mengen davon gibt es aber nur in *Mitteldeutschland.*

Die Soffionen, Ausströmungen von borsäurehaltigen Wasserdämpfen im Gefolge von vulkanischen Ereignissen, werden vor allem auf weite Erstreckung hin in *Toscana* für die Borgewinnung ausgenützt. Die an sich borsäurearmen Dämpfe, werden in natürlichen oder künstlichen Wasseransammlungen an den Austrittsstellen aufgefangen; von Zeit zu Zeit wird die Lösung abgelassen, eingedampft und die Borsäure *(Sassolin* $B(OH)_3$) auf diesem Wege gewonnen.

Die Zahl der Bormineralien der pneumatolytischen Restkristallisationen ist eine sehr große; sie haben aber keine technische Bedeutung. Ein besonders in Pegmatiten weit verbreitetes Bormineral ist der

Turmalin, ein sehr komplex und wechselnd zusammengesetztes Borsilikat. Meist sind seine säuligen, recht harten Kristalle schwarz *(Gemeiner Turmalin)*, oft aber auch farbig durchsichtig; diese durchsichtigen Formen stellen geschätzte Edelsteine dar, die je nach der Färbung verschiedene Namen führen: Die seltenen blauen heißen z. B. *Indigolithe*, die roten *Rubellite*, die grünen *Verdelithe*, die farblosen *Achroite* usw. Die säulig geformten Kristalle sind oft schichtmäßig verschiedenfarbig und besitzen nicht selten einen schwarzen Kopf *(Elba)*; solche Kristalle werden als *Mohrenköpfe* bezeichnet; die Edelturmaline stammen besonders aus Pegmatiten und Seifen in *Brasilien*, *Südwestafrika*, *Kalifornien* und *Madagaskar*.

Der aus den verschiedenen Boratmineralien gewonnene Borax und die Borsäure finden vor allem in der Glasindustrie Verwendung; Borax wird dem Glas zugesetzt, um dessen Trübung (Entglasung), welche durch Kristallisationsprozesse bedingt ist, zu verhindern. Spezialgläser mit den leichten Grundstoffen Bor, Lithium und Beryllium zeigen bedeutende Durchlässigkeit für Röntgenstrahlen und finden daher in der Röntgentechnik als Röhrenfenster usw. an Stelle des üblichen Natronsilikatglases Verwendung. Bor wird in der Form des Borax vielfach in der Metallurgie als Flußmittel benützt, ebenso in der Farbenindustrie; bedeutende Mengen von Borax dienen zur Herstellung von Waschmitteln. Als Desinfektionsmittel spielt die Borsäure in der Medizin eine Rolle, ebenso in der Lebensmittelindustrie als Konservierungsmittel.

Die Weltgewinnung an Bormineralien ist recht bedeutend, sie beläuft sich jährlich auf annähernd 250.000 Tonnen. Verhältnismäßig bedeutungslos ist die Gewinnung von Borazit aus den *mitteldeutschen* Kalisalzlagerstätten (jährlich 100—200 Tonnen), etwa 10—20mal so groß ist die Gewinnung von Borsäure aus den Soffionen von *Toscana*. Mit über 90% sind heute die *Vereinigten Staaten von Nordamerika* an der Weltförderung von Bormineralien beteiligt; die Gewinnungsgebiete sind *Kalifornien* (Kernit, Borax und Colemanit), *Oregon* und *Nevada* (Borax); an zweiter Stelle stand lange Zeit *Chile* mit seinen ausgedehnten Vorkommen an Borax und Natroborocalcit, die sich bis nach *Argentinien*, *Bolivien* und *Peru* erstrecken; Chile förderte im Jahre 1913 noch 50.000 Tonnen Borate; trotz der großen Ausdehnung der Lagerstätten konnte aber der nordamerikanischen Konkurrenz, die sich auf viel reichere Lager stützt, nicht standgehalten werden, sodaß jetzt die Förderung Chiles auf ein Minimum gesunken ist. Ebenso ist die *türkische* Produktion (Kalkborat) in der Gegend von *Panderma* in Nordwestkleinasien im Laufe der letzten zwei Jahrzehnte von 20.000 Tonnen auf etwa 2.000 Jahrestonnen gefallen. Wahrscheinlich fördert auch *Rußland* jetzt nicht unbeträchtliche Men-

9*

gen an Borsäure aus den Soffionen des *Kaukasus* und von *Kertsch* und Borax und Natroborocalcit aus den zentralasiatischen Boratseen; auch aus *Tibet* werden nicht unbeträchtliche Mengen von Borax über den *Himalaya* nach Indien auf Tragtieren exportiert.

Jedenfalls ist im Falle der natürlichen Borverbindungen die jetzige Monopolstellung der Vereinigten Staaten nicht in der Erschöpfung anderer Lagerstätten begründet, sondern in der erdrückenden Konkurrenz der ungeheuer reichen und billig abzubauenden kalifornischen Vorkommen; die chilenischen Vorräte von Boraten belaufen sich z. B. noch auf etwa 30 Millionen Tonnen.

b) Nitratlagerstätten.

An der Zusammensetzung der zugänglichen Teile des Erdballes ist der Stickstoff mit 0,03% beteiligt; 99% der Stickstoffmenge entfällt auf die Atmosphäre; der Stickstoff ist also viel seltener als der Kohlenstoff; er ist wie dieser schon frühzeitig in die Atmosphäre abgewandert, aber in viel geringerem Umfange als dieser in die Sedimente eingebaut worden. An der gegenwärtigen Zusammensetzung der Atmosphäre ist er mit über 75% beteiligt. Als wichtiger Bestandteil der Organismen reichert er sich in Kohlen und Erdöl unter Umständen auf einige Prozent an. Von Bedeutung sind als feste Stickstoffmineralien nur die verschiedenen natürlichen Nitrate *(Salpeter)*. Der *Kalksalpeter, Magnesiumsalpeter* und *Kalisalpeter* sind nicht allzu verbreitet. Sie bilden sich durch Oxydation stickstoffreicher organischer Verbindungen zu Salpetersäure, welche auf die unterliegenden Gesteine in der Verwitterungszone in Trockengebieten salpeterbildend wirkt und Salpeterausblühungen in geringerem Umfange hervorruft *(Ungarn, Indien);* diese Vorkommen haben höchstens örtliche Bedeutung. Weltwirtschaftlich wichtig sind nur die umfangreichen *Natronsalpeter*lagerstätten — der Natronsalpeter hat die Formel $NaNO_3$ (mit 16½% Stickstoff) — des nördlichen *Chile;* sie liegen in den Trockengebieten zwischen den Küsten- und Hochkordilleren. Das Salpetergestein ist ein mit Salpeter durchtränkter Gebirgsschutt; es wird als *Caliche* bezeichnet. Die Entstehungsgeschichte dieser ungeheuren Lagerstätten, die sich auf einen Gebietsstreifen von mehr als 600 km zwischen *Taltal* und *Iquique* erstrecken, ist nicht völlig klar. Vermutlich bildet sich in der gewitterreichen Atmosphäre der Hochkordilleren bei elektrischen Entladungen aus den Bestandteilen der Atmosphäre (Stickstoff, Sauerstoff und Wasserdampf) Salpetersäure, welche mit den Niederschlägen unter Bildung von Salpeterlösungen auf die Gesteine zersetzend einwirkt; die Salpeterlösungen treten dann in die extrem trockenen Wüstenniederungen gegen die Küstenkordillere zu ein und bringen infolge starker Verdunstung den Salpeter oberhalb des Grundwasserspiegels unter Bildung der Caliche zur Ausblühung; die salpeterreichen Seesümpfen entsprechenden Ansammlungen führen den Namen *Salares*. Die Caliche enthält durchschnittlich 40% Salpeter, meist Natronsalpeter (auch *Chilesalpeter* genannt) und wenige Prozent Kalisalpeter KNO_3, daneben auch Steinsalz und Sulfate; ob und wie weit auch Stickstoff organischer Herkunft an der Entstehung der Salpeterlager beteiligt ist, steht nicht fest; in der Gegend der Salares gibt es allerdings kein Organismenleben.

Der Chilesalpeter dient in erster Linie als Stickstoffdüngemittel; daneben findet er als Konservierungsmittel für Fleisch umfangreiche Verwendung; auch werden aus ihm andere Stickstoffverbindungen hergestellt, z. B. Salpetersäure, der in der Sprengstoffindustrie und als Konservierungsmittel ausgedehnt verwendete Kalisalpeter, denn die Gewinnung an natürlichem Kalisalpeter reicht für diesen · Zweck keineswegs aus; wichtig ist auch das aus Natronsalpeter hergestellte Ammoniumnitrat als Treibmittel für die Geschoßherstellung. In der Stahlindustrie findet der Salpeter zur Entkohlung des Gußeisens Verwendung.

Die chilenische Salpetergewinnung ist von einem Höchststand von 3 Millionen Tonnen jährlich auf etwa 1½ Millionen Tonnen gesunken; um den Besitz der chilenischen Salpeterlagerstätten tobte in den Jahren 1879—1881 der „Salpeterkrieg“ zwischen Chile einerseits und Peru und Bolivien andererseits; er endete mit dem Siege Chiles; die chilenischen Vorkommen werden auf 200 Millionen Tonnen Salpeter eingeschätzt.

Die Landwirtschaft benötigt gegenwärtig jährlich an die 3 Millionen Tonnen Reinstickstoff; das würde ungefähr 16 Millionen Tonnen Salpeter entsprechen. Chile ist somit an der Versorgung der Landwirtschaft mit Stickstoffdüngemitteln heute nur mehr mit etwa 10% beteiligt; 90% des Weltbedarfes an Stickstoffdüngemitteln werden heute nach seit dem Jahre 1914 vorwiegend in Deutschland ausgearbeiteten Verfahren (Haber-Bosch-Verfahren) aus dem in unerschöpflichen Mengen zur Verfügung stehenden, atmosphärischen Rohstoff *Luftstickstoff* synthetisch hergestellt (Ammoniumsulfat, Kalkstickstoff, Kalkammonsalpeter, das kombinierte Phosphorstickstoffdüngemittel Nitrophoska usw.). Auch durch die Stickstoffsalze bildende Tätigkeit gewisser Bodenbakterien wird dem Ackerboden Luftstickstoff zugeführt.

Der rodende Siedler und die reine und angewandte Naturwissenschaft haben es zustande gebracht, daß, ganz im Gegensatz zu der noch vor wenigen Jahrzehnten viel kolportierten, pseudowissenschaftlichen Darstellung, die auch heute noch vielfach ebenso wie das Märchen, daß die Technik Unglück über die Menschheit bringe, geglaubt und propagiert wird, heute die Erde ohne irgendwelche Mangelerscheinungen ein Mehrfaches der Bevölkerung ernähren kann, als sie jetzt Menschen zählt. Im engen Zusammenhang mit der Technik wird die Wissenschaft auch unter schwierigen Bedingungen irgendwie in der Ferne drohende Mängel vorbeugend zu verhindern wissen; vorausgesetzt allerdings, daß das längst bestehende Versagen der höchst rückständigen Politik und Wirtschaftspolitik, die Wurzel aller katastrophalen Ereignisse, es nicht verhindert oder die Möglichkeit dazu zerstört.

c) Jod und Brom.

Die beiden seltenen Grundstoffe, besonders das *Brom*, verstecken sich in den Chlormineralien. Das *Jod* erfährt eine wenn auch geringfügige, so doch wichtige Anreicherung als Beimengung zu den Nitraten in den *chilenischen* Lagerstätten, wobei es in geringen Mengen in das die Nitrate begleitende Steinsalz an Stelle des Chlors eintritt, gelegentlich aber auch in Form des selbständigen Jodminerals *Lautarit*, Calciumjodat CaJ_2O_6 auftritt. Der Jodgehalt der chilenischen Salpeterlagerstätten war ein wichtiger Anlaß dazu, daß man lange Zeit annahm, daß diese durch aus Organismenresten entstandene Salpetersäure gebildet worden seien; vor allem sollten dabei jodreiche Tangreste eine große Rolle gespielt haben. Es ist aber durchaus möglich, daß der hohe Jodgehalt der küstennahen Atmosphäre über den Kordilleren (der Jodgehalt der Atmosphäre über dem Ozean ist wesentlich höher als über dem Festland!) Anlaß zur Bildung von Jodsäure bei den häufigen Gewitterentladungen gibt, die dann im Verwitterungsbereiche jodhaltige Verbindungen bildet. Das Jod fällt bei der Salpetergewinnung aus der Caliche (S. 132) als geschätztes Nebenprodukt an.

Das Jod ist in den zugänglichen Teilen des Erdballes nur in einer Menge von kaum 0,00001% vorhanden; Anreicherungen von geringerer Bedeutung treten im Eisernen Hut von Silber- und Kupferlagerstätten in Form der Jodide (z. B. *Jodargyrit* AgJ) dieser Metalle auf, weil sich diese mit dem geringen Jodgehalt der Sickerwässer verbinden. Im Meerwasser sind nur so geringe Mengen von Jod vorhanden, daß es in den Salzlagerstätten ohne praktische Bedeutung ist. Die Caliche jedoch enthält durchschnittlich etwa 0,1% Jod. Die chilenische Jodproduktion, die natürlich sehr von der Höhe der Salpetergewinnung abhängig ist und die überhaupt erst in den 20er Jahren dieses Jahrhunderts aufgenommen worden ist, beläuft sich auf durchschnittlich 1000 Tonnen jährlich, das sind 50% der Weltproduktion.

Sonst wird das Jod, das ganz allgemein eine Anreicherung in den organischen Sedimenten (bitumenreiche Schiefer, Phosphorite, besonders Erdöl) findet, weil es, wenn auch in sehr geringen Mengen, in den Organismen eine bedeutende physiologische Rolle spielt, die vor allem mit der Drüsentätigkeit zusammenhängt, zu etwa 10% aus Salzquellen in Erdölgebieten gewonnen (besonders *Vereinigte Staaten* von *Nordamerika* und *Niederländisch-Indien*, S. 115); auch die *österreichischen* Ölwässer enthalten gewinnbare Mengen von Jod); eine Menge von etwa 1000 Tonnen jährlich wird aber aus der Asche von Meerestangen gewonnen, die besonders viel Jod enthalten (1% des Aschenbestandes); solche Tange werden besonders in *Irland* und *Japan* in größerem Umfange aufgefischt und zur Jodgewinnung verwendet.

Das Jod findet in Form verschiedener Verbindungen (z. B. in Form des jodierten Salzes) besonders in der Medizin als Mittel gegen Drüsenerkrankungen Verwendung, ferner als Desinfektionsmittel (alkoholische Lösung von Jod = Jodtinktur, Pregelsche Jodlösung usw.). Auch physiologische und chemisch-physikalische Laboratorien benötigen verschiedene Jodpräparate.

Das durchschnittlich etwa hundertmal häufigere Schwesterelement des Jods, das *Brom*, erfährt wie dieses primär keine Anreicherung; es findet wie dieses eine geringe, praktisch bedeutungslose Konzentrierung in der Verwitterungszone von Silber- und Kupferlagerstätten; im Meerwasser ist es in einer Menge von nahezu 0,01% enthalten; daraus gelangt es vornehmlich in die spätausgeschiedenen Kaliummagnesiumsalze, in welchen es das Chlor in geringem Umfange ersetzt; das Verhältnis Chlor zu Brom in diesen Salzen ist durchschnittlich 200:1. Aus diesen Salzen wird es bei der Gewinnung des Reinkalis als wertvolles Nebenprodukt erarbeitet.

Die Bromgewinnung beläuft sich jährlich auf etwa 3000 Tonnen. Davon entfallen auf die *mitteldeutschen* Kalisalzlagerstätten etwa zwei Drittel; der Rest überwiegend auf die *Vereinigten Staaten* von *Nordamerika (Kalifornien, Ohio* usw.), wobei als Ausgangsstoff salzreiche Quellen (Solquellen), die in Verbindung mit ozeanischen Salzlagerstätten stehen, dienen; ferner wird in den *USA* Brom direkt aus dem Meerwasser durch Ausblasen mit Chlor gewonnen.

Brom findet ebenfalls vorzugsweise in der Medizin, in den chemischen Laboratorien und in der Phototechnik in Form von verschiedenen Präparaten Verwendung.

Die Versorgungsmöglichkeit mit Brom und Jod ist auf unübersehbare Zeit hinaus gesichert.

d) Natronseen und Sulfatseen.

Derartige, gar nicht seltene Süßwasserseen sind immer nur von örtlicher Bedeutung.

Aus den Ablagerungen von verschiedenen Natroncarbonaten *(Soda* $Na_2CO_3 . 10\,H_2O$, *Trona (Urao)* $HNa_3(CO_3)_2 . 2\,H_2O$ usw.) in *Natron-*

seen (z. B. in *Unterägypten, Sahara, Mongolei, Tibet, Sibirien, USA* usw.) wird Soda gewonnen, aber nur örtlich verwendet. Die Reinigungskosten der natürlichen Soda ergeben zusammen mit den Transportkosten nämlich einen wesentlich höheren Preis als es der der aus Steinsalz, Schwefelsäure, reinen Kalksteinen und Kohle oder aus Ammonkarbonat und Steinsalz synthetisch hergestellten Soda ist, die allerdings in den verschiedensten Industriezweigen (z. B. Glasindustrie, Herstellung von Ätznatron, Natriumbikarbonat, Wasserglas) und als Waschmittel ausgedehnte Verwendung findet.

Dasselbe gilt von dem aus den *Sulfatseen (Sibirien, Kaukasus, Persien, Tibet, USA* usw.) ausgeschiedenen, besonders in der Medizin, in der Ledergerberei, Färberei und in der Textilindustrie verwendeten *Bittersalz* $MgSO_4 . 7 H_2O$. Auch dieses, das auch in bestimmten Thermalquellen (Karlsbad) reichlich vorhanden ist, verträgt nach der Reinigung keine weiteren Transportkosten, weil bei der Gewinnung der Kaliverbindungen aus den ozeanischen Kaliummagnesiumlagerstätten überreichlich billige Magnesiumsalzlaugen anfallen, aus denen Bittersalz und andere benötigte Magnesiumverbindungen gewonnen werden können.

Das in solchen Sulfatablagerungen *(Argentinien, Transkaukasien)* neben dem Bittersalz auftretende, ebenfalls in der Medizin verwendete *Glaubersalz*, das Natriumsulfat $Na_2SO_4 . 10 H_2O$ ist ebenfalls praktisch bedeutungslos; angesichts der hohen Reinigungskosten lohnt sich eine weitere Verarbeitung nicht.

Auch das wasserfreie Natriumsulfat Na_2SO_4, der *Thenardit*, wird gelegentlich als terrestrische Salzbildung angetroffen und wurde manchmal für örtliche Zwecke (Sodaherstellung, als Lecksalz für Vieh) abgebaut *(Kaukasus, Kalifornien, Arizona)*.

Der *Glauberit* $Na_2SO_4 . CaSO_4$ tritt gelegentlich in größeren Mengen in Boratablagerungen und in den ozeanischen Salzlagerstätten *(Alpen, Spanien)* auf. Er wird bisweilen abgebaut und für die Sodaerzeugung und Glaubersalzgewinnung verwendet.

e) Ozeanische Salzlagerstätten.

Während Eisen, Mangan usw. aus den Verwitterungslösungen schon zum Teil vor Erreichen der Ozeane, zum Teil frühzeitig im Bereiche derselben in Oxydhydratform, das Eisen teilweise auch wie die übrigen Schwermetalle in sulfidischer Form ausgeschieden werden, das Calcium sowie die Kieselsäure frühzeitig vorwiegend im Bereiche der Ozeane mit den Schalen niederer Tiere und das Aluminium frühzeitig in Form von silikatischen Tonsubstanzen abgeschieden wird, erfolgt die Ausscheidung des restlichen Calciums und die des Natriums, Kaliums und Magnesiums, abgesehen von den Trockengebieten nur im Bereich austrocknender Ozeanteile in Form von sehr verschiedenen Chloriden und Sulfaten.

Der Salzbestand des Meerwassers (3,5%) neben 85,7% Sauerstoff und 10,8% Wasserstoff setzt sich unter Berücksichtigung nur der Hauptbestandteile wie folgt zusammen:

Tab. 10. Die Zusammensetzung der Meeressalze.

Chlor	55,3%	Calcium	1,2%
Natrium	30,6%	Kalium	1,1%
Schwefelsäure	7,7%	Kohlensäure	0,2%
Magnesium	3,7%	Brom	0,2%

Darüber hinaus konnten im Meerwasser noch fast alle übrigen Grundstoffe, meist allerdings in außerordentlich geringen Mengen, nachgewiesen werden[1].

Im Vergleich dazu ist die Zusammensetzung des sehr viel geringeren Salzbestandes des Flußwassers, das doch die Meere speist, eine ganz andersartige, weil dort das Calcium und die Kohlensäure stark überwiegen, das Chlor sehr stark zurücktritt; ferner ist im Flußwasser auch noch ein beträchtlicher Prozentsatz an Kieselsäure vorhanden[2]. Wie gerade erwähnt, werden diese Überschußbestandteile des Flußwassers durch niedrige Organismen für die Skelettbildung herangezogen und ihrer Masse nach auf diese Weise dem Meerwasser entzogen und daraus frühzeitig ausgeschieden. Das im Flußwasser noch reichlich vorhandene Kalium wird von den frühzeitig ausfallenden Tonsilikaten größtenteils mitgerissen. Im Flußwasser sind nur sehr geringe Mengen von Chlor enthalten; der hohe Chlorgehalt des Meerwassers geht daher wohl nicht auf die Verwitterungslösungen zurück, sondern er ist weitgehend ein Erbe aus der ersten Bildungszeit der Hydrosphäre; er wurde wohl noch durch Chloridausströmungen im Zusammenhang mit untermeerischen vulkanischen Vorgängen verstärkt.

Bei der Eintrocknung von Meeresteilen scheiden sich zuerst die verhältnismäßig schwerlöslichen Calciumsulfate aus, dann teilweise mit diesen sich noch übergreifend das in hoher Konzentration vor-

---

[1] Z. B. enthält das Meerwasser auch Gold und zwar $^1/_{100}$ mg pro Tonne. An eine Gewinnung des Goldes aus dem Meerwasser, die man vor einigen Jahrzehnten erwogen hat, ist nicht zu denken, da zur Gewinnung von nur 1 g Gold die Aufarbeitung von mindestens 100.000 Tonnen Meerwasser notwendig wäre.

[2] Der Salzbestand des Flußwassers enthält durchschnittlich 35% Kohlensäure, 20% Calcium, 12% Schwefelsäure, 11% Silicium, 2% Eisen und Aluminium, 2% Kalium, aber nur 6% Chlor und 6% Natrium.

handene Natriumchlorid und schließlich zusammen mit den Resten des Natriumchlorides die ursprünglich in nur geringer Konzentration vorhandenen und außerdem leicht löslichen Kalium- und Magnesiumsalze.

1. Gips und Anhydrit.

Das Calciumsulfat scheidet sich aus dem Meerwasser je nach der Kristallisationstemperatur[1] entweder in Form des wasserhaltigen *Gipses* $CaSO_4 . 2 H_2O$, der häufig schöne, große, farblos durchsichtige, nach einer Fläche ausgezeichnet spaltende Kristalle bildet, aber überwiegend in Form von feinkörnigen, mehr oder weniger reinen Massen auftritt, oder in Form des wasserfreien *Anhydrites* $CaSO_4$, der meist körnig und von grauer oder rötlicher Farbe ist, aus. Nachträglich können sich je nach den Bedingungen die beiden Mineralien ineinander umbilden, starke Überlastung mit anderen Sedimenten und damit verbundene Temperaturerhöhung befördert z. B. die nachträgliche Umwandlung des Gipses in Anhydrit.

Gips und Anhydrit sind in allen ozeanischen Salzlagerstätten in reicher Menge anzutreffen, ja sie bilden, wie z. B. in Thüringen, ganze Gebirgszüge, treten aber auch, wie schon erwähnt, als Nebenprodukte in den terrestrischen Salzlagerstätten auf (S. 129). Außerdem werden beide Mineralien in geringer Menge auch als hydrothermale Bildungen und als Oxydationsprodukte im Eisernen Hut von sulfidischen Erzlagerstätten angetroffen.

Gips wird in sehr großen Mengen benötigt. Er wird aus den salzfreien Gipsvorkommen bergmännisch im Tagbau gewonnen, große Kristalle aber auch im unterirdischen Salzbergbau. Durchsichtige, große Gipskristalle werden nach der ausgezeichneten Spaltfläche in dünne Tafeln gespalten *(Selenit)*, die unter dem Namen *Marienglas* als Glasersatz für bestimmte Zwecke verwendet werden; das von solchen Platten durchgelassene Licht ist ein sehr mildes, dem Mondlicht vergleichbar; daher der Name Selenit von dem griechischen Wort für Mond (Selene); mit dem Grundstoff Selen hat der Name nichts zu tun. — Reinweißer, feinkörniger Gips wird an Stelle von Marmor unter dem Namen *Alabaster* für kunstgewerbliche Arbeiten verwendet; er ist wesentlich weicher und daher noch leichter zu bearbeiten als Marmor. — Der Hauptsache nach findet aber der Gips in der Bauindustrie nach dem Brennen Verwendung. Man unterscheidet zwei Arten des Gipsbrennens: Wenn der Gips bei 130^0 gebrannt wird, wird er nur

---

[1] Wie Versuche im Laboratorium zeigen, bildet sich der Anhydrit bei höheren Kristallisationstemperaturen, die Grenztemperatur ist aber wieder von der Zusammensetzung der gesamten Salzlösung abhängig, sie sinkt mit zunehmendem Gehalt an Fremdsalzen.

zu $CaSO_4 . \frac{1}{2} H_2O$ entwässert; die verbleibende Masse ist der „Stuckgips", der nach dem Anmachen mit Wasser und Formen rasch abbindet; er wird als Zierbaustoff, ferner für die Herstellung von Verbänden, Modellen und Formen der verschiedensten Art verwendet. Beim Brennen bei 500—1000⁰ tritt völlige Entwässerung und teilweise Abgabe von Schwefeltrioxyd ein; solcher Gips erhärtet nach dem Anmachen mit Wasser langsam, gibt aber eine wesentlich widerstandsfähigere Erhärtungsmasse; er wird nun als sogenannter „Estrichgips" besonders in der Bauindustrie für Bodenbeläge, als Mörtel usw. verwendet. Brennen bei noch höheren Temperaturen gibt den nur mehr schlecht abbindenden „totgebrannten" Gips. — In Klüften ist der Gips öfters fein parallelfaserig ausgebildet. Aus solchen Massen herausgeschliffene, kugelige, seidig glänzende, billige Steine führen im Schmucksteinhandel den Namen „Römische Perlen".

Anhydrit wird wenig verwendet: in geringem Umfange dient er als Kalkdüngemittel, ferner hat man in Deutschland während des ersten Weltkrieges versucht, die fehlende Schwefeleinfuhr dadurch zu ersetzen, daß man aus dem Anhydrit durch Reduktion mit Kohle zu Calciumsulfid und Zersetzung des letzteren Schwefel und sogar Schwefelsäure herstellte. Das komplizierte Verfahren hat sich auf die Dauer nicht bewährt; nur da, wo man Calciumsulfid selbst in der Technik benötigt, wird dieses durch Reduktion von Anhydrit hergestellt. Daß in der Natur die Reduktion des Calciumsulfates durch bituminöse Substanzen unter Bildung von Schwefel weitgehend im Laufe langer Zeiten vor sich geht, wurde bei der Besprechung des Schwefels auf S. 98 betont. Feinkörniger, gleichmäßiger grauer Anhydrit (*Lombardei*) wird für Bildhauerzwecke verwendet. Wie Gips benutzt man ihn auch gern bei der Herstellung von Portlandzement als Zusatz.

Statistische Angaben über die Förderung an Gips und Anhydrit gibt es nicht. Die beiden Mineralien sind wegen der Häufigkeit und wegen des großen Umfanges ihrer Vorkommen weltwirtschaftlich nicht interessant.

2. Steinsalz.

Das *Steinsalz* kommt außerhalb der ozeanischen und terrestrischen Salzlagerstätten nur in unbedeutenden Mengen als Produkt vulkanischer Exhalationstätigkeit vor. Es ist das Ausgangsprodukt für die Gewinnung der vielen, vom Menschen in riesigen Mengen verwendeten Natriumverbindungen. Aber fast ein Drittel des jährlich gewonnenen Steinsalzes findet als Speisesalz (Kochsalz) oder unreines Viehsalz als Beigabe zur Nahrung und als Konservierungsmittel für Fleisch, Fische, Gemüse usw. Verwendung; bei der Salzgewinnung anfallende unreine Natriumchloridlaugen werden auch für die Reinigung von

Abfallkohlen, welche in gepulvertem Zustande auf den Salzlaugen schwimmen, während die anderen mineralischen Verunreinigungen zu Boden sinken, benutzt. Etwa 40% der jährlichen Steinsalzgewinnung nimmt die chemische Industrie für die Herstellung von Salzsäure, Soda, Chlor, Natriumsulfat usw. in Anspruch; auch in der Glasindustrie und Porzellanindustrie findet das Steinsalz Verwendung. Gute natürliche und künstliche Steinsalzkristalle finden wegen ihrer guten Durchlässigkeit für die langwelligen Wärmestrahlen in der Laboratoriumstechnik trotz der geringen Härte für Prismen und Linsen (in optischen Spektrographen) Verwendung; in der Röntgenspektroskopie dienen Steinsalzkristalle einwandfreister Art als Standardmaterial für Wellenlängenmessungen und analytische Bestimmungen.

Steinsalzlagerstätten sind in den verschiedensten geologischen Epochen und in den verschiedensten Gegenden entstanden. Aus reinen Steinsalzlagern, die z. B. in Mittel- und Südwestdeutschland weit verbreitet sind, wird das Steinsalz rein bergmännisch unterirdisch gewonnen, dann eventuell durch Lösung und Wiedereindampfen der Lösung, aber auch durch Umschmelzen gereinigt. In den Nordalpen (*österreichisches Salzkammergut, Berchtesgaden* in *Bayern, Schweiz*) und anderwärtig, wo das Steinsalz überwiegend nur als reichliche Durchtränkungsmasse von tonigen Gesteinen vorkommt, muß es überwiegend unterirdisch mit Wasser ausgelaugt werden; die dabei entstehenden konzentrierten Sollösungen werden an die Oberfläche geleitet; dort wird in Sudpfannen das Steinsalz zur Auskristallisation gebracht[1]. Vielerorts treten aber auch im Zusammenhang mit Steinsalzlagerstätten in großem Umfange hochkonzentrierte, natürliche Solquellen auf, die entweder als Bäderquellen oder auch für die Gewinnung von Kochsalz verwendet werden. Wo Steinsalzvorkommen fehlen (vielfach z. B. in Italien und Jugoslawien), wird das Steinsalz aus dem Meerwasser, in Trockengebieten auch aus Binnenseen gewonnen.

Jährlich werden 30—40 Millionen Tonnen Steinsalz gewonnen; davon entfallen 10 Millionen Tonnen auf die *Vereinigten Staaten* von *Nordamerika*, je 5 Millionen Tonnen auf *Deutschland* und *Rußland*, je 3 Millionen Tonnen auf *Großbritannien* und *China*, je 2 Millionen Tonnen auf *Indien, Frankreich* und *Italien*, je etwa 1 Million Tonnen auf *Polen (Galizien)* und *Spanien;* die *österreichische* Steinsalzgewinnung (*Aussee, Ischl, Hallstatt, Hallein, Hall*) wurde schon in vorgeschichtlicher Zeit betrieben; sie liefert jährlich etwa 120.000 Tonnen, ist aber trotz der Gewinnungsschwierigkeiten steigerungsfähig

---

[1] In den österreichischen Steinsalzlagerstätten tritt gelegentlich in Verbindung mit dem Steinsalz auch reichlich *Glaubersalz* $Na_2SO_4 . 10 H_2O$ (S. 136) auf.

und auch für die umgebenden, steinsalzarmen Länder Ungarn, Jugoslawien und Tschechoslowakei wichtig.

Die Weltvorräte an Steinsalz können als fast unerschöpflich bezeichnet werden, enthalten doch allein die deutschen Salzlager viele Billionen Tonnen gewinnbaren Steinsalzes.

3. Kalium- und Magnesiumsalze.

Sie stellen die spätesten Ausscheidungen aus dem verdunstenden Meerwasser dar. Da nicht in allen Fällen der Verdunstungsprozeß so weit fortgeschritten ist, sind Kaliummagnesiumsalze in den ozeanischen Salzlagerstätten, deren oberste Schichten sie bilden [1], viel weniger verbreitet als Gips- (Anhydrit-) und Steinsalzlager; es ist außerdem erforderlich, daß die Kalium- und Magnesiumsalze bald nach der Ausscheidung durch Überlagerung mit wasserundurchlässigen Tonschichten vor neuerlichen Wassereinbrüchen und bei Klimaänderungen wirksam werdenden Einflüssen der Niederschlagswässer geschützt werden. Nach der Ausscheidung der Kaliummagnesiumsalze und deren Überlagerung mit Tonschichten erfolgten an verschiedenen Stellen neuerliche Wassereinbrüche, welche bei erneuter Verdunstung zur Ausscheidung von Gips-Anhydrit und Steinsalz über den Kaliummagnesiumsalzen geführt haben.

Die Mineralzusammensetzung der Kaliummagnesiumsalzlagerstätten ist sehr abwechslungsreich. Die wichtigsten und verbreitetsten der hier auftretenden Mineralien sind: Der *Sylvin*, das Kaliumchlorid KCl, das wie das Steinsalz in Würfeln kristallisiert oder wie das Steinsalz farblose bis rötliche feinkörnige oder grobspätige Massen bildet und sich vom Steinsalz durch seinen bitteren Geschmack unterscheidet. Die Sylvingesteine der Salzlagerstätten enthalten als *Sylvinite* neben Sylvin noch wechselnde Mengen von Steinsalz. — Ein sehr verbreitetes gemischtes Kaliummagnesiumchlorid ist der *Carnallit* $MgKCl_3 . 6 H_2O$, der an feuchter Luft wenig beständig ist und rasch zerfließt; die *Carnallitite* sind Salzgesteine, die aus Carnallit und Steinsalz bestehen. — Der *Kieserit* ist ein wasserhaltiges Magnesiumsulfat $MgSO_4 . H_2O$; er bildet mit Sylvin und Steinsalz zusammen das sogenannte *Hartsalz*. — Ein anderes weitverbreitetes Mineral dieser Lagerstätten ist der *Kainit* $KCl . MgSO_4 . 3 H_2O$. — Noch komplizierter zusammengesetzt ist der meist stengelig ausgebildete, durch Eisenoxydbeimengungen rot gefärbte *Polyhalit* $K_2SO_4 . MgSO_4 . 2 CaSO_4 . 2 H_2O$, der auch gelegentlich in den alpinen Steinsalzlagerstätten anzutreffen ist.

---

[1] Bis zur Mitte des vergangenen Jahrhunderts hat man diese heute so wertvollen Salze beim Abbau auf Steinsalz als „Abraumsalze" unverwertet beiseite geschafft.

Die Verwertung der Kalisalzgesteine erfolgt in der Weise, daß man durch Auslaugen der Rohsalze eine Kalisalzlauge erzielt, die weiter zur Herstellung von Kalisalzen, von Düngemitteln und zur Gewinnung der geringen Brommengen (S. 135) verarbeitet wird; aus den geringen Rubidium- und Cäsium-Gehalten der Kalisalze können die für die Laboratoriumstechnik erforderlichen Mengen an Rubidium- und Cäsiumsalzen gewonnen werden (S. 77). Die nach Auslaugung der Kalisalze verbleibenden Steinsalz-Kieserit-Rückstände werden durch Auslaugung vom Natriumchlorid befreit und zur Herstellung von Bittersalz usw. verwendet. Gewisse Sylvinite und Hartsalze mit hohem Kaliumgehalt können ohne weitere Verarbeitung als Düngesalze verwendet werden. Rohcarnallit und magnesiumreiche Lösungsrückstände bilden das wichtigste Ausgangsprodukt für die Gewinnung des metallischen Magnesiums im Wege der Elektrolyse (S. 72) und für die verschiedenen Magnesiumsalze, von denen besonders das Bittersalz (S. 136) in der Medizin und als Beizmittel in der Färberei Bedeutung hat; jährlich werden etwa 100.000 Tonnen Bittersalz verwendet. Magnesiumchlorid- und Sulfatlösungen finden ausgedehnte Verwendung als Anmachmittel für gepulverte, kaustische Magnesia bei der Steinholz-, Wandplatten- und Leichtbauplattenerzeugung.

Von den jährlich gewonnenen Kalisalzen werden über 90% als Düngemittel verwendet oder zu solchen verarbeitet; der Rest fällt der chemischen Industrie zu, die aus den Kaliummagnesiumsalzen viele wertvolle Kaliumverbindungen herstellt, z. B. Kalisalpeter, Kaliumpermanganat, Bromkalium, Jodkalium, Cyankalium [1], Kaliumchlorat, Kaliumperchlorat, Kaliwasserglas, das für die Seifen- und Glasindustrie wichtige Ätzkali und die Pottasche, Kalialaun usw.

Die größten Kalisalzvorkommen der Welt liegen in *Mitteldeutschland* (besonders *Thüringen*, *Südharz* und *Hannover*); sie werden seit der Mitte des vergangenen Jahrhunderts ausgewertet, während früher nur für das Steinsalz Interesse bestand. Weniger umfangreiche, aber besonders hochwertige, geologisch wesentlich jüngere (tertiäre) Kalisalzgesteine (Sylvinite) finden sich am *Oberrhein* in *Baden*; ihnen entsprechen am linken Rheinufer die ebenfalls hochwertigen, umfangreicheren *elsässischen* Kalisalzlager. In den österreichischen Salzvorkommen fehlen die Kalisalze fast vollständig. Kleinere Kalisalzvorkommen besitzt noch *Polen (Hohensalza* bei *Posen* und *galizisches Karpathenvorland)*, von größerer Bedeutung sind noch die tertiären Kalisalzlager *Spaniens* (im *Ebrobecken*) und die erst seit kurzer Zeit erschlossenen, *russischen* Kalisalzvorkommen im *europäischen Ural-*

---

[1] Cyankalium wird heute am meisten zur Extraktion des Goldes aus seinen Erzen verwendet.

vorland, welche dasselbe geologische Alter (Perm) wie die großen mitteldeutschen Kalisalzlager haben. Die Kalisalzvorräte der *Vereinigten Staaten* von *Nordamerika* (*Neumexiko*) sind nicht sehr bedeutend und wurden erst vor etwa 20 Jahren erschlossen; sie reichen zur Deckung des Bedarfes der Vereinigten Staaten nicht aus.

Die deutschen Vorräte an hochwertigen Kaliummagnesiumsalzen werden auf mindestens 20 Milliarden Tonnen eingeschätzt, die russischen dürften ähnlich hoch sein; die französischen und die spanischen Vorkommen belaufen sich auf je ungefähr ein Zehntel davon; man kann mit rund 50 Milliarden Tonnen Weltvorrat rechnen.

In der Gewinnung von Kalisalzen hatte Deutschland bis 1918 eine ausgesprochene Monopolstellung, die erst durch den Verlust des Elsaß verloren ging, später noch durch die Einschaltung der nordamerikanischen, spanischen und russischen Förderung weitere Einbußen erlitt. Immerhin ist Deutschland auf dem Weltmarkt auf Grund seiner ungeheuren Vorräte noch immer führend. Die Weltförderung an Kalisalzen dürfte sich auf annähernd 30 Millionen Tonnen belaufen, was fast 4 Millionen Tonnen Reinkali (K_2O) entspricht[1]; die Jahresförderung Deutschlands beträgt mehr als die Hälfte der Weltproduktion. Die deutsche Rohkalisalzgewinnung beläuft sich auf etwa 15 Millionen Tonnen jährlich, die französische auf 5 Millionen Tonnen, die russische und nordamerikanische auf je 3 Millionen Tonnen und die spanische auf 2 Millionen Tonnen. Des Interesses halber sei noch vermerkt, daß in *Palästina* aus dem salzreichen Wasser des *Toten Meeres* (25% Salzgehalt mit 2,4% Kaliumchlorid) seit 1921 jährlich an die 50.000 Tonnen Kaliumchlorid in riesigen Verdunstungsbecken neben einigen 100 kg Brom gewonnen werden.

L. Barium- und Strontiumsalze.

Die wichtigsten *Barium-* und *Strontiummineralien* — sie sind der großen Masse nach sedimentärer Entstehung — sind: Das Bariumsulfat $BaSO_4$, der *Schwerspat* oder *Baryt,* der in Form von tafeligen oder säuligen, durchsichtigen, farblosen, gelblichen oder rötlichen, gut spaltenden Kristallen oder in derben, weißen, blättrigen Massen oder in dichten Gesteinen auftritt, die durch organische Verwesungsreste grau gefärbt sind; letztere sind dem Kalkstein nicht unähnlich, unterscheiden sich aber von ihm sofort durch das hohe Gewicht. Das Bariumkarbonat $BaCO_3$, der *Witherit,* ist viel seltener. Die zwei wichtigsten Strontiummineralien sind das dem Baryt sehr ähnliche Strontiumsulfat *Cölestin* $SrSO_4$ (lat. caelestis himmelblau, wegen der

---

[1] Die Kalirohsalze enthalten in der Regel zwischen 10 und 15% Reinkali; nur in Ausnahmefällen (Baden, Elsaß) geht der Gehalt über 20%.

manchmal blauen Farbe der Kristalle) und das dem Witherit ähnliche Strontiumkarbonat *Strontianit* $SrCO_3$.

Der Schwerspat tritt nicht selten in hydrothermalen Erzgängen in oft sehr reinen Massen auf; die großen Schwerspatlagerstätten sind aber sedimentärer Herkunft; sie entstehen durch die Zersetzung von sedimentären Schwefelkiesen unter Schwefelsäurebildung, wobei letztere auf schwach bariumhaltige Kalksteine unter Bildung des schwerlöslichen Schwerspates einwirkt. Solche Schwerspatausscheidungen, auch in Form von knolligen Konkretionen um organische Reste, sind in sedimentären Gesteinen nicht selten; in der Verwitterungszone von schwerspatführenden Sedimenten reichert sich der schwer lösliche Schwerspat durch Weglösung des Kalksteines sehr hochprozentig an (Rückstandslager). — Ebenso bilden sich die beiden Strontiummineralien vielfach sekundär aus Karbonatgesteinen, in welchen das Strontium in geringen Mengen vorhanden war, in Form kleinerer Gänge innerhalb derselben; die hydrothermalen Strontiummineralvorkommen, in Begleitung von Erzmineralien, spielen praktisch keine Rolle. Schwerspat wird auch aus manchen Thermalquellen abgeschieden. Sowohl auf hydrothermalen Gängen wie auch in Sedimenten ist der Baryt häufig mit dem Mangan vergesellschaftet, der Witherit tritt dagegen auf Erzgängen besonders zusammen mit Bleizinkerzen auf. Aus den an sich verbreiteten Gangvorkommen von Schwerspat (z. B. *Böhmen, Sachsen, Harz, Thüringen, Tirol* usw.), die zwar vielfach Material reinster Qualität liefern, kann der Weltbedarf nur zum geringen Teil mehr gedeckt werden.

Der jährlich geförderte Schwerspat dient zu 3 Vierteln zur Erzeugung von weißen Erdfarben. Reiner, weißer Schwerspat liefert in gepulvertem Zustande, mit Leinöl angemacht, für sich schon eine sehr gute, beständige, weiße Erdfarbe; in viel größerem Umfange wird er aber mit Zinksulfatlösungen nach Reduktion mit Kohle zu den verschiedenen Sorten der *Lithopone* (S. 55) verarbeitet. Ferner wird Schwerspat in großen Mengen als Füllmasse in der Papier- und Textilindustrie verwendet (hier auch zur Verfälschung der nach dem Gewicht verkauften Seide!); aus dem besonders in *England* geförderten Witherit (jährlich an die 10.000 Tonnen) werden hauptsächlich Bariumverbindungen, wie z. B. Leuchtfarben, Chlorbarium, Ätzbaryt, Bariumsuperoxyd (für Wasserstoffsuperoxydherstellung) und Bariumnitrat hergestellt; die Bariumsalze werden wegen der grünen Färbung, welche sie der Flamme geben, auch in der Feuerwerkerei verwendet.

Das größte bekannte Schwerspatvorkommen liegt bei *Meggen* in *Westfalen* und steht dort in engster Verbindung mit den dortigen ausgedehnten Schwefelkiesvorkommen (S. 101); dieser Schwerspat eignet sich besonders für die Lithoponeherstellung, weil er sehr feinkörnig ist und die beigemengten Verwesungsreste die künstliche Reduktion befördern; wegen der grauen Farbe kann er nicht unmittelbar für die Herstellung von Schwerspatweiß verwendet werden.

Die Weltjahresgewinnung an Schwerspat (die Witheritgewinnung erreicht davon nicht einmal 1% und ist praktisch auf England beschränkt) beläuft sich auf etwa 1 Million Tonnen. Davon stammen ungefähr 50% aus *Deutschland* (Meggen und einige kleinere Gangvorkommen) und nahezu 40% aus den *Vereinigten Staaten* von *Nordamerika* (besonders Rückstandslager in *Missouri*); bis zum ersten Weltkrieg hatte Deutschland eine ausgesprochene Monopolstellung in der Schwerspatgewinnung inne; die amerikanische Gewinnung entwickelte sich erst seit dieser Zeit. An dritter Stelle steht *England* mit einer Jahreproduktion von etwa 60.000 Tonnen Schwerspat und knapp 10.000 Tonnen Witherit. Auch sonst wird allenthalben Schwerspat in kleineren Mengen gewonnen. Die *österreichische* Schwerspatgewinnung mit jährlich etwa 2000 Tonnen (besonders in *Nordtirol* zusammen mit Fahlerzen) ist unbedeutend.

Die beiden Strontiummineralien finden ihre Hauptverwendung in der Zuckerindustrie, da die schwerlöslichen Strontiumsaccharate eine ziemlich restlose Herausholung des Zuckers aus der Melasse ermöglichen. Das dabei benötigte Strontiumkarbonat kann immer wieder zurückgewonnen und dem Erzeugungsprozeß neu zugeführt werden. Ferner werden Strontiumsalze in großem Umfange wegen der roten Flammenfärbung, die sie ergeben, in der Feuerwerkerei (Leuchtraketenerzeugung, Leuchtmunition usw.) verwendet. Die Jahresgewinnung an Strontiummineralien ist verhältnismäßig gering; sie beläuft sich auf etwa 1000 Tonnen Strontianit und 6000 Tonnen Cölestin; sie ist außerdem sehr stark schwankend.

Das bedeutendste Strontianitvorkommen liegt in der Gegend von *Münster* in *Westfalen* in Form von zahllosen Spaltenfüllungen im Kreidekalkstein; die größten Cölestinvorkommen liegen bei *Bristol* in *Südwestengland* und bei *Stadtberge* in *Westfalen*; beide Vorkommen sind an karbonatische Sedimente gebunden. Bemerkenswert, aber ohne größere wirtschaftliche Bedeutung ist noch das Zusammenvorkommen des Cölestins mit dem Schwefel auf *Sizilien* (S. 99). Kleinere Cölestinvorkommen gibt es noch in verschiedenen Ländern. Die deutsche Strontianit- und Cölestingewinnung tritt jetzt mit etwa 500 Jahrestonnen insgesamt gegenüber der englischen Cölestin-Produktion mit 5000 Jahrestonnen stark in den Hintergrund.

M. Alunit und Alaun.

Der *Alunit (Alaunstein)* ist ein schwerlösliches, wasserhaltiges Kaliumaluminiumsulfat von der Zusammensetzung $K_2SO_4 . 3 Al_2SO_6 . . 6 H_2O$ (mit 19% Al); er bildet sich in der Natur einerseits durch die Einwirkung vulkanischer Schwefeldioxydausströmungen auf die umliegenden aluminiumsilikatreichen Gesteine (besonders Trachyt); man spricht in solchen Fällen von einer *Alunitisierung*.

Die Alunite wurden einmal in ziemlich beträchtlichen Mengen zur Erzeugung des Alauns herangezogen. Vor allem alunitisierte Trachyte in *Italien, Spanien,* in der *Slowakei,* in *Neusüdwales,* in *Nevada* und *Kalifornien* wurden in bedeutenden Mengen abgebaut. Diese Gesteine und der vielerorts verwendete Alaunschiefer (s. u.) enthalten ziemlich viele Fremdbeimengungen und haben jetzt an Bedeutung verloren, weil die Herstellung des Alauns aus Bauxit (S. 65) billiger zu stehen kommt.

Der *Alaun* $KAlS_2O_8 . 12 H_2O$ kommt übrigens wie noch andere wasserhaltige Aluminiumsulfate in der Natur gelegentlich auch selbst in abbauwürdigen Mengen vor. Er wurde hauptsächlich aus den sogenannten *Alaunschiefern* gewonnen, das sind verwitternde, schwefelkiesreiche Tonschiefer, deren Schwefelkies bei der Verwitterung Schwefelsäure abgibt, welche mit dem Aluminium und Kalium der Tonsilikate auslaugbaren Alaun und andere Aluminiumsulfate bildet.

In den besten Zeiten wurden jährlich an die 20.000 Tonnen aluminiumsulfatreiche Gesteine abgebaut, davon fast die Hälfte in *Italien* (nordwestlich *Rom,* bei *Neapel* usw.).

N. Fluoride.

Die Beteiligung des gasförmigen Grundstoffes *Fluor* am Aufbau der zugänglichen Teile des Erdballes beträgt etwa 0,03%. Über die Glutflußgesteine ist es in großer Verdünnung (in Silikaten und im Apatit) verstreut, es tritt nur in den pneumatolytisch-hydrothermalen Restkristallisationen in Gestalt sehr verschiedener Mineralien in Erscheinung. Auch im Sedimentationswege tritt es nicht in größeren Konzentrationen auf; es wird aus den Verwitterungslösungen durch die Organismen weitgehend aufgenommen und in ihre Hartteile (Schalen, Knochen, vor allem Zähne) eingebaut und gelangt so in nur geringfügiger Konzentration in die organischen Sedimente, besonders in die Phosphorite.

Die Zahl der fluorhaltigen Mineralien ist eine recht große, aber von praktischer Bedeutung ist nur das Calciumfluorid *Flußspat* oder *Fluorit* CaF_2 und das Natriumaluminiumfluorid *Kryolith* Na_3AlF_6.

Der Flußspat tritt in der Regel in würfeligen Kristallen von den verschiedensten Farben (farblos bis violett-schwarz) oder in derben stengeligen, vielfach buntgebänderten Massen auf. Schöne, grün und violettblau gebänderte Flußspate finden im geschliffenen Zustand als dekorative Plattenbeläge Verwendung; trotz der oft sehr schönen Farben kann der Fluorit als Schmuckstein nicht verwendet werden, da er für diesen Zweck viel zu weich ist. Der Kryolith bildet stets nur milchglasweiße, grobspätige Massen. Während der Flußspat sehr weit verbreitet ist, ist der Kryolith auf ein einziges Vorkommen beschränkt, nämlich auf die Granitpegmatite von *Ivigtut* in *Westgrönland*. — Fluor enthalten noch sehr viele pneumatolytische Mineralien, z. B. die Lithiumglimmer (S. 75); der geschätzte harte Edelstein *Topas*, der die Zusammensetzung $Al_2(OH, F)_2SiO_4$ hat, kann mit maximal 10% Fluor auch als Fluormineral bezeichnet werden; der Topas ist meist gelb, aber auch farblos, blau (*„brasilianischer Saphir“*) oder violett (*„brasilianischer Rubin“*); er wird besonders in *Brasilien*, im südlichen *Ural* und *Sachsen (Schneckenstein)* gefunden. In geringerem Umfange ist Fluor in den meisten Apatiten und in vielen Silikaten enthalten.

Der Flußspat tritt als hydrothermales Mineral besonders zusammen mit Bleizinkerzen auf; derartige Erzgänge gehen häufig in ausgesprochene Flußspatgänge über, welche die Gewinnungsstätten für das technisch wertvolle Mineral sind.

Fluorit wird in der chemischen Industrie zur Herstellung wichtiger Fluorverbindungen, z. B. der Flußsäure verwendet; ferner als Flußmittel (daher in Verbindung mit der guten Spaltbarkeit der Kristalle nach den Flächen des Oktaeders der Name!) in der Hüttenindustrie, besonders in der Eisenindustrie, aber auch in der Glas- und Zementindustrie usw. Ein Fluoritzusatz setzt den Schmelzpunkt herab und macht auch silikatische Schlacken leichtflüssig, erspart damit Brennstoff. Einwandfreie farblose Flußspatkristalle finden wegen ihrer Durchlässigkeit für kurzwellige Strahlen in der optischen Spektroskopie, zu Prismen und Linsen verschliffen, Verwendung.

Die Weltflußspatgewinnung beträgt jährlich etwa 600.000 Tonnen; führend dabei sind die *Vereinigten Staaten* von *Noramerika* (Gangsysteme in *Kentucky* und *Illinois)* mit 200.000 Tonnen und *Deutschland* (Gänge in der *Bayrischen Oberpfalz)* mit 150.000 Tonnen; im Abstand folgen *England* (Gänge mit Bleiglanz in *Durham* und *Derbyshire)* und *Frankreich* mit je etwa 50.000 Tonnen; die noch sehr junge russische Flußspatproduktion dürfte allerdings schon nahe an die 100.000 Tonnen-Schwelle herankommen; mit je gegenwärtig 10.000 Jahrestonnen ist die *spanische, italienische* und *südafrikanische* Flußspatgewinnung von untergeordneter Bedeutung.

Die Flußspatvorräte der Welt, die auf 20—30 Millionen Tonnen zu veranschlagen sind, dürften in einigen Jahrzehnten erschöpft sein.

Der *Kryolith* ist ein sehr wertvolles Mineral, das man mit teilweisem Erfolg durch den aus Flußspat hergestellten „synthetischen Kryolith", der aber mit dem natürlichen nicht identisch und gleichwertig ist, ersetzen muß. Er wird zur Hälfte als Lösungsmittel für die Tonerde bei der bei 1000^0 erfolgenden elektrolytischen Aluminiumgewinnung, zur anderen Hälfte in der Glasindustrie für Herstellung von Milchglas und bei der Weißemailherstellung verwendet. Die *grönländische* Jahresproduktion ist ziemlich schwankend (zwischen 10.000 und 40.000 Tonnen), hat aber im Zusammenhang mit der steigenden Aluminiumproduktion steigende Tendenz; die Vorräte sind jedoch von baldiger Erschöpfung bedroht. Der Preis des Kryoliths ist ziemlich hoch, er liegt bei über 100 Dollar pro Tonne, sodaß die Kryolithgewinnung für die Wirtschaft des armen Grönland ein außerordentlich wichtiger Faktor ist.

O. Quarz und Silikate.

Das *Silicium* ist der zweithäufigste Grundstoff in den zugänglichen Teilen der Erdkruste, an deren Zusammensetzung es mit ungefähr 1 Viertel gewichtsmäßig beteiligt ist. Es ist dementsprechend ein wichtiger Bestandteil der verbreitetsten Mineralien der Erdkruste und tritt uns stets in Form von Sauerstoffverbindungen entweder als Siliciumdioxyd SiO_2 *(Quarz* und ähnliche Mineralien) oder in Form von Siliciumsauerstoffverbindungen von verschiedenen Metallen *(Silikaten)* entgegen; vor allem die Leichtmetalle und das Eisen sind an der Zusammensetzung der verbreitetsten Silikate beteiligt. Diese setzen fast die gesamten Hauptgesteine der Erdkruste zusammen, ob es sich um Glutflußgesteine oder Sedimentgesteine oder metamorphe Gesteine handelt. Die Silikate sind sehr mannigfaltiger Art, aber nur wenige von ihnen haben größere praktische Bedeutung, wenn man davon absieht, daß die Silikatgesteine je nach ihrer Festigkeit in ungeheuren Mengen als Bausteine, Straßensteine, Monumentalsteine usw. verwendet werden, teilweise auch wegen der dekorativen Wirkung manche in behauenem oder geschliffenem Zustand. Diese Verwendungsart der Silikat- und Quarzgesteine soll nicht näher behandelt werden, da derartige Gesteine in wechselnder Qualität und Schönheit allgemein verbreitete Rohstoffe sind. — Auf die Möglichkeit und die gelungenen Versuche, aluminiumreiche Silikatmineralien verschiedener Art zur Gewinnung der Tonerde und des Aluminiums heranzuziehen, wurde auf S. 68 verwiesen.

a) Quarz und mit ihm verwandte Mineralien.

Das reine Siliciumdioxyd SiO_2 tritt uns in folgenden Formen, die ungefähr 1 Achtel des gesamten Mineralbestandes der zugänglichen Teile der festen Erdkruste ausmachen, entgegen:

1. *Quarz.* Seine in hydrothermalen Mineralgängen und Gesteinshohlräumen auftretenden, recht harten Kristalle (der Quarz ist härter als Glas, ritzt dieses also und kann auch mit guten Stahlmessern nicht mehr geritzt werden) erreichen oft sehr große Dimensionen. Wenn sie farblos durchsichtig sind, führen sie den Namen *Bergkristall*, die violetten sind die *Amethyste* [1], die gelblichen die *Citrine*, die rauchbraunen heißen *Rauchquarz*, die schwarzen *Morion*; die roten *Rosenquarze* kommen nie in Kristallen vor, sondern nur in derber Form; die weißen, undurchsichtigen Quarzkristalle führen den Namen *Milchquarz*, braune, undurchsichtige heißen *Eisenkiesel*. Die schönfarbigen, durchsichtigen Abarten sind beliebte Halbedelsteine. In den Gesteinen — der Quarz ist in allen kieselsäurereichen Glutflußgesteinen reichlich vorhanden — ist er unscheinbar grau mit fettig glänzenden Bruchflächen. In größeren Massen in reiner, derber Form, tritt er als *Gangquarz* als hydrothermale Bildung auf. Wegen seiner Härte und mechanischen Widerstandsfähigkeit geht der Quarz im Wege der Verwitterung nicht in Lösung, seine Bruchstücke werden während der Bewegung durch die Verwitterungslösungen höchstens mehr und mehr abgerollt und er wird aus diesen in mehr oder weniger reiner Form in großen Mengen in den Sanden angesammelt; diese Sande werden, wenn sie wertvolle Zusatzmineralien enthalten, als Seifen bezeichnet. Im Wege der Metamorphose werden die Quarzkörner der lockeren Sande zu festen, plattigen oder kompakten *Sandsteinen* und *Quarziten* durch ausfallendes Calciumkarbonat oder durch Kieselsäure oder durch tonige Substanzen oder auch durch Eisenoxydhydrat, gelegentlich auch durch Natriumchlorid und Bariumsulfat verfestigt (Sandsteine mit karbonatischem Bindemittel, tonige Sandsteine, eisenschüssige Sandsteine usw.). Die überwiegend aus Quarz bestehenden Sandsteine und Quarzite sind unter den Gesteinen der zugänglichen Teile der Erdkruste in einer Menge von etwa 1% vorhanden. — Ein dichter Quarz ist der besonders in Kreidesedimenten durch Sammelkristallisation entstehende, splittrig brechende *Feuerstein*.

2. Auf hydrothermalem Wege, besonders in Oberflächengesteinen, aber auch im Wege der sedimentären Ausscheidung der Verwitterungs-

---

[1] Manche Amethyste nehmen beim vorsichtigen Erhitzen eine gelbe bis braune Farbe an und werden dann im Schmucksteinhandel fälschlich als Goldtopase bezeichnet; auch der Rauchquarz wird gelegentlich fälschlich Rauchtopas genannt.

kieselsäure entstehen feinstfasrig aufgebaute Quarzmassen von oft schöner Bänderung und Zeichnung, die als *Chalzedone* bezeichnet werden; die als Dekorationssteine verwendbaren, buntfarbigen, meist gebänderten Chalzedone bezeichnet man als *Achate*, die schwarzweißgebänderten als *Onyx;* durch Nickel grüngefärbte Chalzedone heißen *Chrysopras*, durch Silikateinschlüsse dunkelgrün gefärbte *Prasem*, die durch Eisenoxyd gefärbten *Jaspis* (braun) oder *Karneol* (braunrot und in dünnen Splittern durchscheinend); daneben gibt es noch viele andere Abarten. In den Oberflächengesteinen bildet der Chalzedon oft in den bei der Erstarrung verbleibenden Hohlräumen dicke Wandauskleidungen, auf welchen dann häufig noch dem Kern zu gut entwickelte Quarzkristalle (meist Amethyste) aufsitzen. Soweit die Chalzedone schön gefärbt sind, finden sie als Halbedelsteine und für kunstgewerbliche Arbeiten Verwendung.

Von vielen niederen Organismen wird aus den Verwitterungslösungen die Kieselsäure zum Aufbau der Skelette aufgenommen (Kieselalgen = Diatomeen, Radiolarien, Seeigel usw.). Ansammlungen von solchen Skeletten in mehr lockerer Form liefern die wertvollen, weißen Rohstoffe *Kieselgur* und *Polierschiefer;* bei starker Verunreinigung durch organische Substanzen und Eisenverbindungen gehen solche Ansammlungen im Wege der Metamophose in die grauschwarzen *Kieselschiefer*, schwarzen *Lydite (Probiersteine)* und wechselfarbigen *Hornsteine* über.

3. Entweder hydrothermaler oder auch sedimentärer Entstehung ist die mit dem wechselnden Wassergehalt verschieden harte Opalkieselsäure $SiO_2 . x H_2O$. Der Wassergehalt schwankt zwischen 2 und 20%. Der *Opal* ist im Gegensatz zum kristallinen Quarz *amorph* [1]. Es handelt sich hier in der Regel um glasartige, knollenförmige, muschelig brechende Massen. Mißfarbige Opale heißen *Gemeiner Opal;* weiß und milchig durchscheinend ist der *Milchopal*, braunrot durchscheinend der *Feueropal*, im Aussehen wachsartig ist der *Wachsopal*, holzartig gezeichnet der braune *Holzopal;* einen gesuchten Edelstein stellt der *Edelopal* dar, der als hydrothermale Bildung in gewissen Oberflächengesteinen *(Slowakei, Australien)* auftritt und ein wundervolles buntes Farbenspiel, welches besonders im Rundschliff wirkungsvoll wird, aufweist; der *Glasopal* ist farblos durchsichtig und bildet in vulkanischen und Sedimentgesteinen traubige Krusten; auch die früher genannte Kieselgur (Diatomeenerde) und die Polierschiefer sind locker und wasserhaltig und größtenteils nicht kristallin und daher eigent-

---

[1] Als *amorph* bezeichnet man Stoffe, die infolge regelloser Anordnung ihrer Einzelatome nicht so wie die *kristallinen* Stoffe zur Ausbildung von gesetzmäßig ebenflächig begrenzten Körpern (Kristallen) geeignet sind.

lich zu den Opalen zu zählen. Aus den Verwitterungslösungen scheidet sich überhaupt die Kieselsäure immer zuerst in Opalform aus, geht aber im Laufe längerer Zeit in der Regel in feinstfaserigen, kristallinen Chalzedon über.

Quarz, Chalzedon und der viel seltenere Opal finden, abgesehen von der Verwendbarkeit als Schmucksteine, in der Technik sehr ausgedehnte Verwendung.

Bergkristall wurde und wird zu den kostbaren, kunstgewerblichen Gegenständen verschliffen; ferner werden aus dem in jeder Beziehung widerstandsfähigen Material mit seiner sehr geringen Wärmeausdehnung statt aus Platinlegierungen Normalmaßstäbe und Gewichte für Präzisionswagen verfertigt; wegen seiner geringen Wärmeausdehnung findet er im Bau physikalischer Präzisionsinstrumente Verwendung, wegen seiner Durchlässigkeit für ultraviolettes Licht werden aus ihm Prismen und Linsen für optische Instrumente hergestellt; die Piezoquarze (Schwingquarze; geeignet aus Quarzkristallen geschnittene Platten, die sich bei Druckeinwirkung polar elektrisch aufladen) finden zunehmende Verwendung für Sendersteuerung, Quarzuhren, Wellenmessungen und in der Ultraschalltechnik. Gute Bergkristalle wurden und werden u. a. reichlich in den Klufträumen der Alpengesteine gefunden.

Die *Chalzedone* liefern widerstandsfähige Achsenlager für Waagen, Kompasse usw.; sie werden auch zu Laboratoriumsgeräten (Achatmörsern usw. verarbeitet); solche Chalzedone stammen vornehmlich aus Oberflächengesteinen in *Brasilien* und *Uruguay;* die Vorkommen in *Westdeutschland* müssen im wesentlichen als erschöpft gelten.

Seit einigen Jahrzehnten erst ist das Problem gelöst worden, geschmolzenen Bergkristall — Quarzglas — bei erschwinglichen Preisen zu verarbeiten und auch reinsten Quarzsand für diesen Zweck zu verwenden. Die Schwierigkeit, die zu überwinden war, bestand vornehmlich in dem nahen Beieinanderliegen des hohen Schmelzpunktes des Quarzes (2000⁰) und des Verdampfungspunktes. Heute wird sowohl trübes Quarzglas (Quarzgut) als auch durchsichtiges Quarzglas für Laboratoriumsgeräte aller Art und für Bestandteile technischer Apparate erzeugt.

Gewaltige Mengen an Quarz verschlingt die Glasindustrie und die keramische Industrie; für die guten Qualitäten ist reinster Quarz, der vor allem nicht mehr als 0,03% Eisen als Verunreinigung enthalten darf, notwendig. Dazu stehen in beschränktem Umfang hydrothermale Gangquarze zur Verfügung; im allgemeinen muß auf reinste Sande und reinste Quarzite zurückgegriffen werden; Sande dieser Art gibt es z. B. in großem Umfange in *Westdeutschland* und *Schlesien;* die *österreichischen* Vorkommen im nördlichen Alpenvorland sind verhältnismäßig unbedeutend und können nicht einmal den Landesbedarf decken. Für die Flaschenglaserzeugung und die Steingutkeramik genügen allerdings auch minderwertige Quarzqualitäten, ja der Quarz kann bei der Flaschenglaserzeugung teilweise sogar durch saure, alkalireiche Gesteine ersetzt werden.

Geringere Reinheitsansprüche werden an den Quarz (Quarzite und Quarzitschiefer) für die Erzeugung feuerfester Steine (besonders Silika- oder Dinassteine für die Herstellung von Hochtemperaturöfen und die Auskleidung von solchen) gestellt; die Silikasteine sind hochgebrannte (1450⁰), aus mit Kalkmilch angemachtem, gemahlenem, unreinem Quarzit hergestellte feuerfeste Steine; auch für die Herstellung der Zementklinker und der für die Bauindustrie wichtigen, künstlichen Kalksandsteine wird Quarzsand minderer Qualität in Massen verwendet. Tonhaltige Quarzite und Quarzitschiefer können unmittelbar zubehauen als feuerfeste Steine verwendet werden. Quarzsande werden ferner für die Herstellung von Sandpapier und für die Sandstrahlgebläse in der Metall- und Steinindustrie als Schleifmittel benutzt. Sandsteine stellen ein viel verwendetes Baumaterial dar. In der Eisenhüttenindustrie wird Quarz als Schlackenbildner bei der Verhüttung kieselsäurearmer Eisenerze verwendet. — Die Eisenindustrie erzeugt aus Sand und Eisenerzen unter Reduktion diè Eisenlegierung Ferrosilicium; aus Quarz und Koks wird im elektrischen Ofen bei 1650⁰ Siliciumcarbid (Carborundum) SiC hergestellt, das nach dem Diamanten das härteste Material ist. — In der Mühlenindustrie werden Sandsteine als Mahlsteine verwendet.

Eine besondere Verwendung findet die z. B. in *Niederösterreich* und in der *Lüneburger Heide*, in *Irland*, *Algier*, den *Vereinigten Staaten* von *Nordamerika* und *Dänemark* in großen Mengen auftretende und auch sonst weit verbreitete *Kieselgur*, die schon im klassischen Altertum vielfach zur Herstellung leichter, feuerfester Ziegel verwendet wurde; wegen ihrer Porosität vermag sie ein Vierfaches ihres Gewichtes an Flüssigkeit aufzunehmen, ohne zu zerfließen. Sie eignet sich daher ausgezeichnet für säurefeste Packungen und für die Aufnahme des Nitroglycerins in der Sprengstoffindustrie (Gurdynamit); als Isoliermittel gegen Schall- und Temperaturschwankungen findet die lockere, poröse Kieselgur in der Bauindustrie Verwendung; die ähnlich entstandenen, weniger porösen, plattig teilbaren *Polierschiefer* werden, wie der Name sagt, als Poliermittel für Metalle und Steine verwendet; sie kommen z. B. in großem Umfange in der *Lausitz* vor.

Eine Statistik über die Gewinnung des Quarzes und der verwandten Mineralien für industrielle Zwecke gibt es nicht. Um welche ungeheuren Mengen es sich handeln muß, geht aus der Angabe hervor, daß die Vereinigten Staaten von Nordamerika allein an Glassand jährlich über 2 Millionen Tonnen verbrauchen.

b) Feldspäte.

Die *Feldspäte*, deren wichtigste Arten schon auf S. 65 genannt wurden, sind in ihrer Gesamtheit an der Zusammensetzung der Gesteine der oberen Teile der festen Erdkruste mit nahezu 60% beteiligt und damit die häufigsten Mineralien überhaupt. Abgesehen von den ganz basischen Typen sind sie in den Glutflußgesteinen allgemein verbreitet, in den sauren herrschen sie vor; ebenso sind sie in oft metergroßen Kristallen in den Pegmatiten weit verbreitet; gut entwickelte farblose oder gelblich durchsichtige oder auch milchige Kristalle von *Kalifeldspat (Orthoklas)* und *Natronfeldspat (Albit)* treten als pneumtolytisch-hydrothermale Hohlraums- und Kluftauskleidungen reichlich auf. In den Sedimenten treten die Feldspäte stark zurück, weil sie im Wege der Verwitterung unter Entfernung der Alkalien und unter Wasseraufnahme meist in tonige Substanzen umgesetzt werden; dagegen spielen sie in den metamorphen Gesteinen aller Art wieder eine große Rolle.

Die seltenen, gelben, durchsichtigen Orthoklase (*Madagaskar*) — die Feldspäte sind weniger hart als der Quarz — werden zu Schmucksteinen verschliffen; ebenso werden die bläulich schimmernden, undurchsichtigen Orthoklase (*Ceylon, USA.*) mugelig verschliffen; sie führen den Namen *Mondstein*, im Edelsteinhandel aber auch die Bezeichnung *Wolfsauge, Wasseropal* oder *Ceylonopal*; Mondsteine erzielen immerhin einen Preis von 1 Dollar pro g Rohstein; sie werden vielfach imitiert. Auch durch parallel eingelagerte Eisenglanzschüppchen rotmetallisch, seltener grünlich schimmernde, natronreiche Kalknatronfeldspäte (*Plagioklase*) dienen in geschliffenem Zustand als Schmucksteine; sie führen den Namen *Sonnenstein* oder *Avanturinfeldspat* [1] und werden besonders in *Südnorwegen* und am *Baikalsee* gefunden. Sehr dekorativ wirken die infolge von Einschlüssen metallisch bunt schillernden, großen, kalkreichen Plagioklase (*Labradorite*) in bestimmten basischen Gesteinen und Kaliumnatriumfeldspäte (*Anorthoklase*) in anderen Gesteinstypen; solche Gesteine sind im geschliffenen Zustand als Monumentsteine und für Innen- und Außenauskleidungen von Gebäuden sehr beliebt; man findet sie in *Südnorwegen*, besonders aber in *Nordamerika* (*Long Island, New Jersey, Labrador* usw.). Als Schmuckstein wird auch der schön blaugrün oder grünblau gefärbte *Amazonenstein* (*Madagaskar, Virginia*), ein undurchsichtiger Kalifeldspat, verwendet.

---

[1] Es gibt auch Avanturinquarze und Avanturinorthoklase.

Technisch von Bedeutung ist der Kalifeldspat vor allem für die Porzellanindustrie. An der Porzellanmasse ist er je nach deren Qualität mit 10—20% beteiligt; wegen des gegenüber den anderen Bestandteilen (Ton und Quarz) tieferen Schmelzpunktes wirkt er als Bindemittel, außerdem fördert er die Durchscheinbarkeit des Porzellans; mit Ausnahme von billigen Steingutwaren ist für diesen Zweck Eisenfreiheit des Feldspates notwendig; Biskuit- oder Figurenporzellan enthält in der Rohmasse sogar bis zu 70% Feldspat; der Glasurmasse wird 10—20% Feldspatpulver beigemengt; auch die Technik, einschließlich Zahnersätzen, verwendet viel Porzellan. Ferner wird minderwertiger Kalifeldspat in der Eisenhüttenindustrie als neutraler, schlackenbildender Zuschlag verwendet und bei der Herstellung von Schleifsteinen und Schmirgelscheiben als Bindemittel für die Schmirgel- oder Carborundumkörner.

Jährlich werden in der keramischen Industrie an die 400.000 Tonnen Feldspat verbraucht; dieser stammt ausschließlich aus Pegmatiten; etwa 40% werden in den *Vereinigten Staaten* von *Nordamerika* (besonders in den Oststaaten) gefördert, etwa 15% in *England*, je etwa 10% in *Südschweden, Südnorwegen* und *Kanada (Ontario)* und wenige Prozent in *Bayern (Fichtelgebirge)* und *Frankreich*. Der Preis guter Keramikfeldspäte stellt sich auf etwa 25 Dollar pro Tonne; wichtig ist noch, daß durch den Abbau der Pegmatite auf Feldspat vielerlei seltene, darinnen verstreut vorkommende und technisch wichtige Mineralien als Nebenprodukte billig gewonnen werden können. — Die an sich sehr verbreiteten alpinen, feldspatreichen Pegmatite eignen sich in der Regel für die Feldspatgewinnung nicht, weil die einzelnen Gänge eine zu geringe Mächtigkeit haben und weil überdies häufig eine weitgehende Zertrümmerung der Pegmatitmineralien durch den Gebirgsdruck stattgefunden hat, was ein Auslesen des Feldspatminerales sehr unrentabel machen würde.

c) Andalusit, Disthen, Sillimanit.

Der schon bei den Aluminiumsilikaten auf S. 67 erwähnte *Andalusit* Al_2SiO_5 ist vorwiegend kontaktmetamorpher Entstehung. Er ist für keramische Sonderzwecke wichtig. Die harten, grünlichen oder rötlichen, durchsichtigen Kristalle, die besonders in Seifen in *Brasilien* vorkommen, werden als Edelsteine verschliffen; sie sind ziemlich selten. Sonst wird der Andalusit hauptsächlich in den *Vereinigten Staaten* von *Nordamerika (Massachusetts)* für technische Zwecke, nämlich zur Herstellung von Zündkerzen und von feuerfesten Materialien gewonnen; für diesen Zweck stellt er ein sehr gesuchtes Material dar, das an sich nicht allzu selten, aber in den Gesteinen verstreut und schwer in der notwendigen Reinheit herauszuholen ist.

In ähnlicher Weise könnte auch der häufigere, gleich zusammengesetzte, oft blaue *Disthen*, der in regionalmetamorphen Gesteinen verbreitet ist, verwendet werden; jedoch ist auch bei ihm die Herausarbeitung aus dem Gestein recht kostspielig.

Dieselbe technische Verwendung findet der bisher nur in *Indien*, *Südafrika* und *Kalifornien* in technisch verwendbaren Mengen aufgefundene, faserig-stengelige *Sillimanit*, welcher dieselbe chemische Zusammensetzung wie der Andalusit und Disthen hat. — Auch synthetisch können derartige keramische Produkte unschwer hergestellt werden (aus Kaolin oder aus Quarz und Tonerde).

d) Lasurit (Lapis Lazuli).

Der undurchsichtige, in verschiedenen Nuancen blaue *Lasurit* ist ebenfalls ein kontaktmetamorphes Mineral; er hat die Zusammensetzung $Na_5Al_3Si_3O_{12}S$; er ist häufig von kleinen, metallisch gelben Schwefelkieskörnchen durchsetzt. Auch ist er fast immer, selbst bei anscheinend einheitlicher Farbe, reichlich mit helleren, winzigen Calcitkörnchen verwachsen. Heute wird er nur mehr zu Schmucksteinen verschliffen, für kunstgewerbliche Gegenstände verarbeitet und für Mosaikarbeiten verwendet. Seit dem Altertum bis zur Entdeckung (1829) der künstlichen *Ultramarine*, die ähnliche Zusammensetzung wie der Lasurit haben und die aus Kaolin (S. 66), Schwefel, Soda und Kohle im Schmelzverfahren jährlich in Mengen von 20.000 bis 30.000 Tonnen in verschiedenen Farbnuancen hergestellt werden, war er als blauer Mineralfarbstoff (natürliches Ultramarin) sehr hoch eingeschätzt. Er ist recht selten und wird in größeren Mengen nur in *Afghanistan*, am *Baikalsee* in *Sibirien* und am *Rio Grande* in *Chile* gefunden. An der Jahresgewinnung von etwa 1 Tonne ist Afghanistan überwiegend beteiligt; der Rohstein kostet je nach der Qualität 30 bis 500 Dollar pro Kilogramm.

e) Kaolin und sonstige Tonmineralien.

Der *Kaolin* $(OH)_4Al_2[Si_2O_5]$ und die übrigen wichtigen Tonmineralien wurden schon auf S. 66 genannt. Sie sind zum geringen Teile hydrothermaler Entstehung *(Pyrophyllit, manche Kaoline)*; in großem Umfange entstehen sie (besonders Kaolin) durch Zersetzung der primären, tonerdereichen Silikate (besonders Feldspate) durch hydrothermale Restlösungen, ein Prozeß, den man als Kaolinisierung bezeichnet; aber auch die Verwitterung der tonerdereichen Gesteine führt häufig zur Kaolinbildung; ferner findet eine Neubildung von Tonmineralien in großem Umfang in Form des *Montmorillonites, Hallcysites* (wasserhaltiger Kaolin) usw. aus den Verwitterungslösungen statt; diese werden in mehr oder minder reiner Form zusammen mit den transportierten Tonpartikelchen abgesetzt und bilden im unreinen Zustand die Schiefertone usw.

Die Verwendung der Tonmineralien ist eine recht vielseitige. Auf S. 66 wurde die Verwendung des leicht schneidbaren, dichten Pyrophyllites als *Bildstein* für die Herstellung kunstgewerblicher Gegenstände und auch für Schreibstifte schon erwähnt; von technischer Bedeutung ist aber vor allem die Verwendung der Tonsilikate, besonders des Kaolins — der Kaolin führt deshalb auch den Namen *Porzellanerde* — in der keramischen Industrie. Die Porzellanmasse wie die Glasurmasse enthält 10—40% Kaolin. Dazu ist eisenfreies Material notwendig; bei der Steingutherstellung werden meist Tonsorten minderer Qualität und nur wenig Kaolin verwendet. Bedeutende Mengen weniger reinen Kaolins finden in der Schamotteherstellung Verwendung; dieses zur Auskleidung von Hochöfen, Kalköfen usw. dienende Material, das erst oberhalb 1650⁰ schmilzt, wird aus Kaolin mit Porzellanscherbenmehl hergestellt. Die Papierindustrie benötigt Kaolin als Füllstoff; geschlemmter Kaolin ist ein wichtiger Bestandteil von Putz- und Poliermitteln für Glas, Metall usw.

Rohkaolin hat einen Preis von etwa 2 Dollar pro Tonne, geschlemmter kostet 10—30 Dollar pro Tonne je nach der Qualität.

Die Jahresproduktion an Rohkaolin beläuft sich heute auf über 2 Millionen Tonnen. Daran ist *England (Cornwall)* mit etwa 40% beteiligt, *Deutschland (Bayern, Thüringen* und *Sachsen)* und *Japan* mit je 15%, die *Tschechoslowakei* mit 10%, *Frankreich* und die *Vereinigten Staaten von Nordamerika* mit je 5%. *Österreich* ist Exportland für Kaolin; die Vorkommen liegen vor allem in Ober- und Niederösterreich; an *Polen* sind die *schlesischen* Vorkommen gefallen. Sowohl die britische als auch die nordamerikanische Kaolingewinnung hat ihren Höhepunkt weit überschritten (1910 bis 1930 wurden in England allein jährlich fast 1 Million Tonnen Kaolin gewonnen!), was mit der Erschöpfung der Vorräte zusammenhängt; dafür wird in den Vereinigten Staaten *(Wyoming, Süddakota)* seit einer Reihe von Jahren in steigendem Umfang ein sehr reiner, gut verwendbarer sedimentärer Ton, der *Bentonit* (ein an Montmorillonit reicher, durch Zersetzung von vulkanischer Asche entstandener Ton) gewonnen, gegenwärtig in einer Höhe von jährlich 300.000 Tonnen.

Über die Gewinnung der allgemein verbreiteten, unreinen Tone und Lehme aller Art für die Herstellung von Töpferwaren (Töpferschamotte für Zimmeröfen usw.), Steinzeug, Ziegeln usw. fehlt jede Statistik.

Die *Walkerde (Fullererde)* ist als wasserhaltiges, eisen- und magnesiumreiches Tonsilikat ein Umwandlungsprodukt basischer Glutflußgesteine; sie ist erdig, bräunlich oder grünlich und leicht zerreiblich; sie zerfällt im Wasser, hat die Fähigkeit, Fett aufzusaugen und basische Farbstoffe zu adsorbieren. Sie wurde seit langem zum „Walken" der Gewebe verwendet, d. h. zur Entfernung von Fettstoffen aus diesen, ebenso auch aus Fellen. Heute wird sie vorwiegend zur Herstellung von Pigmenten im Tapetendruck und zum Klären von Fetten und Ölen verwendet; für diese Zwecke werden jetzt jährlich mehrere 100.000 Tonnen Walkerde benötigt, welche überwiegend in den *Vereinigten Staaten von Nordamerika* gewonnen werden; etwa 10% der Jahresgewinnung entfallen auf *England.* — Im Orient ist die Walkerde als eßbare Erde geschätzt.

Gewisse, fettig sich anfühlende Erden *(Bergseife, Cimolit)* werden örtlich *(Thüringen, Böhmen, Polen, Griechenland)* als Seifenersatz und -Zusatz gewonnen.

f) Silikatische Farberden.

Die *Bolus*arten sind wasserhaltige, eisen- und magnesiumreiche, stark gefärbte Tonerdesilikate, locker und leicht zerreiblich. Sie sind weit verbreitete Verwitterungsprodukte von verschiedenen Silikatgesteinen. Manche sind stark mit Eisen- und Manganoxyden oder -oxydhydraten durchsetzt oder bestehen überwiegend aus solchen; sie sind dann besonders farbkräftig. Sie gehen unter sehr verschiedenen Namen, z. B. Terra di Siena, Melinit (Gelberde), Umbra, Rötel, Ocker usw., und werden als Wasser- und Leimfarben zum Tünchen von Häusern benützt. Eine größere Verwendung findet der *rote Bol.* Er zerfällt im Wasser und wird ebenfalls als Wasserfarbe zum Anstreichen benutzt; festere Sorten werden zu Rotstiften verarbeitet; ferner dient der rote Bol als Poliermittel und zur Herstellung von Pfeifenköpfen und Gefäßen. Auch die gelblich bis bräunlichrote *Siegelerde (Terra sigillata;* sie kam früher mit aufgedrucktem Siegel in den Handel!) aus *Armenien, Ungarn, Sachsen* usw. gehört hieher. — Der *weiße Bol* ist dem Kaolin ähnlich und ein weißer fetter Ton, der auch in der Medizin als Bolus alba Verwendung findet.

Die *Grünerde* ist zersetzter Augit (ein häufiges wasserfreies Silikat in den Glutflußgesteinen); sie wird bei *Kaaden* in *Böhmen* als „Kaadner Grün" gewonnen; sie läßt sich im Wasser leicht aufweichen und dient als beständige grüne Anstrichfarbe, für die Herstellung von Edelputz usw. — Ganz ähnlich verhält es sich mit dem „Veroneser Grün" („Cyprisch Grün", „Steingrün"), das vor allem in *Südtirol* gewonnen wird. — Die „Tiroler Grünerde" ist ein kalihaltiges, eisenıeiches, wasserhaltiges Silikat, das als *Glaukonit* an vielen Orten mehr oder weniger reichlich in Sedimenten gefunden wird (z. B. bei *Innsbruck*, in *Böhmen, Sachsen, Schweden, Belgien*, vielerorts in den *Vereinigten Staaten* usw.). Der Glaukonit wird besonders in den Vereinigten Staaten verwendet, und zwar als Anstrichfarbe und wegen seiner Beständigkeit auch für Freskomalereien; auch wird er örtlich als Kalidüngemittel benutzt, besonders deswegen, weil in den betreffenden Sedimenten in der Regel auch gleichzeitig kleine Phosphatknöllchen auftreten. Die Jahresgewinnung an glaukonitreichen Gesteinen mag sich immerhin auf 50—100.000 Tonnen belaufen.

g) Nutzglimmer.

Die *Glimmer*, wechselnd zusammengesetzte, wasserarme Silikate des Kaliums, Aluminiums, Eisens, Magnesiums, Mangans und Lithiums sind weit verbreitet (über 3% des gesamten Gesteinsbestandes); sie sind grobblättrig bis feinstschuppig ausgebildet und können wegen ihrer ausgezeichneten Spaltbarkeit nach einer Fläche leicht in dünnste Blätter aufgespalten werden. Die wichtigste Art unter ihnen ist der Tonerdeglimmer *(Muskovit)* $(OH, F)_2KAl_3Si_3O_{10}$, der farblos, grünlich oder bräunlich und in ziemlich dicken Platten noch durchsichtig ist. Ihm ähnlich, aber in der Regel von blaßrauchbrauner Farbe ist der Magnesiumglimmer *(Phlogopit)* $(OH, F)_2KMg_3AlSi_3O_{10}$; die eisenreichen Glimmer *(Biotite)* sind braun- oder grünschwarz, schon in dünnen Platten undurchsichtig und keine guten Isolatoren; die Lithiumglimmer wurden schon auf S. 75 als Ausgangspunkte für die Lithiumgewinnung erwähnt.

Die durchsichtigen Tonerde- und Magnesiumglimmer, die im Gegensatz zu den eisenhaltigen Glimmern sehr schlechte Leiter für Elektrizität sind, stellen besonders in ihren großblättrigen Formen ein technisch sehr gesuchtes Material dar; dünne Glimmerblätter haben eine 1000 fach größere Isolationsfähigkeit als Luft. Dazu kommt noch die hohe elastische Biegsamkeit, die auch bei Hitzeeinwirkung erhalten bleibt; ebenso ist die Isolierfähigkeit gegen Temperatureinflüsse sehr groß.

Die Glimmer treten ganz allgemein in den Glutflußgesteinen und in den metamorphen Gesteinen auf; unter den letzteren bestehen die Glimmerschiefer überwiegend aus feinschuppigen oder grobblättrigen Glimmern. Für die technische Verwertung kommen in der Regel nur die großblättrigen Glimmer, die Tafeldurchmesser von mehreren Dezimetern erreichen können, in Frage, nämlich großtafelige Muskovite aus Pegmatiten und untergeordnet Phlogopite aus kontaktmetamorphen Kalksteinen. Am wertvollsten sind glasartig durchsichtige, großtafelige Glimmer. Sie werden bergbaulich gewonnen, an Ort und Stelle unter Beseitigung der schadhaften Stellen zugeschnitten und vorgespalten. Verwendet werden die großtafeligen Glimmer als Isoliermaterial in der Elektrotechnik, als Glasersatz überall dort, wo es auf große Hitzebeständigkeit und Stoßfestigkeit ankommt: Fensterscheiben auf Kriegsschiffen, Fenster an Öfen, Schutzbrillen, Lampenzylinder, für photographische Platten für Forschungsexpeditionen usw. Glimmerplattenabfälle werden als Wärmeschutzmittel zum Isolieren von Dampfkesseln, Dampfröhren usw. verwendet. Gemahlene Glimmerabfälle dienen zur Herstellung von Glanztapeten und Brokatfarben, für feuerfeste Decken und überhaupt feuerfeste Steine und für ornamentale Ziegel. Als Ersatz für größere, teure Glimmertafeln verwendet man häufig auf Papier dicht aufgeklebte Glimmerabfälle (Micafolie). Gemahlener Glimmer dient auch als Trägersubstanz für Nitroglycerin (Glimmerdynamit).

Die Glimmerpreise sind naturgemäß außerordentlich von der Qualität (Größe und Einwandfreiheit der Tafeln) abhängig; großblättrige Glimmer bester Qualität erzielen Preise von 50 Dollar pro kg; Abfallglimmer wird mit etwa 25 Dollar pro Tonne bezahlt.

Das älteste und auch heute noch wichtigste Produktionsgebiet für Tafelglimmer ist *Indien* (überwiegend *Bengalen)* mit einer Jahresproduktion von fast 10.000 Tonnen ausgezeichneten Tafelglimmers; mengenmäßig wurde es zwar von den *Vereinigten Staaten* von *Nordamerika* mit 20.000 Jahrestonnen weit überholt; jedoch sind die nordamerikanischen Glimmer, die vorwiegend in *Nordkarolina* gefördert werden, überwiegend Abfallglimmer. — Von Bedeutung ist noch die *kanadische* Glimmergewinnung in *Ontario* und *Quebec* mit etwa 4.000 Tonnen Phlogopit, die *südafrikanische* (1.500 Jahrestonnen), die *brasilianische* (600 Jahrestonnen), die *argentinische* (300 Jahrestonnen) und *ostafrikanische* (50 Jahrestonnen). Kleinere Glimmermengen aus Pegmatiten werden in verschiedenen Ländern, teilweise als Nebenprodukt, gewonnen, in Europa z. B. in *Norwegen, England, Rußland* und *Österreich (Weststeiermark, Ostkärnten),* ferner neuerdings auch in *Sibirien (Lenagebiet).* Hinsichtlich der Tafelglimmerversorgung wird somit der Weltmarkt vom britischen Weltreich fast vollständig beherrscht.

Die Weltvorräte an guten Tafelglimmern sind angesichts der stark ansteigenden Inanspruchnahme von baldiger Erschöpfung bedroht; die Synthese von Glimmern ist wohl schon in Laboratorien mehrfach gelungen; einwandfreier, großblättriger Glimmer kann aber noch nicht zur Verfügung gestellt werden. Minderwertiger Schuppenglimmer kann auch durch Verarbeitung der allgemein verbreiteten Glimmerschiefer gewonnen werden.

h) Asbest.

Ein noch wertvolleres Rohmaterial als die Nutzglimmer sind die *Asbeste.* Sie sind dünnfaserig ausgebildete, wasserarme oder ziemlich wasserreiche, sehr wechselnd zusammengesetzte Silikate, die spröde oder elastisch sein können. Als hydrothermale Mineralien kommen sie in der Natur vorwiegend als Kluftfüllungen, in diese hineinwachsend oder sie quer parallel-faserig überspannend oder in langen Fasern wirr oder geordnet in sie hineinhängend; je nach der Art unterscheidet man Längsfaser- und Querfaserasbest, wirre Kluftfüllungen werden als Massenfaser bezeichnet. Poröse Massenfaseransammlungen führen den Namen Bergkork, dichte biegsame Faserplatten den Namen Bergleder oder Bergholz.

Die Asbeste gehören zwei Mineralgruppen an:

1. *Amphibolasbeste.* Sie haben eine sehr wechselnde Zusammensetzung ,im Rahmen der Amphiboformel $(OH, F)_2(Ca, Na)_{2-3}(Mg, Al Fe)_5[(Si, Al)_8O_{22}]$. Die Hornblenden — die häufigsten tonerdereichen Amphibole — sind sonst in den Gesteinen der Erdkruste, besonders in den basischeren Glutflußgesteinen und in den metamorphen Gesteinen — die Hornblendeschiefer und Amphibolite z. B. bestehen überwiegend aus Hornblende — sehr weit verbreitete Mineralien; zusammen mit den ähnlich zusammengesetzten, aber wasserfreien Augiten, den am meisten verbreiteten, tonerdereichen Gliedern der Pyroxenreihe machen sie etwa 10% des Mineralbestandes der Erdkruste aus. Im allgemeinen sind in den Gesteinen die Hornblenden wohl kurz- oder langstengelig, aber nicht faserig ausgebildet.

Die Amphibolasbeste sind feuerbeständig und widerstandsfähig gegen Säuren; sie schmelzen in der Regel oberhalb 1100⁰; sie sind entweder weiß, grün oder gelbbraun, die langfaserigen, sehr geschätzten, natrium- und eisenreichen sind tiefgraublau (Riebeckitasbest oder Kapasbest).

2. *Serpentin-* oder *Chrysotilasbest.* Er hat die Zusammensetzung des Serpentins $H_4Mg_3Si_2O_9$ und tritt in Serpentingesteinen (S. 71) und Talkschiefern auf. Er ist weniger widerstandsfähig gegen Säuren, schmilzt aber nach starker Wasserabgabe erst oberhalb von 1.500⁰; die Farbe ist hell- bis dunkelolivgrün, er ist besser verspinnbar als die meisten Amphibolasbestsorten. Die bedeutendsten Asbestvorkommen *(Kanada, Rußland)* sind Serpentinasbeste.

Der Asbest wird im allgemeinen im Tagbau gewonnen und vielfach gleich an Ort und Stelle mit der Hand sortiert; sonst erfolgt die Aufbereitung und Sortierung in den sogenannten Asbestmühlen in mehreren Arbeitsgängen. Das Verspinnen der Fasern zu Garnen erfolgt mit Hilfe besonderer Asbestspinnmaschinen. Es können heute je nach der Qualität des Asbestes bis zu 30 km Garn aus 1 kg Reinfasern gesponnen werden. — Die Spinnabfälle und die kurzfaserigen Asbeste werden als Abfallasbest für die Herstellung von Asbestpreßplatten, Asbestpappe, Asbestpapier und besonders von Asbestzement verwendet.

Die Verwendung des Asbestes ist sehr vielseitig. In der chemischen Industrie wird er als Asbestwolle oder in Form von Asbesttüchern als Filtermaterial verwendet, z. B. bei der Ätznatronherstellung; Asbesttücher finden als Filtermaterial in großem Umfange in der Zuckerindustrie und in der Weinkelterei Verwendung. Asbestseile und Asbesttransmissionsriemen ersetzen das Leder überall dort, wo Hitze und Dämpfe seine Verwendung unmöglich machen. Als Filtermaterial und als Asbestpappe, ferner zum Abdichten und als Wärmeschutzmittel (z. B. bei elektrischen und Gasöfen, Heizschränken) wird Asbest in der Laboratoriumstechnik viel verwendet. — In der elektrischen Industrie dient der Asbest allgemein zum Isolieren von Röhren und Drähten, für Stromschutzhauben und Schutzhandschuhe. — Als Wärmeschutzmaterial wird der Asbest vielseitig in der Dampfmaschinentechnik verwendet (Dichtungen und Packungen von Röhren, Leitungen usw.); besonders umfangreich ist für derartige Zwecke die Verwendung des Asbestes auf Kriegsschiffen. Für die Feuerwehr und für verschiedene Zweige der chemischen und Hüttenindustrie werden aus Asbestgarnen unbrennbare und die Hitze abschirmende, vor Säureeinwirkung schützende Bekleidungsstücke (Anzüge, Schuhe, Handschuhe, Helme) hergestellt. — In der Bauindustrie werden verschiedene Asbestzemente (mit zirka 10% Abfallasbest) für Bausteine, Dachschindeln, Asbestzementrohre u. dgl. verwendet; Asbest ist ein wichtiger Bestandteil der Eternitbauplatten. — Asbest dient auch als Füllmittel für gewisse Gummisorten.

Der Asbestmarkt wird von der *kanadischen, russischen* und *südafrikanischen* Gewinnung beherrscht; an der Asbestverarbeitung ist *Deutschland* maßgeblich beteiligt.

Die stark ansteigende Weltgewinnung an Asbest stellt sich jetzt auf ungefähr 600.000 Jahrestonnen; daran ist *Kanada (Quebec)* mit mehr als der Hälfte beteiligt; an zweiter Stelle steht seit langer Zeit *Rußland (Ural, Kaukasus, Turkestan, Ostsibirien)* [1] mit etwa 100.000 Jahrestonnen; dann folgt *Südafrika* und *Südrhodesien* mit zusammen 80.000 Jahrestonnen; die *Vereinigten Staaten* von *Nordamerika* fördern jährlich etwa 20.000 Tonnen, *Cypern* 15.000 Tonnen und *Italien* (Alpengebiete) knapp 10.000 Tonnen. Kleinere Asbestvorkommen von

---

[1] Die russischen Asbeste sind sehr hochwertig; die Vorkommen liefern zu zwei Dritteln Langfaserasbeste. Rußlands Vorräte sind die größten der Erde und werden auf 20 Millionen Tonnen eingeschätzt.

nur örtlicher Bedeutung gibt es z. B. allenthalben in den *Alpen*, auf den *Philippinen*, in der *Mandschurei*, in *Australien*, auf *Korsika*, in *Deutschland* usw.

Angesichts des stark ansteigenden Bedarfes sind die Asbestvorkommen von der Erschöpfung bedroht. Es ist zwar schon gelungen, sehr kurzfaserigen Asbest synthetisch herzustellen, aber von der Herstellung verspinnbaren Materials ist man noch weit entfernt. Für viele Zwecke versucht man daher den Asbest durch künstliche Ersatzprodukte mit gutem Erfolg zu ersetzen; so werden aus Schlacken Fäden gezogen, die als Schlackenwolle in den Handel kommen; ebenso wird aus Glas und sogar aus geschmolzenem Quarz Glaswolle und Quarzgaswolle hergestellt. Auch ein Ersatz des Asbestes durch schwerstverbrennbare organische Faserstoffe (Polyvinylchlorid) ist für viele Zwecke möglich.

Ein ungemein zähes Gestein ist der hell- bis dunkelgrüne *Nephrit (Beilstein)*, der schon in vorgeschichtlicher Zeit aus Flußgeröll aufgesammelt und für die Herstellung von Werkzeugen und Waffen benutzt worden ist. Er besteht aus wirr verfilzten Hornblendeasbestfasern, die im Wege der Metamophose zu einem zähen Gestein zusammengebacken wurden. Primär tritt er zusammen mit metamorphen basischen Glutflußgesteinen auf, er wird aber überwiegend aus Flußschottern aufgesammelt. Als festes Gestein wurde er besonders in *Zentralasien, Neuseeland* und *Schlesien* angetroffen; in Flußschottern wird er allenthalben auch in Europa verstreut angetroffen, vielfach vermutlich durch Verschleppung in vorgeschichtlichen Zeiten, dementsprechend auch meist mit Verarbeitungsspuren. Er wird heute als Schmuckstein und für kunstgewerbliche Gegenstände verarbeitet; in Ostasien wird er als *Jade* oder *Yü* bezeichnet.

Als *Katzen*- oder *Tigerauge* (gelbbraun) oder *Falkenauge* (blau) werden durch hydrothermale Verkieselung gehärtete, seidig schimmernde parallelfasrige Querfaserasbeste, die vielfach zu Schmuckgegenständen (Manschettenknöpfen usw.) und kleinen kunstgewerblichen Gegenständen verschliffen werden, bezeichnet.

Die *Hornblenden* und *Augite* der Gesteine selbst haben keine praktische Bedeutung, wenn man davon absieht, daß Gesteine, die viel eisenreiche Hornblenden und Augite enthalten, als Schlackenbildner bei der Verhüttung kieselsäurearmer Eisenerze verwendet werden. — Klare, hell bis dunkelgrüne *Pyroxene (Diopsid* $CaMg[Si_2O_6]$) finden als billigere Schmucksteine Verwendung; die besonders in *Kalifornien* auftretenden *Lithiumpyroxene (Spodumen,* S. 75) $LiAl[Si_2O_6]$, die auch zur Lithiumgewinnung verwendet werden, sind in Form des violettroten *Kunzit* und des grünen *Hiddenit,* fälschlich Lithiumsmaragd genannt, gesuchte Edelsteine. — Der *Jadeit* ist derber, feinstfasrig verfilzter, natronreicher, meist hell- oder dunkelgrüner Pyroxen, der häufig mit dem Nephrit, dem er in der Zähigkeit und Farbe ähnlich ist, verwechselt wird. Er wird besonders in *Ostasien (Birma* usw.) gewonnen, kommt aber auch in den *Alpen* vor; er ist besonders in China sehr beliebt, und wird dort zusammen mit dem Nephrit als Yü bezeichnet; er findet als Schmuckstein Verwendung und wird zu verschiedenen Luxus- und Gebrauchsgegenständen verarbeitet. Guter Jadeit erreicht im bearbeiteten Zustand Preise von mehreren Dollar pro Gramm. Die burmesiche Gewinnung beläuft sich auf mehrere 100 Tonnen jährlich.

i) Talk.

Das weiche Mineral *Talk* $(OH)_2Mg_3[Si_4O_{10}]$ ist in der Regel grobblättrig oder schuppig ausgebildet und weiß bis grün in der Farbe; er kommt aber auch in einer dichten, weißen bis bräunlichgelben Form vor und führt dann den Namen *Speckstein (Steatit).* Er fühlt sich fettig an. Stark verunreinigt mit dunkelgrünem, eisenreichen Chlorit in ebenfalls schuppig blättriger Ausbildung führt das Gemenge den Namen *Topfstein.*

Der Talk ist fast ausschließlich metamorpher Entstehung und bildet nicht nur einen wesentlichen Bestandteil der Topfsteine, sondern auch der oft sehr reinen Talkschiefer; er stellt das metamorphe Umwandlungsprodukt sehr basischer (olivinreicher) magmatischer Gesteine dar oder bildet sich in Wechselwirkung zwischen hydrothermaler Kieselsäure und Magnesiumkarbonat.

Der Talk ist sehr vielseitig verwendbar, nur einige wichtige Verwendungszwecke seien hier genannt. An der gesamten Entwicklung der Talkindustrie hat *Österreich* einen hervorragenden Anteil.

Der Talk weist ausgezeichnete Isolationseigenschaften auf, er ist ein ausgezeichnetes, hitzebeständiges, nicht leitendes (im Gegensatz zum Graphit!) technisches Schmiermittel; er findet in gemahlenem Zustand Verwendung; in der Papierfabrikation dient er als Füllmittel, ebenso in der Textil- und Lederindustrie. Eine weitere Verwendung liegt in der Seifenfabrikation, und in der Kosmetik und pharmazeutischen Industrie (Puder, Streupulver usw.); in der Glasindustrie dient er als Trübungsmittel; auch in der Steinholz- und Bauindustrie wird er in bedeutendem Umfang verwendet, in der Steinindustrie dient er als mildes Poliermittel, in der Tonkeramik wird bei der Herstellung von Biskuitporzellan Talk mitverwendet.

11*

Der Speckstein ist der Rohstoff der Steatitkeramik; er wird vorzugsweise im *Fichtelgebirge* in *Bayern* gewonnen. Gegenüber der Tonkeramik hat er den Vorteil eines geringen Schwindens beim Brennen, daher wird er besonders für technische Keramikwaren wegen der guten Form- und Größenhaltung verwertet, also vor allem in der Elektrotechnik (z. B. Steatitporzellanisolatoren), dann für die Herstellung von Gasbrennern, für Spindelpfannen in den Spinnereien usw.; der Talk wird ferner als Schneiderkreide verwendet, auch werden wenig kratzende Schreibgriffel und Farbstifte aus Talk hergestellt. — Speckstein wird aber auch für die Herstellung von kunstgewerblichen Gegenständen verschnitten, die zwecks Härtung auch gebrannt werden können. — Aus unreinen Talksorten (Topfstein) stellt man Haushaltungsgefäße her. — In der Hüttenindustrie wird Talk zur Herstellung von Schmelztiegeln und Gestellsteinen für Öfen verwendet.

Je nach der Qualität (für viele Zwecke muß auf völlige Eisenfreiheit gesehen werden) erzielt der Talk Preise von 10—120 Dollar pro Tonne.

Die Weltjahresgewinnung an Talk beläuft sich auf mehr als ½ Million Tonnen; daran sind die *Vereinigten Staaten von Nordamerika* mit über 50% beteiligt, es folgen *Frankreich* und *Italien* mit je 60.000 Jahrestonnen, *Österreich* (besonders *Steiermark*) mit etwa 40.000 Jahrestonnen Talk besonders guter Qualität und *Norwegen* mit 30.000 Tonnen; die Produktion von *Kanada, Bayern (Fichtelgebirge)* und *Spanien* liegt je bei ungefähr 10.000 Jahrestonnen. Die österreichische Talkgewinnung wäre noch steigerungsfähig.

k) Meerschaum.

Der *Meerschaum* ist wie der Talk ein wasserhaltiges Magnesiumsilikat, nur sehr viel seltener als dieser. Er tritt in leichten, porösen, an der Zunge haftenden, muschelig brechenden Massen von weißer, grauer oder gelblicher Farbe auf. Er wird vor allem in *Thüringen* zu Gebrauchs- und Luxusgegenständen verschiedener Art verarbeitet, besonders zu Pfeifenköpfen und Zigarettenspitzen.

Fast aller Meerschaum stammt aus der *kleinasiatischen Türkei (Eski-Schehir)*; dort kommt er in Ablagerungen vor, die mit Serpentingesteinen in engster Verbindung stehen; er stellt nämlich ebenfalls ein Umwandlungsprodukt olivinreicher Glutflußgesteine dar. Die Türkei fördert jährlich etwa 400 Tonnen Meerschaum. Unbedeutende Vorkommen von Meerschaum gibt es u. a. noch in *Griechenland, Mähren, Frankreich, Spanien, Österreich* und den *Vereinigten Staaten von Nordamerika.*

l) Olivin.

Nun muß noch der *Olivin (Peridot)* $(Mg, Fe)_2SiO_4$, der wiederholt als Ausgangsmineral für eine Reihe von wasserhaltigen Magnesiumsilikaten (Serpentin, Talk, Meerschaum) und auch des Magnesites (S. 71) genannt wurde, erwähnt werden. Es ist das kieselsäureärmste Silikatmineral der Glutflußgesteine. Er tritt nur in den frühest gebildeten, sehr basischen Silikatgesteinen, die völlig quarzfrei sind, auf; einzelne Gesteine (Dunite) bestehen fast ausschließlich aus Olivin. Das Mineral ist je nach der Höhe des Eisengehaltes heller oder dunkler grün oder sogar rotbraun.

Eine technische Verwendung hat der Olivin als Bestandteil olivinreicher Gesteine innerhalb dieser erst in den letzten Jahren als feuerfester Hochofen-Einlagestein gefunden. Von wirtschaftlicher Bedeutung ist, daß sämtliche Chromeisenerzvorkommen und viele Vorkommen von nickelhaltigem Magnetkies an Olivin- oder daraus entstandene Serpentingesteine gebunden sind.

Als Schmuckstein ist der farbschöne, durchsichtige Olivin, welcher als solcher *Chrysolith* genannt wird, besonders in früheren Jahrhunderten viel verwendet worden. Er stammte ausschließlich aus *Ägypten* (Insel *St. Johns* an der Roten Meer-Küste); dort wird er auch heute noch gewonnen und tritt dort in Serpentingesteinen auf. Außerdem wird guter Chrysolith heute noch in den *Vereinigten Staaten* von *Nordamerika (Arizona, Neumexiko)* und am *Kosakowberg* in *Böhmen* aus Basalten und Seifen gewonnen. Ausgesuchtes geschliffenes Material wird mit bis 40 Dollar pro Karat bezahlt.

m) Granate.

Die *Granate* stellen eine sehr wechselnd zusammengesetzte, weit verbreitete Gruppe von Silikaten dar, die in metamorphen Gesteinen aller Art, teilweise aber auch in den Pegmatiten beheimatet sind. In der Farbe sind sie sehr wechselnd; wenn sie durchsichtig und von guter Farbe sind, finden sie als Halbedelsteine Verwendung. Die Härte ist je nach der Zusammensetzung etwas niedriger oder etwas höher als die von Quarz. Die wichtigsten Arten sind:

Grossular (grünlich) und *Hessonit* oder *Kaneelstein* (rötlich) sind Kalktongranate von der Zusammensetzung $Ca_3Al_2Si_3O_{12}$, in der Regel mit etwas Eisen.

Die Kalkeisengranate $Ca_3Fe_2Si_3O_{12}$ sind in der Regel undurchsichtig, rotbraun oder schwarzgrün *(Andradit)*; als Schmuckstein gehört hieher der smaragdgrüne *Demantoid* und der grünlichgelbe *Topazolith*; zu Trauerschmuck wird der schwarze, titanhaltige *Melanit* verschliffen.

Rot sind die Mangantongranate $Mn_3Al_2Si_3O_{12}$ mancher Granit-pegmatite *(Spessartin)*; der dunkelblutrote Magnesiatongranat $Mg_3Al_2Si_3O_{12}$ *(Pyrop* oder *böhmischer Granat)* mancher Serpentine; er begleitet auch den Diamant in den Kimberliten als „Kaprubin" (S. 107) und der bräunlichrote Eisentongranat $Fe_3Al_2Si_3O_{12}$ *(Almandin)*. Am meisten verwendet als billiger Halbedelstein wird der Pyrop und der Almandin, am wertvollsten sind die schönfarbigen Demantoide und Topazolithe, für welche in geschliffenem Zustand bis zu 50 Dollar pro Karat gezahlt wird. — Die Schmuckgranate werden meist aus Seifen gewonnen. Die Granate sind im allgemeinen häufig, besonders der im wesentlichen aus Almandin bestehende *Gemeine Granat*; er tritt z. B. in oft sehr großen Kristallen in Glimmer- und Chloritschie-fern auf. Der Pyrop stammt vorwiegend aus der Gegend von *Meronitz* in *Böhmen* und aus dem *Kapland,* die *Melanite* aus den *Albaner Ber-gen* in *Mittelitalien,* die Demantoide und Topazolithe aus Seifen im *Ural.*

Der Gemeine Granat dient Schleifzwecken. Wegen der geringeren Härte wird er in manchen Fällen dem Schmirgel vorgezogen; in Form von Schleifpapier und Schleifleinen wird er besonders in der Holz- und Lederindustrie verwendet. Das in *Bayern (Oberpfalz)* unter dem Namen „Bayrischer Schmirgel" gewonnene Schleifgranatmaterial wird in gepulvertem Zustand als Schleif- und Polierpulver in der Spiegel-glasindustrie verwendet.

Hauptproduzent für den Schleifgranat, der als Rohgranat einen Preis von fast 100 Dollar pro Tonne erzielt, sind die *Vereinigten Staa-ten* von *Nordamerika* mit jährlich fast zehntausend Tonnen; in *Bayern, Spanien, Kanada* und *Indien* werden jährlich je einige hundert Ton-nen gewonnen, mehrere tausend Jahrestonnen beträgt die *japanische* Gewinnung.

P. Die Rohstoffe der Atmosphäre.

Die in jeder Menge zur Verfügung stehende Luft ist als Gestein zu betrachten; die einzelnen Moleküle ihrer Bestandteile setzen dieses Gestein als Mineralien zusammen. Die Luft stellt im gasförmigen, aber auch im flüssigen Zustand einen in der Technik vielseitig ver-wendeten Stoff dar. Wichtiger sind ihre Einzelbestandteile. Diese sind:

Tab. 11. Die Zusammensetzung der Atmosphäre in Gewichtsprozenten.

Stickstoff N_2	75,3 %	Neon Ne	0,003 %
Sauerstoff O_2	23,0 %	Helium He	0,0008 %
Argon Ar	1,4 %	Krypton Kr	0,00004 %
Wasserdampf H_2O	0,3 %	Xenon Xe	0,000004%
Kohlensäure CO_2	0,03%		

Die Grundzusammensetzung der Atmosphäre ändert sich wenigstens in jenen Höhen, die man bisher in bemannten und Registrierballons erreicht hat (über 30 km), abgesehen von der rasch zunehmenden Verdünnung und des Verlustes des Wasserdampfes in durchschnittlich 10 km Höhe, nicht irgendwie wesentlich.

Auf die Bedeutung des *Stickstoffes* als Ausgangsrohstoff für die synthetische Herstellung von Stickstoffverbindungen aller Art wurde schon auf S. 133 verwiesen; darüber hinaus wird er in Technik und Laboratorium z. B. viel wegen seiner Verbindungsträgheit in Form von Stickstoffatmosphären, dort, wo es gilt, Oxydationsvorgänge zu unterbinden, verwendet.

Auch der *Sauerstoff* für sich allein findet in gasförmiger wie in flüssiger Form in Technik und Laboratorien recht ausgedehnte Verwendung (Sauerstoffgebläse usw.).

Auf die Bedeutung der *Kohlensäure*, die in der Atmosphäre in örtlich wechselnden Mengen enthalten ist, für die Entwicklung der Biosphäre wurde schon auf S. 104 verwiesen. Besondere Beachtung verdienen dann noch die *Edelgase*, welche keine Neigung haben, chemische Verbindungen einzugehen:

Das *Helium* ist nach dem Wasserstoff das leichteste Gas; wegen seiner Unbrennbarkeit wird es an Stelle des Wasserstoffes für Luftschiff- und Ballonfüllungen verwendet. Jedoch wäre zur Füllung eines großen Luftschiffes mit Helium die Verarbeitung einer derartig großen Menge von Luft notwendig, daß dieser wohl schon erwogene Gedanke aufgegeben werden mußte, wenn auch das Helium in geringen Mengen in den Laboratorien aus der Luft abgetrennt werden kann.

Die Möglichkeiten für die Versorgung mit dem leichten Edelgas Helium sind sehr beschränkt. Es ist in gewissen Erdgasen, die es in Mengen bis zu 2% enthalten, angereichert und wird daraus heute fast ausschließlich in den *Vereinigten Staaten* von *Nordamerika* (*Texas, Utah, Kansas*) in einer Jahresmenge von ungefähr 300.000 m³ [1] gewonnen; wegen seines geringen Gewichtes wandert nämlich das Helium, das durch Zerfall der in kleinsten Mengen überall in den Gesteinen (besonders in den Graniten) vorhandenen radioaktiven Elemente Uran und Thorium entsteht, mit dem Erdgas und Erdöl in die Gashorizonte (S. 112). Auch manche feste Mineralien, vor allem Monazite (S. 93) und Berylle, enthalten durch radioaktiven Zerfall entstandenes Helium; da aus jedem Gramm Uran in 10 Millionen Jahren 1 cm³ Helium entsteht und dieselbe Menge aus 1 g

---

[1] Diese Menge reicht gerade zur einmaligen Füllung von zwei großen Luftschiffen.

Thorium in 30 Millionen Jahren, kann das Alter solcher Mineralien und der sie enthaltenden Gesteinsschichten aus dem Uran(Thorium)-Heliumverhältnis bestimmt werden, wenn die Gewähr besteht, daß kein Helium entwichen ist. — Auch laboratoriumstechnisch findet das Helium in geringen Mengen Verwendung, ebenso das Argon.

Die übrigen Edelgase werden aus der Luft gewonnen. Seit längerer Zeit schon verwendet man zur Füllung von Glühlampen stark verdünntes *Argon*, seit Neuerem auch *Neon*, *Krypton* und *Xenon*; die Neonglimmlampen mit ihrem roten Licht werden z. B. als Verkehrslichter in großem Umfange besonders auf Flugplätzen benutzt, mit anderen Gaszusätzen auch als rot oder blau leuchtende Reklamelampen. Ganz allgemein geben Glühlampen mit Edelgasfüllung eine viel günstigere Lichtausbeute als ohne solche.

Q. Edelsteine.

Der Edelsteine wurde an verschiedenen Stellen bei der Besprechung der einzelnen Rohstoffe Erwähnung getan. Einige von ihnen können heute in bester Qualität und in genügend großen, einheitlichen Kristallen synthetisch, teilweise sehr billig, dargestellt werden. So stellt sich 1 Karat von synthetischem Rubin oder Saphir im Rohstein nur auf einige Cents; dies hat zur Folge, daß mit Rücksicht auf die Schleifkosten kleinere synthetische Korunde verhältnismäßig teurer sind als größere. Die synthetischen Steine, die zwar als solche im Edelsteinhandel gekennzeichnet werden müssen, sind in der Qualität meist den natürlichen vollkommen entsprechend; leider führt man im Edelsteinhandel dafür vielfach irreführende Phantasienamen. So ist z. B. ein synthetischer Alexandrit in Wirklichkeit kein synthetischer Chrysoberyll, sondern ein durch Vanadium gefärbter synthetischer Korund von dunkelolivgrüner Farbe (im Kerzenlicht blutrot erscheinend) oder der jetzt viel in großen Steinen verwendete sogenannte synthetische Aquamarin kein synthetischer Beryll, sondern ein blauer synthetischer Spinell. — Von den synthetischen Steinen scharf zu unterscheiden sich die fast wertlosen Nachahmungen oder Imitationen; sie werden aus verschiedenen Glassorten hergestellt oder durch wenig wertvolle Halbedelsteine vorgetäuscht; sie werden vor allem für die Herstellung des sogenannten Modeschmuckes überall in Massen verwendet.

Die Grenze zwischen Edel- und Halbedelsteinen läßt sich nicht scharf ziehen; dies hängt sehr von der Qualität (besonders Farbreinheit, Seltenheit eines Farbtones) ab; im allgemeinen werden sonst Steine, die härter als Quarz sind. als Edelsteine bezeichnet.

In folgender Tab. 12 wird eine Übersicht über die als Edelsteine und Halbedelsteine verwendbaren Mineralien gegeben. Vorratszahlen können nicht angegeben werden, auch nicht Jahresgewinnungszahlen, weil diese allzusehr schwanken; außerdem ist bei den für Schmuckzwecke verwendeten Steinen eine genaue Statistik deswegen nicht möglich, weil nicht ohne weiteres zwischen den reinen Steinen und den meist in größerem Umfange mitgewonnenen technischen und Abfallsteinen unterschieden werden kann. Die Tabelle enthält die wichtigsten Daten über die Edelsteine: Bei den Angaben der Vorkommen ist die Reihenfolge der Wichtigkeit derselben eingehalten; die viel zahlreicheren Vorkommen mit nur unreinen Steinen sind natürlich nicht genannt. Das „ja" in der Kolonne Synthese bedeutet, daß eine solche in Form von schleifwürdigen Steinen möglich ist, bei nur allgemein gelungener Synthese ist das „ja" in Klammern gesetzt. In der Kolonne „durchschnittliche Lichtbrechung" bedeutet ein der Zahl beigesetzes „d", daß Doppelbrechung vorliegt, ein gutes Unterscheidungsmerkmal gegenüber Glasimitationen, das mit Hilfe von geeigneten Einrichtungen sehr leicht festgestellt werden kann.

Außer den in Tab. 12 genannten werden noch viele andere, gutfarbige, weichere, undurchsichtige oder durchsichtige Mineralien als Schmucksteine verschliffen, z. B. der *Gagat* (S. 111) für Trauerschmuck, dichter, schwarzroter *Roteisenstein* (S. 30) als *Blutstein*, der grüne *Malachit* (S. 51), *Schwefelkies* (S. 30), *Vulkanisches Glas (Obsidian*, S. 175), *Moldawit (Bouteillenstein*, S. 34), weil er in der Farbe an Flaschenglas erinnert), *Sphen* (S. 90), der blaue *Benitoit* $BaTiSi_3O_9$, der grüne *Kornerupin* und der smaragdgrüne *Dioptas* $CuSiO_3 . H_2O$ (S. 51).

Zu den Edelsteinen im weiteren Sinne können auch die gelblich milchweißen bis schwarzen *Perlen* (sie stammen besonders aus dem *Persischen Golf*, von *Ceylon, Australien* und *Mittelamerika*) und die weißen bis schwarzen, meist roten *Edelkorallen* (*Mittelmeer, Japan, ostatlantische Küste, Malayischer Archipel*) gezählt werden; sie bestehen zu ungefähr 90% aus kohlensaurem Kalk ($CaCO_3$) und haben eine um 4 liegende Härte.

R. Die wichtigsten Gesteine.

Im Text mußten wiederholt Gesteinsnamen gebraucht werden und daher soll in einer Zusammenstellung anhangsweise eine Übersicht über die wichtigsten Gesteinstypen und ihre mineralische Zusammensetzung gegeben werden. Man vergleiche dazu S. 23 ff.

Tab. 12. Edel- und Halbedelsteine; ihre chemische Zusammensetzung und wichtigste Eigenschaften.

Art und Unterart	Chem. Formel	Härte	Spez. Gewicht	Durchschnittl. Lichtbrechung	Farbe	Vorkommen	Synthese
Diamant (S. 106)	C	10	3,5	2,42 [1]	farblos, auch gelb, grün, blau, rot	Südafrika, Indien, Kongo, Brasilien, Südwestafrika, Australien, Borneo	?
Korund (S. 66) Rubin	Al_2O_3 mit etwas Cr	9	4,0	1,76 d[2]	wechselnd rot	Birma, Ceylon, Siam, Australien	ja
Saphir					blau	Ceylon, Siam, Birma, USA, Australien	
Orientalischer Topas					gelb	Ceylon	
Chrysoberyll (S. 74)	Al_2BeO_4	8,5	3,7	1,75 d	gelbgrün	Brasilien, Ceylon, Kanada, USA.	(ja)
Alexandrit					dunkelgrün, bei Kunstlicht rot	Ural, Ceylon, Tasmanien, Rhodesien	
Cymophan (Chrysoberyllkatzenauge)					gelbgrün, trüb, mit seidig schimmernden Lichtstreifen	Ceylon	
Spinell (S. 67) Rubinspinell	$MgAl_2O_4$	>8	3,6	1,72	wechselnd rot	Birma, Ceylon, Afghanistan, Siam	ja
Saphirspinell Pleonast (Ceylanit)	mit viel Fe		4,1		blau grünschwarz	Ceylon, Birma Ceylon, Vesuv, Tirol, USA.	
Topas (S. 147)	$(OH, F)_2Al_2SiO_4$	8	3,4—3,6	1,62 d	farblos, gelb, blau, rötlich	Sachsen, Brasilien, Indien	
Zirkon (S. 91) Hyazinth	$ZrSiO_4$	8	3,9—4,8	2,0 d	wechselnd gelblichrot	Ceylon, Australien	

[1] Starke Farbenzerstreuung! Lichtbrechung für rot 2,41, für violett 2,46.
[2] Zeichenerklärungen siehe S. 169.

		Härte	Dichte	Brechung		Farbe	Vorkommen	
Phenakit (S. 74)	Be$_2$SiO$_4$	>7,5	<3,0	1,66	d	farblos, gelb, rosa	Ural, USA., Brasilien, Südwestafrika	(ja)
Beryll (S. 73)	Al$_2$Be$_3$Si$_6$O$_{18}$. H$_2$O mit etwas Cr oder V	>7,5	um 2,7	1,57	d	wechselnd		ja
Smaragd						dunkelgrün	Kolumbien, Ural, Ägypten, Salzburg	
Aquamarin						blau	Brasilien, Ural, Transbaikalien, Madagaskar	
Goldberyll (Heliodor)						gelb bis grünlich-gelb	USA, Sibirien, Südwestafrika	
Rosaberyll	mit etwas Cs und Li		2,8			rosa	USA., Madagaskar	
Euklas	(OH)BeAlSiO$_4$	7,5	3,1	1,66	d	hellgrün bis bläulichgrün	Brasilien, Ostrußland	
Andalusit (S. 154)	Al$_2$SiO$_5$	>7	>3,1	1,64	d	grün, gelblichbraun	Brasilien	(ja)
Staurolith	(OH)$_2$FeAl$_4$Si$_2$O$_{10}$	7—7,5	3,7—3,8	1,75	d	rotbraun	Tessin, Nordkarolina, Ostrußland	
Cordierit	Mg$_2$Al$_4$Si$_5$O$_{18}$. H$_2$O	>7	2,6	1,54	d	blau	Ceylon, Brasilien	(ja)
Turmalin (S. 130)	fluorhaltiges Al-Borsilikat	7	3,0—3,2			sehr wechselnd		
Rubellit	mit Li und Mn			1,62	d	rot	Kalifornien, Maine, Ural Ceylon, Birma, Madagaskar	
Indigolith	mit viel Fe (u. Li)			1,64		blau	Bengalen, Kalifornien, Brasilien, Südwestafrika	
Verdelith	mit viel Fe			1,63		grün	Kalifornien, Maine, Brasilien, Madagaskar, Südwestafrika	
Ceylones. Chrysolith				1,62		gelb	Ceylon	
Dravit	mit viel Mg			1,62		braun	Kärnten, USA.	
Quarz (S. 49)	SiO$_2$	7	2,65	1,55	d	wechselnd	Alpen, Madagaskar, Brasilien usw.	(ja)
Bergkristall (Similidiamant)						farblos		
Amethyst						violettrot, violett	Brasilien, Uruguay, USA., Mexiko, Ural, Ceylon, Birma usw.	

Art und Unterart	Chem. Formel	Härte	Spez. Gewicht	Durchschnittl. Lichtbrechung		Farbe	Vorkommen	Synthese
Citrin						gelb	Brasilien, Uruguay, USA., Ural usw.	
Rauchquarz Morion						rauchbraun schwarz	} Alpen, Brasilien, } USA., Ural usw.	
Rosenquarz						blaßrot	USA., Südwestafrika, Bayern, Bolivien usw.	
Katzenauge						olivgrün bis graugelb, seidig fasrig	Ceylon, Ostindien, Harz	
Tigerauge						goldgelb bis braun, seidig fasrig	} Transvaal	
Falkenauge						graublau, seidig fasrig		
Saphirquarz						blau, trüb	Salzburg, Norwegen	
Prasem						dunkelgrün	Sächs. Erzgebirge, Salzburg, Schottland, Finnland	
Chalzedon (S. 150)	SiO$_2$	6,5	2,65	1,54	d	wechselnd		
Jaspis						rot bis gelbbraun, oft gebändert, undurchsichtig	verbreitet	
Karneol						blutrot durchscheinend	Brasilien, Uruguay, Ostindien usw.	
Plasma						lauchgrün durch Einschlüsse, trüb	Ostindien, Schwarzwald	
Achat						meist bunt gebändert	Brasilien, Uruguay, Ostindien, USA., Böhmen	
Heliotrop						wie Plasma, aber mit roten Punkten	Ostindien, Brasilien, Uruguay, USA., Australien, China	
Onyx						schwarz-weiß gebändert, oft künstlich gefärbt	wie Achat	

Chrysopras Moosachat	mit Ni					apfelgrün grün durchscheinend mit grünen Einschlüssen	Schlesien, USA. Ostindien, China, USA.	
Granat (S. 165)	$(Ca, Mg, Fe)_3(Al, Fe, Cr)_2Si_3O_{12}$	6,5—7,5	3,4—4,6			wechselnd		(ja)
Grossular Hessonit (Kaneelstein)	$Ca_3Al_2Si_3O_{12}$ $Ca_3(Al, Fe)_2Si_3O_{12}$	} 6,5	3,5	1,74		grünlich, rosarot gelblich bis rötlich grünlichgelb	Sibirien Ceylon, Kalifornien, Piemont, Ural Ural	
Demantoid Topazolith	} $Ca_3Fe_2Si_3O_{12}$		3,8	1,89		grün	Ural	
Melanit	$Ca_3(Fe, Ti)_2Si_3O_{12}$		4,0	1,95		schwarz	Mittelitalien	
Pyrop	$Mg_3Al_2Si_3O_{12}$	>7	3,7	1,70		blutrot	Böhmen, Südafrika, Ostafrika, USA.	
Almandin	$Fe_3Al_2Si_3O_{12}$	>7	4,2	1,77		bräunlichrot	Indien, Ceylon, USA., Tirol, Australien usw.	
Spodumen (S. 75) Kunzit	$LiAlSi_2O_6$	<7	3,1—3,2	1,66	d	violettrot	Kalifornien, Maine, Madagaskar	(ja)
Hiddenit						gelb bis smaragdgrün	Kalifornien, Madagaskar Brasilien	
Jadeit (S. 163)	$NaAlSi_2O_6$	<7	3,2—3,3	1,65	d	durchscheinend hellgrün	Birma	
Chrysolith (S. 165)	$(Mg, Fe)_2SiO_4$	<7	3,3—3,4	1,68	d	olivgrün	Ägypten, USA., Böhmen	(ja)
Axinit	Ca, Al, Fe, Mn-Borsilikat	<7	3,3	1,68	d	violettbraun, grünlichgrau	Dauphiné, Cornwall, Kalifornien	
Vesuvian	ähnlich Granat	6,5	3,4	1,72	d	gelb bis grün, braun	Italien, USA.	
Cyprin	mit etwas Cu					blau	Norwegen	
Epidot	$(OH)Ca_2(Al, Fe)_3Si_3O_{12}$	6,5	3,3—3,5	1,75	d	dunkelgrün	Salzburg, USA.	
Zoisit (Thulit)	$(OH)(Ca, Mn)_6Al_3Si_3O_{12}$	6	3,3	1,70	d	rosa	Norwegen, Piemont, Mähren, USA.	
Türkis (Kallait) (S. 125)	Cu-haltiges Al-phosphat	6	2,6—2,8	1,62		undurchsichtig, grün bis himmelblau	Persien, Sinai, Turkestan, USA.	
Orthoklas (S. 153) Mondstein	$KAlSi_3O_8$	6	<2,6	1,52	d	gelb milchig-bläulich	Madagaskar Ceylon, USA., Brasilien, Norwegen	(ja)

Art und Unterart	Chem. Formel	Härte	Spez. Gewicht	Durchschnittl. Lichtbrechung	Farbe	Vorkommen	Synthese
Mikroklin Amazonenstein (S. 153)	$KAlSi_3O_8$	6	<2,6	1,52 d	undurchsichtig, tiefgrün	Ural, USA., Madagaskar, Grönland	(ja)
Oligoklas Sonnenstein (S. 153)	$(Na, Ca) (Al, Si)_4O_8$	6	>2,6	>1,54 d	rötlich, auch grünlich schillernd	Norwegen, Rußland, USA.	(ja)
Skapolith	$(Na, Ca)_4(Al, Si)_{12} O_{24}Cl$	6	2,6	1,55 d	gelb, rosa	Madagaskar, Brasilien	
Opal (S. 150) Edelopal	SiO_2, H_2O	6	<2,2	um 1,4	undurchsichtig mit Farbenspiel	Karpathoukraine, Neusüdwales, Queensland, Honduras, Mexiko, USA.	(ja)
Feueropal					durchscheinend braunrot	Mexiko, Türkei, Honduras, Quatemala	
Lasurit (S. 155)	$Na_5Al_3Si_3O_{12}S$	5,5	um 2,4	etwa 1,5	undurchsichtig blau	Afghanistan, Sibirien, Chile	ja
Diospid	$CaMgSi_2O_6$	5,5	3,3	1,67 d	grün	Piemont, Tirol, USA.	(ja)
Nephrit (S. 162)	$(OH)_2Ca_2(Mg, Fe)_5 Si_8O_{22}$	5,5	2,9—3,0	1,63 d	durchscheinend grün, gelblich oder rötlich	Ostturkestan, Südsibirien, Neuseeland, Schlesien	
Disthen (S. 155)	Al_2SiO_5	4 oder 6 (je nach Richtung)	3,6	1,72 d	blau	Tessin, Tirol, Ceylon, USA., Indien	
Apatit (S. 124) Spargelstein Moroxit	$Ca_5P_3O_{12}(Cl, F)$	5	3,2	1,64 d	gelbgrün dunkelblaugrün	Tirol Kanada, USA., Sibirien, Norwegen, Australien, Südwestafrika	(ja)
Lilaapatit Variszit (Utahlith) (S. 126)	$Al_2P_2O_8 \cdot 4\,H_2O$	4,5		1,57 d	lila, violett hellgrün	Sachsen USA (Utah)	(ja)

a) Glutflußgesteine.

(ca. 90% der zugänglichen Teile der Erdkruste.)

Sie sind so geordnet, daß mit den frühest ausgeschiedenen, basischen, das bedeutet kieselsäurearmen, dunkelfarbigen, quarzfreien, magnesium- und eisenreichen Gesteinen begonnen wird und geendet mit den kieselsäurereichen, hellen, quarzführenden. Das Wichtigste über ihre ausgedehnte Verwendung wurde auf S. 23 gesagt.

Tab. 13. Die wichtigsten Eruptivgesteine.

Tiefengesteine	Mineralbestand	Oberflächengesteine [4]
Peridotit	Olivin mit Magnetit und Chromit oder Olivin mit Pyroxen, Hornblende oder Biotit	Kimberlit (noch mit Pyrop und Diamant)
Gabbro	Basischer (calciumreicher) Plagioklas mit Pyroxen, Hornblende oder Biotit, manchmal auch mit Olivin (Olivingabbro, Olivinbasalt)	Basalt, Diabas und Melaphyr
Anorthosit	Basischer Plagioklas, manchmal mit Hornblende	—
Diorit	Plagioklas mit Hornblende (auch mit Pyroxen oder Biotit)	Andesit und Porphyrit
Syenit [1]	Kalifeldspat mit Hornblende oder Biotit	Trachyt [3] und Porphyr
Granit [2], Granitit	Quarz, Orthoklas, saurer (natronreicher) Plagioklas, Glimmer.	Quarztrachyt [3] und Quarzporphyr

[1] Besonders mineralreich sind die wiederholt erwähnten, pegmatitischen Nephelinsyenite, welche Kalinatronfeldspat, Biotit und Hornblende neben viel Nephelin enthalten und dazu vielfach in wechselnden Mengen mannigfaltige seltene Mineralien mit seltenen Elementen.

[2] Das weitaus häufigste Gestein (zirka 90% aller erdoberflächennahen Glutflußgesteine).

[3] *Obsidiane* und *Pechsteine* sind glasartig erstarrte, oft sehr scharfkantig splitternde (deswegen örtlich zum Rasieren verwendete), meist saure Oberflächengesteine; die Obsidiane sind härter und enthalten nur sehr wenig Wasser, die Pechsteine mehrere Prozent davon. Die besonders auf der Insel *Lipari* in *Süditalien* in bedeutenden Mengen für Schleif- und Polierzwecke gewonnenen porösen *Bimssteine* sind infolge Wasseraufnahme schaumig-glasig erstarrte Laven.

[4] Porphyre, Diabase, Melaphyre und Porphyrite sind Oberflächengesteine hohen geologischen Alters, die übrigen sind meist jünger (tertiär oder nachtertiär).

Frühabscheidungen: Magnetiterze, Hämatiterze, Chromeisensteinerze, Schwefelkiese mit etwas *Kupferkies, nickelhaltige Magnetkiese.*

Hauptausscheidungen: Sie umfassen die Masse der Glutflußgesteine. Ihre wichtigsten Mineralien, angeordnet nach dem zunehmenden Kieselsäuregehalt sind: *Olivin* (S. 165), *Pyroxen* (besonders *Augit*, S. 162), *Amphibol* (besonders *Hornblende*, S. 162), *Glimmer (Biotit, Muskovit*, S. 158), *Nephelin* (S. 65), *Leuzit* (S. 65), *Feldspäte* (S. 153) und *Quarz* (S. 148). Daneben treten in meist sehr geringen Mengen in den Glutflußgesteinen noch viele andere Mineralien auf,

z. B. *Apatit* (S. 124), *Zirkon* (S. 91), *oxydische* und *sulfidische Eisenerze;* sie sind für die einzelnen Gesteinstypen nicht charakteristisch.

Die wichtigsten Tiefen- und Oberflächengesteine und ihr charakteristischer Mineralbestand sind in Tab. 13 angeführt.

Restkristallisationen: Sie umfassen alle Spätausscheidungen von den Pegmatiten angefangen bis zu den hydrothermalen Ausscheidungen in den Mineralklüften und Gesteinshohlräumen und aus den vulkanischen Exhalationen; sie sind im Stoff- und Mineralbestand sehr wechselnd.

b) Sedimentgesteine.

I. Mechanische (klastische) Sedimente.

Grobmechanische Sedimente.

Breccien: Verkittete Ansammlungen von sehr verschiedenen, eckigen Gesteinsbruchstücken.

Konglomerate: Verkittete Ansammlungen von sehr verschiedenen, durch Transport gerundeten Gesteinsbruchstücken.

Feinmechanische Sedimente.

Sande — Sandstein, überwiegend aus gerundeten Quarzkörnern bestehend.

Schlamm, Letten — Schieferton — Tonschiefer, überwiegend aus Tonsilikatmineralien bestehend, oft reich an organischen Resten; vielfach mit schönen Schwefelkieskristallen.

Mergel, das sind Schiefertone, die sehr stark mit Karbonat (Calcit oder Dolomit) durchsetzt sind; man unterscheidet daher zwischen kalkigen und dolomitischen Mergeln.

II. Chemische Sedimente.

Süßwasser- und Meeressalze (S. 128).

III. Chemisch-organogene Sedimente.

Kalksteine (S. 117), manchmal nachträglich dolomitisiert.

Brauneisensteine (S. 30).

Braunsteine (S. 38).

Phosphorite (S. 124).

IV. Organogene Sedimente.

Kohlen (S. 108).

Erdöl (S. 111).

c) Metamorphe Gesteine.

Sie können aus jedem Glutflußgestein und jedem Sedimentgestein entstanden sein; in vielen Fällen ist eine Entscheidung zwischen diesen beiden Möglichkeiten gar nicht mehr durchzuführen.

Die *kontaktmetamorphen Gesteine* sind äußerst mannigfaltig im Mineralbestand; sie treten aber mengenmäßig gegenüber den *regionalmetamorphen Gesteinen* stark zurück.

Die regionalmetamorphen Gesteine zeigen als Folge des bei ihrer Bildung wirksamen einseitigen Gebirgsdruckes meist eine mehr oder weniger deutlich geschichtete Anordnung ihrer Mineralien und lassen sich nach diesen Richtungen leichter teilen, ähnlich wie das bei den Tonschiefern der Fall ist; weil sie aber im Gegensatz zu letzteren vollständig durchkristallisiert sind, nennt man sie *kristalline Schiefer*; wenn sie von Eruptivgesteinen stammen, nennt man sie *Orthoschiefer*, wenn sie aus Sedimentgesteinen entstanden sind, *Paraschiefer*.

Die wichtigsten Typen der kristallinen Schiefer sind:

Gneise: Quarz, Feldspat und Glimmer, oft auch mit verschiedenen anderen Silikaten; sie sind vielfach aus Graniten entstanden.

Glimmerschiefer: Über die feinstschuppigen *Phyllite* aus Tonschiefern entstanden; sie enthalten Glimmer und Quarz, häufig auch gut entwickelten Granat.

Eisenglimmerschiefer: Eisenglanz S. 30) mit oder ohne Quarz.

Talkschiefer: Meist hellgrüne, tonerdefreie, blättrige, auch dichte Gesteine, überwiegend aus Talk bestehend.

Chloritschiefer: Meist dunkelgrüne, tonerdehaltige, grobblättrige oder feinschuppige Gesteine, die überwiegend Chlorit [1] enthalten; nicht selten mit schönen Magnetitoktaedern; ähnlich sind die tonerdefreien *Serpentinschiefer*; diese stammen von basischen Eruptivgesteinen ab.

Amphibolite: Überwiegend Amphibol, dazu Feldspat, Granat, Zoisit oder auch andere Silikate; sie sind oft aus Gabbros entstanden.

Eklogite: Schöne Gesteine, vorwiegend bestehend aus lebhaft grünem Pyroxen und rotem Granat, manchmal auch mit Hornblende; sie sind nicht geschiefert.

Granulite: Helle, feinkörnige Gesteine, bestehend überwiegend aus Quarz und Kalifeldspat; sie enthalten daneben roten Granat und blauen Disthen (S. 154).

Quarzite: Sie enthalten überwiegend Quarz und sind aus mehr oder weniger reinen Sandsteinen entstanden.

Marmore: Kalkspat mit oder ohne Silikate, je nach der Reinheit des Ausgangskalksteines; mehr oder weniger grobkistallin, manchmal dolomitisch.

---

[1] *Chlorite* sind wasserreiche, blättrige bis schuppige, den Glimmern ähnliche, meist dunkelgrüne, tonerdehaltige Magnesiumeisensilikate.

An kontaktmetamorphen Gesteinen seien nur zwei Typen genannt:

Hornfelse (nicht zu verwechseln mit Hornstein, S. 150): Durch Hitze gefrittete (entwässerte) Tonschiefer; dicht, hart, splittrig im Bruch; sie sind sehr verschiedenfarbig, grau, rot, schwarz, grün, braun, manchmal gebändert und enthalten z. B. viel Andalusit (S. 154) als Entwässerungsprodukt von wasserreichen Tonsilikaten.

Skarne: Kontaktmetamorph veränderte, kalksilikatreiche Kalksteine, die meist durch Aufnahme von pneumatolytisch-hydrothermalen Restlösungen reichlich verschiedene sulfidische Erzmineralien enthalten.

Namen- und Sachverzeichnis.

(Namen von Staaten und Landschaften kursiv, Personennamen gesperrt.)